国家科学技术学术著作出版基金资助出版

中国科学技术信息研究所研究生系列教材

本书列入中国科学技术信息研究所学术著作出版计划

机器学习与专利挖掘

陈 亮 著

科学技术文献出版社
SCIENTIFIC AND TECHNICAL DOCUMENTATION PRESS
·北京·

图书在版编目（CIP）数据

机器学习与专利挖掘 / 陈亮著. —北京：科学技术文献出版社，2024. 1（2025.1 重印）
ISBN 978-7-5235-0579-3

Ⅰ. ①机… Ⅱ. ①陈… Ⅲ. ①机器学习—研究 ②专利—研究 Ⅳ. ① TP181 ② G306

中国国家版本馆 CIP 数据核字（2023）第 148715 号

机器学习与专利挖掘

策划编辑：周国臻　　责任编辑：张瑶瑶　　责任校对：王瑞瑞　　责任出版：张志平

出 版 者　科学技术文献出版社
地　　址　北京市复兴路15号　邮编 100038
编 务 部　（010）58882938，58882087（传真）
发 行 部　（010）58882868，58882870（传真）
邮 购 部　（010）58882873
官方网址　www.stdp.com.cn
发 行 者　科学技术文献出版社发行　全国各地新华书店经销
印 刷 者　北京虎彩文化传播有限公司
版　　次　2024 年 1 月第 1 版　2025 年 1 月第 2 次印刷
开　　本　787 × 1092　1/16
字　　数　239千
印　　张　12　彩插4面
书　　号　ISBN 978-7-5235-0579-3
定　　价　48.00元

自 序

一切源自一个陌生电话。

2010 年 5 月底的一天，我正在因中国科学院软件研究所博士生复试被拒一事在家中埋头大睡，突然被一阵电话声惊醒，那边老师急匆匆地说："有个读博的机会，你来不来？要来明天过来复试！"

我就这样匆匆转行情报学，但问题也随之而来，研究什么？如何选题？我一不愿意和我的老本行就此别过、后会无期；二对情报学的常规研究方向，如知识扩散规律、引文形成机制了无兴趣。我的导师，时任中国科学院资源环境科学信息中心主任的张志强老师看我实在手足无措，就让我先跟随一个专利项目组工作一段时间，积累一段时间的感性认识后再重新思索一下博士论文选题。

时值 2011 年，深度学习尚在崛起前夜，大数据概念刚刚兴起，概率图模型还是自然语言处理的"主旋律"。而我一进入专利项目组，几千万条专利信息、上百个字段迎面扑来，使我应接不暇，我不禁释然了，拿机器学习技术解决一个专利挖掘问题，既能兼顾自身学科背景，又符合当下专业要求，岂不很棒？

然后就这么在机器学习和专利挖掘的交叉地带上路了。甫一开始，我的想法很简单，就是拿机器学习算法在专利数据上跑结果，做一个快乐的技术搬运工。这种做法当然可以很好地应对一部分问题，诸如多标签分类算法之于专利技术分类号标注、人名消歧算法之于专利发明人名称消歧；也可以不那么好地应对一部分问题，但至少给出解决方案，诸如主路径算法之于技术演化轨迹识别、信息抽取技术之于技术功效矩阵自动构建。然而时间长了，就会发现用这种方式做事情还是流于浅表、太过受限，事实上，当面对触及专利实务核心问题时，不仅拿现成的人工智能技术往上套无济于事，有时甚至连个比葫芦画瓢的机会都没有。

对此感受最深的一次发生在我们做专利无效判定的时候。作为国际科技巨头一直以来应对专利战的重器，专利无效判定的经济价值毋庸置疑。但长期以来专利无效判定都是一门手艺，需要有良好的领域知识打底、丰富的检索经验带路，通过使用检索系统配合人工判读来发现有效的对比文件，把目标专利给无效掉。现如今有机器学习了，我们把检索系统优化一下，让机器自动把对比文件找出来，然后训练一个分类器来判断对比文件能否将目标专利的权利要求项给无效掉，这不就实现人工智能自动判定专利无效了么？一切似乎很简单。但照着这个思路来，我们的结果始终不行。

直到后来的一件事改变了我的想法。

那是2019年6月24日，我旁观了在清华大学举办的第三届中国专利检索技能大赛决赛，这是一个国内专利检索领域顶尖高手齐集的盛会，专利无效的检索和判定是竞技重点。赛后我意识到，我把专利无效流程想得过于简单了。

那么一线审查员眼里的专利无效流程究竟是个什么样子呢？

步骤仍然是专利检索和无效判定两步，但操作和想象中完全不同。

先说专利检索，照我原来的想法，就是从一次检索的结果中挑出可能的若干件对比文件就OK了。事实上，即便对于领域知识和检索经验极其丰富的审查员，一出手就能写出精确匹配到对比文件的检索条件也是件极其困难的事情，但一旦找出第一件有效的对比文件，利用它的信息去查找其他对比文件就会容易很多，换句话说，专利检索用的是一种类似探案的方式在查找对比文件，难点在于找到突破口，但一旦突破口有了，其他对比文件的发现只是顺藤摸瓜的事。

再说无效判定，它的原因很多。例如，某项专利的说明书不支持它的权利要求项，权利要求项中提及的必要技术特征和当前技术现状之间缺乏必要环节，对比文件对目标专利的启发作用显而易见等。外加一方面专利对文字表述要求宽松，如吸尘器可以写成"龙卷风制造装置"、文件扫描仪被描述为"光线扫描装置"；另一方面又对文字表述要求极严，如刀片制作工艺中的"切削"和"冲压"，一词之差，千差万别。用机器学习技术实现专利无效判定，需要超出专利本身的书面描述，通过综合常识和领域知识来发现不同技术之间的联系和区别，而这些早已超出了目前机器学习在专利挖掘上的研究水平。

虽然现实冰冷，但这并不妨碍我们站在人工智能的肩膀上，去做一些力所能及的事情，这也构成了这本书的内容。虽然从形式上说，它是一系列机器学习技术的汇总，但从内容上说，更多是在智能算法和数据视角下，对一些专利挖掘任务的解剖和重新解读。当然，人工智能和专利数据这对组合所昭示的蓝海极其浩瀚，我们的研究范围不能覆盖其万一，而现阶段基本成形、可以写到专著中的内容就更少了。但我也不可能等手头上的研究都有了明确结论再考虑出书的事，那样的话这本书将永远完不成，因为走得越远就越会引出精彩的问题，而之前的研究就会越发显得无足轻重。于是，我决定将一部分内容先整理出来，至于其他内容，可以以版本更新或者另起炉灶的方式补充进来。

但即便是这一部分内容，也充斥着各种失败、复盘、问题诊断和算法迭代更新。毕竟我们耕耘的是一个横跨知识产权和人工智能两大学科的交叉领域，我们需要一方面和知识产权从业的人们一起感受大数据带来的困扰；另一方面紧随人工智能不断扩大的技术边界，去实时刷新解决这些困扰的可能性。虽然放眼望去硬骨头俯拾皆是，有些甚至在短期内看不到解决的希望，但长远来看及早耕耘是必需的，即便没有坦途，沿着曲径通幽的小路我们依然能做很多事情，并且在不断深化对问题的认识基础上逼近真实答案。

这是最好的时代，每天涌现的智能技术和信息资源都有机会和知识产权服务发生激烈碰撞和融会贯通，并实现之前认为是不可能的任务。实际上，我们团队面临的是海量灵感和人丁单薄之间的矛盾。这并不奇怪，在整个行业要解决的问题面前，一个小小的团队实在微不足道。但换个角度来说，能在喜欢的事情上去投入、去思考、去提出问题和寻找答案、去一睹历经曲折才得以尽收眼底的美景，这本身就是一种极大的乐趣，你经常有机会去重新审视、反思目前的专利挖掘方法、工具和实践经验，条件合适时还可以动手建模和实证分析，从而获得更深刻的理解和启示。但话说回来，这也是一种折磨，如影随形、无法摆脱，毕竟建模型、推公式、“撸”代码、做实验、复盘查错、撰写论文意味着巨大的工作量和结果并不确定的过程，在正向实验结果出现之前，甚至在研究成果正式出版之前，研究者始终处于一种受苦受难的状态：先被科学规律“吊打”，后被审稿人“吊打”。

但最终这本记录我一个阶段工作的书籍得以完成，需要感谢的人很多。首先是我的家人，感谢你们的宽容、理解和支持，我才得以免除家务活的“劳役”，业余时间宅在家里心安理得地“打电脑”；然后是我的良师益友张静副研究员、曹燕研究员、雷孝平研究员、贠强研究员、王弋波副研究员、牟琳高级工程师和魏超博士，也许只有被蜗居、内卷、摇号等关键词缠身，才更能体会跟知识丰富、思维敏捷、豁达开朗且乐于分享的人共事是一件多么幸运的事；感谢北京工业大学的徐硕教授、中国人民大学的杨冠灿副教授和山东理工大学的许海云教授，没有你们，我将在天花板前踯躅相当长一段时间，而学术探索道路也会少了很多乐趣；感谢姚长青副所长、桂婕主任、屈宝强副主任等单位和部门领导的支持和信任，让我得以参与与知识产权相关的重要工作，这些工作极大丰富了知识、开阔了视野；再就是我可爱的研究生们，他们是郭诗琪、何晓敏、苟妍、师英昭、陈利利、刘聪、余池等同学，感谢你们的辛勤工作和刻苦钻研，许多想法才能在较短时间内完成落地验证，更重要的是，在感受你们优秀的同时，也在倒逼着我不断提升自己，告诫自己不要成为学生眼里的“大废物”；除了上述领导、老师、朋友和同学以外，还有许多指导和帮助过我，甚至在某个阶段起到至关重要作用的人，这里一并表示感谢。

最后，这本书是以研促教、教研相长的产物，它可以供从事专利挖掘、机器学习研究的高年级本科生、研究生、教师阅读，也可以作为相关领域研究者的参考书。本书在成书过程中得到了国家自然科学基金（项目编号：71704169）、国家科学技术学术著作出版基金和我所在单位研究生部的资助，尤其感谢研究生部在这本书拟题阶段经费不足时雪中送炭，为我免除了后顾之忧。本书内容涉及领域技术、法律法规、数据科学、机器学习等方方面面的知识，对研究者的能力和素质要求很高，而我水平有限，更兼国内外在这一方向的研究工作虽然百花齐放，但就现阶段而言并未形成占据主导地位的方法技术、研究范式和行业生产力，可供参考的内容繁多杂乱、水平参差不齐。虽然我在本书写作中投入了大量时间精力，但书中仍然难免存在不足和疏漏，我真诚期待各位专家学者和读者朋友们提出宝贵的意见和建议，也希望与更多业界同人形成合力，来发现行业真问题、解决用户真痛点，让人工智能技术深度赋能专利挖掘，创造更为广阔的价值空间。

2023 年 8 月 26 日　陈亮

于中国科学技术信息研究所

目 录

第 1 章
绪论：专利挖掘研究进展一览

大数据时代，专利文献以其内容详尽、格式规范、分类科学、时效性强、覆盖面广等一系列优点，成为理想的技术情报获取来源，而机器学习算法的快速发展又为获取技术情报提供了丰富的工具和方法。自专利挖掘概念提出至今，相关研究从专利分类、专利检索、价值评估、技术地图绵延至人工智能最前沿的智慧法律和文本生成，为基于知识的专利信息服务提供了无限的可能性。但同时我们应该看到，专利挖掘不仅仅是机器学习算法在专利数据上的简单套用，而是在扎实掌握专利数据和技术管理知识的前提下，从机器学习算法视角对专利挖掘的目标、任务、方法所展开的一次重新审视、定义和再创造，并以其结果拓宽人们对专利数据作用和价值的认识边界。

1.1 引言

专利挖掘是从专利数据中获取技术情报的重要方式，该概念起源自 A. Porter 等所提的技术挖掘（tech mining），即利用文本挖掘技术从科学、技术和创新（ST& I）信息记录集合中获取技术情报 [1]，当将技术挖掘目标限定到专利分析时，就是专利挖掘 [2]。随时智能信息技术的快速发展和情报分析方法的长足进步，专利挖掘的内涵和外延也在不断深化和拓展，为跟踪这些变化，胡正银等 [3]、屈鹏等 [4]、Zhang 等 [5] 于 2014—2015 年连续撰文对专利挖掘研究进展进行综述。其中，胡正银等 [3] 延续 A. Porter 等的定义，从文本挖掘角度汇总相关成果；屈鹏等 [4] 将专利挖掘的研究范围拓展到文本挖掘和数据挖掘；Zhang 等 [5] 更是进一步整理了专利挖掘概念，将其定义为利用机器学习、自然语言处理、机器翻译、信息检索、信息可视化等技术手段，来协助专利分析人员进行专利文献调研、处理和深入分析，进而支持一系列重要的技术情报任务，这也成为本书所秉承的专利挖掘定义。近年来，有国内知识产权从业者使用“专利挖掘”来表达专利申请者“有意识地对创新成果进行创造性的剖析和甄选，进而从最合理的权利保护角度确定用以申请专利的技术创新点和技术方案的过程” [6]，但该定义无论是实现手段还是达成目标，都与前述定义相去甚远，故不在本书探讨范围之内。

经过 20 年的发展，专利挖掘已经形成了较大的方法家族，但从其具体内容来看，这些方法更多是各项信息技术在不同专利场景上的应用研究，不成体系且缺乏理论指导。虽然胡正银等 [3]、屈鹏等 [4]、Zhang 等 [5] 从各自角度对这一领域的研究成果进行了梳理和总结，并指出未来的挑战存在于如何建立能够准确揭示技术发明关键信息的专利内容表示方法，如何让智能算法充分利用专利数据特点，以更加全面、精准地完成专利挖掘任务，如何将专利与产品、诉讼等其他信息相结合，使专利挖掘的技术边界触及专利实务的核心问题，以及应对所有这些挑战的前提——如何推动学术社区在统一训练数据和评测标准下开展专利挖掘研究，以便不同技术方案之间的横向对比，从而产生可复现、可信赖的评测结果。但这些综述距今时隔已久，经历了近年来大数据和人工智能的长足发展后，先前作为专利挖掘技术基础的统计机器学习逐步显现出被深度神经网络、预训练模型乃至大语言模型替代的趋势。而在新形势下算法和数据结合的密切程度前所未有，这不仅体现在高质量数据基准（benchmark）带来智能计算技术跨越式发展的案例屡见不鲜，更体现在研究者在海量语料和微调指令上训练、微调预训练模型和大语言模型，并将所产生的词嵌入向量和检查点（check point）文件分享出来供后续学者直接加载和重复使用。因此当再次对专利挖掘展开综述时，除汇总国内外专利挖掘技术的最新进展外，本书也对专利公开数据和模型文件现状展开综述，从而在数据、算法密切结合的智能技术研究新范式下帮助读者建立对专利挖掘研究现状和未来发展趋势的全面认识。

在本章中，我们对近年来专利挖掘领域出现的技术方法、标注数据，乃至预训练模型、大语言模型所产生的词向量词典、模型检查点文件进行了全面调研（表 1–1）。由于调研对象类型繁多、内容庞杂，采用构造检索式、文献检索筛选、阅读汇总这种惯常的文献调研方法容易失之偏颇、挂一漏万，因此我们将上述环节连成闭环持续更新、反复迭代，并在该过程中融合了文献数据库平台提供的推荐文章列表，专家访谈、数据竞赛选手交流会，以及我们撰写论文、专著、申请项目的评审意见所提供的文献、数据等，最终完成对专利挖掘的系统综述，其具体流程包括以下几个步骤。

表 1–1　文献材料来源汇总

来源类型	来源名称	网址
论文数据库	科睿唯安科学网	https：//www.webofscience.com
	谷歌学术检索	https：//scholar.google.com
	万方数据知识服务平台	https：//www.wanfangdata.com.cn/
	计算机科学文献库	https：//dblp.org/
	美国计算机学会数据库	https：//dl.acm.org
	在线科学预印本存储库	https：//arxiv.org/
专利数据库	全球专利统计数据库	https：//www.epo.org/searching-for-patents/business/patstat.html
	世界知识产权局专利检索平台	https：//www.wipo.int/patentscope/en/
	智慧芽专利数据库	https：//www.zhihuiya.com/
代码托管网站	Github	https：//github.com
模型托管网站	Huggingface	https：//huggingface.co/

①在前期学术工作中形成对专利挖掘发展现状及其代表性学术成果的总体认识，这里的学术工作主要是指我们撰写综述类文章，或者撰写方法类文章、专著、项目申请书的研究现状综述部分时，对专利挖掘相关内容所做的多轮检索和梳理汇总；

②以上一步骤所识别的代表性学术成果作为种子，通过前向引用、后向引用、同一作者或团队发表文献以及文献数据库平台所提供的推荐功能等方式拓展出更多文献，根据这些文献的发表时间、期刊或会议的层次、被引次数等对文献质量进行初步筛选，之后阅读文章以确定其研究对象、学术水平、创新性等是否符合调研文献准入标注，若符合则将其纳入调研文献集合；

③以该调研文献集合作为基础数据集，梳理专利挖掘的知识体系，在这一步骤中会发现诸多逻辑断裂或者知识空白之处，需要总结、提炼关键词并进行文献检索，以确认这些断裂点、空白点是真实存在还是被之前文献调研所漏检；

④由于专利挖掘受智能技术发展驱动效应十分明显，所以我们也重点跟踪了人工智能前沿热点、国际计算机顶级会议中与专利相关的研究成果连同我们团队参加算法竞赛、学术研讨会获得的知识经验，并将其与现有专利挖掘知识体系建立关联，如果在关联过程中发现逻辑断裂点或者知识空白点，那么就再次对该部分总结归纳、提炼关键词并进行文献检索，以确认这些断裂点、空白点是真实存在还是被之前文献调研所漏检。

按照专利信息服务中的数据流转顺序，本章将这些调研材料划分为基础资源建设、专利信息处理和规范化及面向专利信息服务的智能算法研究 3 个模块（图 1-1）。其中，基础资源建设既包括构建无标注或标注数据集来为智能算法的训练提供原材料，也包括创建词向量文件和模型检查点文件为后继研究者提供模型基础；专利信息处理和规范化指从专利文献中抽取关键信息并对其加以规范整合和结构化，以消除专利中固有的模糊性和二义性，并使其中的技术核心要素凸显出来，从而支撑上层专利应用服务；面向专利信息服务的智能算法研究以前两个模块为基础来构建算法模型，为终端用户的实际需求提供解决方案。

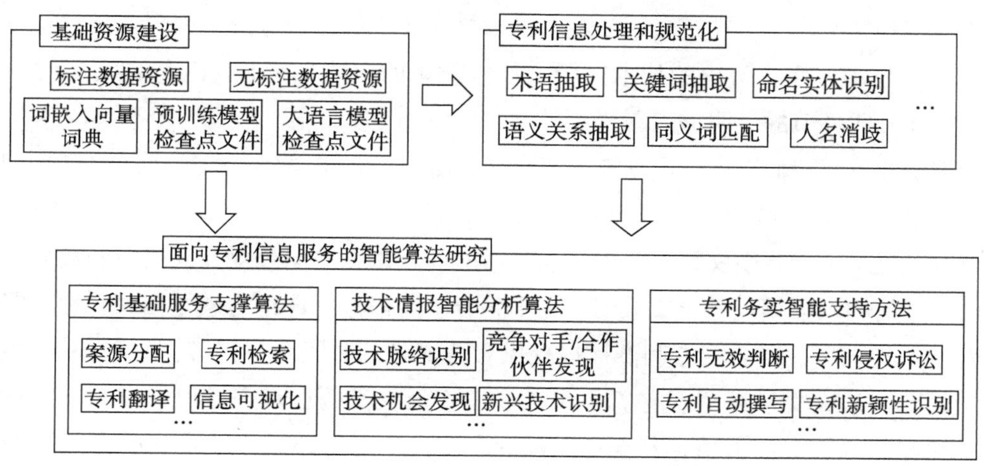

图 1-1　专利挖掘研究成果汇总

本章其余部分安排如下：1.2 节简要介绍专利基础知识，1.3~1.5 节按照图 1–1 的顺序依次对基础资源建设、专利信息处理和规范化、面向专利信息服务的智能算法研究相关成果展开叙述，最后在总结当前专利挖掘研究不足和挑战的基础上，对可能的解决之道和未来发展前景进行了探讨。

1.2 专利基础知识

本质上说，专利是一项社会契约，它通过公开一项发明的技术内容，换取发明拥有者在有限时间段内对该项发明的完全专有权，从而在保障创新者权益、激励创新行为的同时，推动该项发明的社会效益在专利期满后得到广泛传播[7]。自 1474 年威尼斯颁布世界上第一个法定专利制度即《威尼斯专利法》起，专利制度随着人口迁移和社会发展不断向其他国家扩散[8]，并逐渐成为当前世界上重要的一项知识产权保护机制。根据世界知识产权组织网站数据，截至 2021 年 8 月 1 日，共有 195 个国家具有国家级知识产权机构，另外还有 10 个地区知识产权机构[9]，这些机构所产生的专利覆盖了世界上最新技术信息的 90%，其中 80% 的技术信息不会以其他形式发布[10]。

1.2.1 专利文献结构

一般来说，专利文献中包含 5 种信息类型：①题录字段，包括发明人、专利权人、申请号、申请时间等；②技术分类编码，包括国际专利分类编码，如 IPC（International Patent Classification）、CPC（Cooperative Patent Classification），以及国家专利分类编码，如 USPC（United State Patent Classification）、F-term；③参考引文，包括由审查员提供和由专利申请者提供的专利参考文献和非专利参考文献；④文本字段，包括标题、摘要、权利要求和说明书，其中摘要即一小段对发明的描述，权利要求是专利文献的主要组成部分，是专利的核心内容，它定义了专利对其所描述发明的保护范围，说明书是对发明相关技术背景、技术方案、解决的技术问题及技术效果的描述，有时还会包含实施例相关内容；⑤描述发明细节的说明书附图。

为清楚起见，我们以中国国家知识产权局（简称“国知局”）申请号为 201610308997.6 的授权专利为例进行展示，具体如图 1–2 所示。值得注意的是，该样例虽然在扉页中包含了审查员提供的参考引文列表，但很长一段时间，国知局向公众开放的专利数据中，无论中国专利的题录数据还是全文数据，均不包含引文信息，这也为进行相关专利挖掘任务带来困难。与之相比，美国专利商标局提供参考文献的时间要早得多，它自 1945 年起就持续记录专利的引文信息[11]，包括申请人和审查员提供的在审查过程中作为现有技术引证的专利和非专利文件清单，甚至在美国专利历史文档中还记录了审查员考虑过的参考文献[12]。

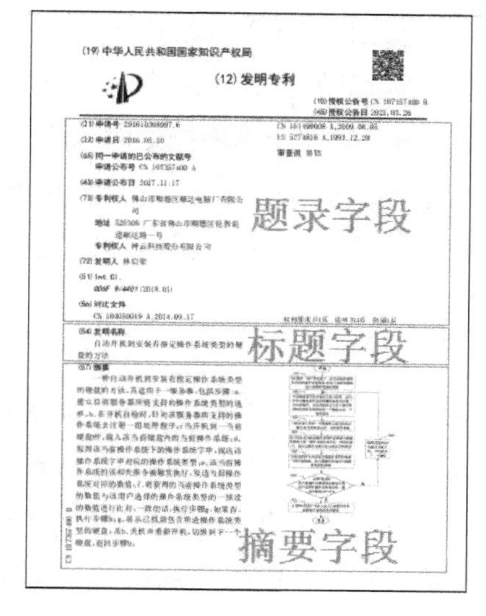

a 扉页

b 权利要求书

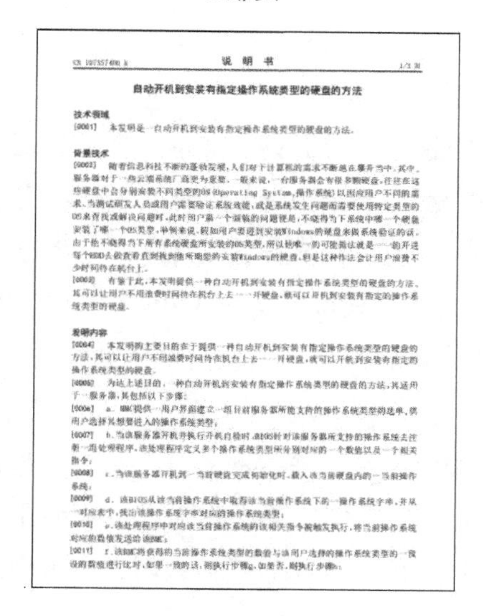

说 明 书

自动开机到安装有指定操作系统类型的硬盘的方法

技术领域

[0001] 本发明是一自动开机到安装有指定操作系统类型的硬盘的方法。

背景技术

[0003] 有鉴于此，本发明提供一种自动开机到安装有指定操作系统类型的硬盘的方法，其可以让用户不用浪费时间待在机台上去一一开硬盘，就可以开机到安装有指定的操作系统类型的硬盘。

发明内容

c 说明书

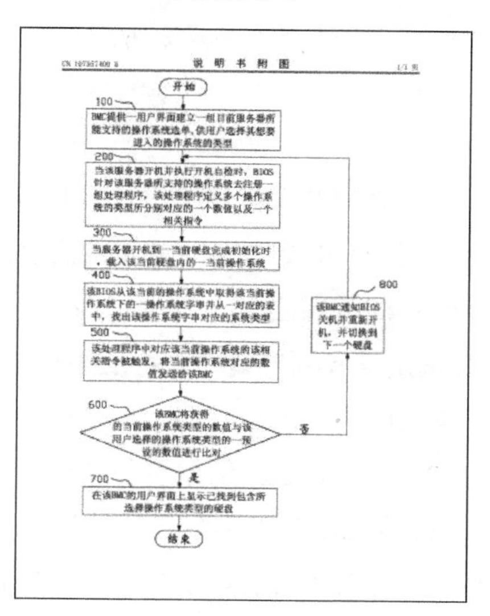

d 说明书附图

图 1-2 中国国家知识产权局授权专利样例

1.2.2 专利数据特点

总体来说，专利数据具有题录丰富、内容详尽、格式规范、分类科学、时效性强、覆盖面广等一系列优点，是理想的技术理论验证基准和技术情报获取来源。传统专利分析习惯基于题录字段展开，但专利的核心内容，即技术保护范围和技术创新信息主要集中在专利文本字段；同时专利行业的高附加值任务，如专利侵权判定、专利无效诉讼也与专利文本息息相关。因此，有必要对专利文本特点进行系统梳理，为后续专利挖掘研究奠定坚实的基础。

在篇章级别上，专利文本属于长文档的范畴，据世界知识产权组织统计，专利文本的平均篇幅将近 7800 词[13]；在句子级别上，为尽可能清楚地描述技术原理和划定权利要求范围，专利文本尤其是权利要求项会通过一种特有的、类似于画面描述的方式，以名词短语替代从句，进而用一种复杂的语法结构对技术创新展开语言描述[14]，这也造成了专利句子中包含的命名实体数量多于新闻、百科等普通文本；但更重要的特点体现在词汇级别上，具体来说，有 5 种词汇现象充斥着专利文本。

（1）技术术语

专利内容的核心既包括发明原理也包括发明功效[15]，技术术语是描述这些知识的主要手段[16]。在描述过程中，技术术语具备了 3 个属性：①未登录词属性，随着技术发展，词典外的新技术词层出不穷。例如，深度学习领域的“图卷积神经网络”“多头注意力机制”并不包含在 2014 年的专业术语词典中。②稀疏属性，由于专利内容的高度专业化，相当一部分术语不仅出现频次较低，而且仅在某一领域出现。③重组性，即旧技术术语的拆分重组是新技术术语产生的重要方式。

（2）模糊用语

在专利撰写过程中，撰写者还有一个重要任务，即增加专利文本的理解难度，以尽量避免发明被竞争者理解和复现[17]。其结果导致专利描述用语非常模糊，如真空吸尘器被描述为“龙卷风产生装置”[18]、文件扫描仪被描述为“光线扫描装置”[19]。当然这种做法在专利法律的允许范围之内，以中国为例，根据《专利审查指南（2010）》第二部分第二章中 2.2.7 的规定，专利申请中允许使用自定义术语，只要把术语解释清楚即可。

（3）法律术语

专利文本集技术和法律信息于一体，当某些词汇作为法律术语时，其用法与普通情况存在较大差别。例如，“consist of”和“comprise”通常情况下被作为同义词使用，但放在专利权利要求中，前者表示除了当前所提事物外不再包含其他任何东西，后者则表示还可能包含其他东西[20-21]，这两者在法律意义上存在原则性的差别。

（4）同义词和多义词

专利申请者为突出其发明的新颖性，同时为覆盖尽可能多的技术变体，会使用不同词汇甚至新词对同一技术或者属性进行描述，即同义词，如 light sensitive、photosensitive 和 photoreceptive[22-23]；多义词是与之相对称的词汇现象，包括名词多义词和动词多义词，以桥为例，它可以指一种建筑物类型，可以指牙科上一种嵌入牙龈的装置，也可以指集成电路上的一种器件，这些会为后续专利分析带来困扰[16]。

（5）对等词

对等词 equivalent，它指的是在不影响发明工作方式和服务目的的前提下，发明装置中可以替代的部分或步骤。例如，对于一种用于书写的将物质沉积到事物表面上的手持工具来说，对等词包括墨水、石墨、蜡等[12]。为抵御竞争对手、防止他们发现己方发明的可专利化的替代物，专利申请者通常通过对等替换方式形成专利围栏以保护自家技术。

1.3 基础资源建设

相比其他科技文献，专利原始数据的获取非常便利。例如，美国专利商标局、中国国家知识产权局均以 FTP 站点或 API 接口形式提供了最新专利数据的官方下载通道（详见 https：//developer.uspto.gov/data 和 http：//patdata1.cnipa.gov.cn/），欧洲专利局提供 1978 年以来专利申请和授权全文的批量下载（详见 https：//www.epo.org/searching-for-patents/data/bulk-data-sets/data.html）。这为基础资源建设提供了得天独厚的优势。丰富的字段信息使得专利原始数据具有标注和无标注数据的双重属性：专利的技术分类标签，以及不同国家专利局之间用于数据交换的多语种专利文本，使得专利文献是天然的类别标注数据集和平行语料库；但对于其他专利挖掘任务，如命名实体识别、语义关系抽取来说，专利则是无标注数据，需要人工标注后才能训练相关模型。为避免混淆，在本章中将标注特指为在专利原始数据基础上继续展开的人工标注活动，而将标注后的专利数据称为标注数据资源，将专利原始数据称为无标注数据资源，并在下文中展开介绍，更多数据资源详情见附录一。

1.3.1 无标注数据资源

受益于专利数据本身丰富的字段信息及其易获取性，将专利原始数据转化为规范化数据资源的过程相对简单、自动化程度较高，这也使得此类数据集数量较多且每个数据集通常体量较大。例如，美国国家经济研究局（National Bureau of Economic Research）发布的 NBER 数据集中包含约 300 万条专利题录信息和 1600 万条专利引文信息[24]，美国专利商标局最新版专利审查研究数据集 PatEx 中包含了超过 1250 万条公开的临时和非临时专利申请及超过 100 万条专利合作条约（PCT）申请的详细信息[25]，更多数据资源如表 1–2 所示。由于专利本身包含丰富的题录字段，所以即便未对这些数据资源做进一步的人工标注，它们也可以作为类别标注数据集、平行语料库、自动摘要数据集来支持专利分类、专利翻译、专利自动摘要等任务。不仅如此，无标注数据甚至可以支持专利文本的重写。例如，为避免专利原文内容晦涩，给用户带来理解障碍，德温特创新索引的结构化摘要字段由原始专利摘要经领域专家改写而成，这些摘要信息可以和专利原文摘要及权利要求项、专利说明书等字段相结合形成微调指令，帮助大语言模型（如 GPT-2）学习如何提升专利文本的可读性[26]。

表 1–2 无标注数据资源汇总

数据集名称	数据来源	数据集内容	数据集规模及语种
NBER dataset[24]	美国专利商标局	专利题录和引文数据	300 万条专利题录，英文；1600 万条专利引文
PatEx2021[25]	美国专利商标局	专利申请题录数据、审查员 ID 及其审查小组、专利交易历史数据	超过 1250 万条专利申请记录和超过 100 万条 PCT 专利申请记录，英文
USPTO-2M[27]	美国专利商标局	专利题录数据	200 万条专利记录，英文
发明专利数据 V2[28]	中国国家知识产权局	专利题录数据	277 万条专利记录，中文
NTCIR-7 PATMT[29]	美国专利商标局和日本专利局	专利题录和全文数据	130 万条美国专利记录，英文；350 万条日本专利记录，日文
NTCIR-8 PATMT[30]	美国专利商标局和日本专利局	专利题录和全文数据	210 万条美国专利记录，英文；525 万条日本专利记录，日文
BigPatent[31]	美国专利商标局	专利全文	130 万件专利，英文
MAREC[32]	欧洲专利局、世界知识产权组织、美国专利商标局、日本专利局	专利题录和部分全文数据	1900 万条专利记录，将近一半专利具有全文数据，语种以英语、德语、法语为主
PTAB[33]	美国专利商标局	专利诉讼卷宗	截至 2023 年 11 月 28 日，共 16.5 万条记录，目前还在更新中，英语

1.3.2 标注数据资源

依据 Zhu 等 [34] 定义，标注是对未处理的初级数据，包括语音、图片、文本、视频等进行加工处理，并将其转换为机器可识别信息的过程。数据标注是大量人工智能算法得以有效运行的关键环节，数据标注越准确，标注的数据量越大，算法的性能就越好 [35]。当前专利挖掘领域的数据标注工作主要面向专利检索、专利信息抽取及其他任务展开，相关数据资源如表 1–3 所示，下面我们分别展开叙述。

表 1–3 标注数据资源汇总

任务大类	任务类别细分	数据资源名称
专利检索	一般专利检索	NTCIR-3 PATENT[44]
	篇章级专利有效性检索	NTCIR-4 PATENT[44]、NTCIR-5 PATENT[44]、CLEF-IP-2009[45]、CLEF-IP-2010[46]
	段落级专利有效性检索	NTCIR-5 PATENT[44]、CLEF-IP-2012[47]
	跨语种专利检索	CLEF-IP-2009[45]、CLEF-IP-2010[46]
	基于图片的专利有效性检索	CLEF-IP-2011[48]
	在先技术和技术现状检索	TREC-CHEM-2009[49]、TREC-CHEM-2010[50]、TREC-CHEM-2011[51]
专利信息抽取	命名实体识别	NTCIR-8 PATMN[30]、TFH-2020[52]、CHEMDNER-patents[53]、CPC-2014[54]、ChEMU 2020[55]、ChEMU 2022[56]
	语义关系抽取	TFH-2020[52]、ChEMU 2022[56]
	事件抽取	ChEMU 2020[55]、ChEMU 2022[56]
	专利插图的化学结构、处理流程抽取	CLEF-IP-2012[47]、CLEF-IP-2013[57]、TREC-CHEM-2011[51]

续表

任务大类	任务类别细分	数据资源名称
其他	专利文本和插图之间的跨模态实体链接	CLEF-IP-2013[57]
	专利术语匹配	PhraseMatching[42]
	专利图片分类	CLEF-IP-2011[48]
	专利诉讼	PatentMatch[43]
	医学研究	Cancer Moonshot Patent Data[58]

由于专利检索本身在行业中的重要地位及专利检索多样性（如可专利性检索、有效性检索、侵权检索、确权检索、现有技术状况检索、专利全景检索等[12]）所带来的较高研究价值，专利检索标注资源构建一直是信息检索和专利分析领域的重要工作内容。自 2011 年起，NTCIR[36]、CLEF[37]、TREC-CHEM[38]、SIGIR[39] 先后举办了 15 次技术评测，并形成多种类型的专利检索标注数据集，内容涉及一般专利检索、篇章级专利有效性检索、段落级专利有效性检索、跨语种专利检索、基于图片的专利有效性检索，以及在先技术和技术现状检索。这些数据资源一般以专利参考文献作为检索任务的目标文献，并辅以人工标注、清洗和审核工作，实现大规模标注数据资源的构建。一般来说，每条专利标注数据包含 3 个部分内容，即检索式（或检索主题）、专利文献编号及对应的相关性等级标签。

信息抽取旨在解决一个长期困扰专利分析的基础问题，即如何高效、准确地从海量专利数据中识别技术及其属性、功能、效果、相关产品并实现这些信息之间的语义关联和规范化。由于专利文献中信息抽取标注可以借力的内容极少，因此该类资源建设人工劳动高度密集。但即便如此，也涌现出不少相关数据资源，内容涵盖命名实体识别、语义关系抽取、事件抽取乃至专利插图中的化学结构和处理流程识别等。同时，专利信息提供商也从专利行业需求出发，将专利文献中高价值的技术要素提炼出来。例如，科睿唯安的德温特专利创新索引将专利新颖性、先进性和用途抽取出来，并作为改写后摘要的组成部分；智慧芽专利数据库也对专利要解决的技术问题及其功能效果进行了标注。

我们也发现专利标注数据资源建设逐渐向跨模态、跨语境及智慧法律的方向迈进。早在 2011 年，CLEF-IP-2011[40] 就将专利图片划分为 9 种类型，包括摘要图、流程图、基因序列、符号、程序列表等，并形成包含 38 087 张图片的训练集和包含 1000 张图片的测试集；2013 年，CLEF-IP-2013[41] 进一步举办了旨在关联文本和插图之间语义信息的跨模态实体链接测评；2022 年，谷歌以合作专利分类号（Cooperative Patent Classification）作为专利术语的语境信息，发布了包含约 5 万个术语对的专利术语匹配数据集 PhraseMatching[42]，为跨语境术语语义匹配研究奠定了必要基础；德国波茨坦大学 Risch 团队[43] 更是在欧洲专利局提供的专利申请文件、公开文件和专利检索报告中萃取 600 万条句子级别的专利无效记录，并形成专利诉讼数据集 PatentMatch，供知识产权智慧法律研究使用。

1.3.3 词嵌入向量词典和模型检查点

词嵌入向量词典和模型检查点是两种不同于专利文献数据的新型数据资源，是应用深度神经网络、预训练模型乃至大语言模型开展专利挖掘的基础条件。其中，词嵌入向量词典由深度神经网络在语料库上运行产生，用于将用户输入的词汇或句子转化为向量或矩阵，从而为深度学习模型提供可执行的输入信息；模型检查点则是预训练模型或大语言模型预训练或微调完毕后存储下来的模型快照。由于创建这两类资源尤其是模型检查点对训练语料的体量和计算资源的规格要求不低，所以当前主流范式是由技术能力较强、数据算力充沛的企业、高校训练这两类资源并公开发布到模型托管网站，如 Huggingface、魔搭社区（网页链接 https：//modelscope.cn），其他研究者和普通用户只需要将这些资源下载本地并加载起来，就可以实现词嵌入向量词典、预训练模型及大语言模型的本地运行，从而避免重复训练所带来的资源浪费。对于专利挖掘来说，虽然这些模型托管网站提供了诸多基于通用语料库，如谷歌新闻数据集[59]、维基百科或网页数据集 Common Crawl（详见 https：//commoncrawl.org/）所训练的词嵌入向量，然而 Risch 等[22]发现，由于专利在句法结构和表达内容上显著迥异于通用语料，基于通用语料和专利语料训练的词嵌入向量在专利挖掘任务上表现差异明显，他们在 USPTO-5M 的 540 万条美国专利全文数据上（该数据集下载链接已经被官方取消）使用 fastTEXT 算法训练出 100 维、200 维、300 维共 3 种向量长度的词嵌入向量词典并提供公开下载（下载地址 https：//hpi.de/naumann/projects/web-science/paar-patent-analysis-and-retrieval/patent-classification.html），其中 300 维词嵌入向量在专利分类任务上的平均准确率较同样维度的通用词嵌入向量提升了 17%。

预训练模型和大语言模型的专利挖掘性能同样会受到通用训练语料和专利挖掘任务之间领域不匹配的影响。有两种策略可以缓解甚至消除这一影响，其一是继承原有通用模型的词表和参数权重，但使用专利语料继续训练，以增加模型的领域适应性；其二是丢弃原有通用模型的词表和参数权重，利用专利语料重新构建词表并从头训练模型。第一种策略适合专利语料有限、不足以充分训练模型的情况，这种条件下两阶段混合训练策略往往能取得更好的效果。谷歌公司采用第二种策略，它从美国及其他国家采集超过 1 亿份专利文献的全文（包括摘要、权利要求项和说明书字段）并训练出可供开放下载的 BERT-for-Patents[60]，在陈亮等[61]参加 2022 年中国计算机学会大数据与计算智能大赛专利分类赛题的方案尝试中，该模型较通用版本 BERT 在专利分类效果上提升了 8%（使用加权平均 F_1 值指标评价），显示出强大的性能。同样使用第二种策略，Lee[62]基于 1976—2021 年共计 731G 专利全文数据，在 GPT-3 的开源替代大语言模型 GPT-J-6b 上配置和重新训练，最终形成参数量为 60 亿、16 亿、4.56 亿、2.79 亿、1.91 亿、1.28 亿、1.15 亿 的 7 个模型检查点，其中最大的 4 个模型检查点已经上传 Huggingface 网站并提供公开下载（下载链接 https：//huggingface.co/patent）。

1.3.4 小结

当前专利挖掘领域建设的基础资源类型较多、分布广泛，一方面由于专利自身丰富的题录和全文信息，外加各大专利局在专利业务和数据资源上的多年积累，从中衍生出的无标注数据资源，以及可以从专利原始数据中借力产生的标注数据资源数量较多、规模庞大；另一方面，对于完全依赖人工标注建设的标注数据资源来说，还存在诸多问题，如数据资源数量不足、规模远逊于通用领域的相应数据资源，且存在领域偏好问题，即相当数量的标注数据出现在信息资源建设较为完备的生物、医学领域，而在同属技术前沿的电子、信息、智能制造等领域中标注数据却非常匮乏，专利数据显著的领域依赖（domain-dependent）特点，即不同技术领域的标注数据难以跨领域使用，使得这些问题更加严峻。当然，我们也能看到值得欣喜的一面，基础资源建设的目标逐步从辅助数据处理、支持专利分类等常规业务迈向攻关专利信息服务核心难题，如跨语境术语匹配和专利无效宣告判定，同时研究者们也紧跟智能技术前沿步伐，积极投入预训练和大语言模型的数据资源建设，为全面升级专利挖掘的研究和应用提供必要基础。

1.4 专利信息处理和规范化

专利信息处理和规范化一直是传统专利数据加工建设的核心业务，在专利挖掘范畴下，其研究内容被从常规流程性工作中抽离出来，聚焦于从专利题录、文本中抽取关键信息并将其规范化、结构化，以消除专利数据中存在的模糊性和歧义性，为计算机理解专利内容并支持上层的专利应用服务奠定基础。由于专利信息处理和规范化技术细节较多、内容涵盖较为广泛，本文选择其中代表性较强的若干方向，包括术语抽取、命名实体识别、语义关系抽取、跨篇章实体共指消解展开陈述。

1.4.1 术语抽取

术语是对特定科学技术概念的文字表述，可以是词或者词组，而术语抽取即使用计算机方法将术语从文本中提取出来并捕获其内在含义的相关技术[63]。自 20 世纪 80 年代出现术语自动识别系统以来[64]，大量学者对术语相关领域展开了广泛的研究，形成了成员众多的术语抽取方法家族（表 1–4）。

表 1–4 术语抽取方法家族[65]

术语抽取方法分类	详细类别	内容
基础语言信息类	基于语言学的方法	词形特征、语义特征、词法特征
	基于统计学的方法	词频特征
	混合方法	语义特征、词法特征、词频特征等
	基于外部知识的方法	候选词在特定领域与其在通用领域的对比特征

续表

术语抽取方法分类	详细类别	内容
基础语言信息类	基于机器学习的方法	语义特征、词法特征、词频特征、外部资源特征、分布式特征等
	基于深度学习的方法	分布式特征
关系结构信息类	基于语义相关的方法	候选词之间的相似性
	基于图的方法	候选词之间的关系特征：共现关系、语义相似等
	基于主题模型的方法	候选词在主题上的分布特征

较早出现的术语抽取方法包括基于语言学的方法、基于统计学的方法以及混合方法。基于语言学的方法利用句法解析软件从专利文本中获取词性、句法依存关系等特征，并在此基础上制定相关规则以获取术语。例如，Dewulf [66] 认为专利文本中动词表示功能型术语，而形容词表示属性型术语；Yoon 等 [67] 将这些规则进一步细化为“动词 + 名词”表示功能型术语，而“形容词 + 名词”表示属性型术语，同时他们使用了 5 种 Stanford CoreNLP 所定义的句法依存关系类型，并将其所关联词汇的词性拼装起来以识别术语。相比传统专利分析中所使用的题录数据，这些从专利文本中识别出来的术语包含着专利的原理、组成、功能效果、新颖性、先进性等核心内容，因此可以更好地反映出行业创新方向 [66]、技术发展趋势 [67] 及可能的技术机会 [68]。

然而，使用常规语料训练出的句法解析器在专利这种长句、难句俯拾皆是的文本上面临着处理速度和准确率同时下降的事实，更兼专利文本典型的领域依赖属性使得人工规则的可移植性较差。对此，研究者提出了基于统计学的术语抽取方法及两者的混合方法。例如，Evans 等 [69] 利用 TF-IDF 进行术语抽取；Frantzi 等 [70] 在词性组合规则的基础上，利用术语及其内嵌子术语的统计学特征，提出了 C-value 方法，不仅如此，他们注意到术语与其上下文环境的密切关系，进一步提出了将候选术语的 C-value 得分与其上下文相结合的 NC-value 方法，为细粒度的技术结构识别 [71]、技术路线图绘制 [72] 和技术演化分析 [63] 等应用服务奠定了良好基础。

随着自然语言处理技术的进步和可开放获取知识库的日益丰富，研究者逐渐将外部知识、语义信息、图结构、主题模型及深度学习等技术应用到术语抽取任务中。例如，Vivaldi 等 [64] 使用维基百科类别的层次结构对候选术语进行有效性验证以提升术语抽取效果；与之不同，Wu 等 [73] 将维基百科的词条作为节点、词条之间的超链接作为边，形成图结构，通过随机游走算法对所选概念赋权重来判断其是否是某技术领域中的术语；Judea 等 [74] 提出一种大规模、无监督的高质量标注数据产生方法，用以训练专利术语抽取模型，基于候选术语分类器和条件随机场的实证分析证明，这种方法不仅能够保持高准确率，同时还可以大幅提高召回率；主题模型用于术语抽取并不鲜见，Bolshakova 等 [75] 利用经典主题模型 LDA（Latent Dirichlet Allocation）对特定领域术语进行抽取；虽然深度学习近年来几乎横扫自然语言处理领域的所有方向，但将其应用于术语抽取的研究并不多见，Wang 等[76]针对目前利用机器学习方法进行术语抽取时遇到的两个困境，即烦琐耗时的特征工程和特征选择，以及标注数据的缺失，提出一种利用两个深度学习分类器实现的弱监督、自提升术语抽取方法，该方法旨在解决通用领域和专业领域面临的共同问题，其在有限标注数据上的良好表现预示着这一研究方向的良好前景。

1.4.2　命名实体识别

该任务相比术语抽取更进一步，它不仅需要从文本中识别具有特定意义的词或者词组，而且需要给出其类型判断。在自然语言处理技术通常面临的文本（如新闻、评论）中，惯常定义的命名实体类型包括地址、人物、机构、货币、百分数、日期、时间等[77-78]。然而，专利文本中包含着对发明创新及其技术背景、实现细节和权利要求等内容的描述，其所定义的命名实体类型截然不同：Yang 等[79]从工艺流程出发，将命名实体类型划分为方法、步骤、方式、属性、实物、值，将命名实体之间关系划分为动作、包含、前置，命名实体和关系可进一步细分为实际类型（real）、辅助类型（auxiliary）、领域依赖、领域无关等；Choi 等[80]侧重命名实体的句法特征和保存状态，将命名实体分为概念、主语概念、宾语概念、事实类型、部分事实类型、效果事实类型、概念状态、固体、气体、液体、场等；薛驰等[81]受到 TRIZ 思想影响[82]，使用了一种更加系统全面的概念模型，该模型将机械产品专利中的关系划分为层次关系、属性关系和功能关系，将命名实体划分为技术系统、流、属性，技术系统分为系统、零部件，流分为物流、能量流、信息流，属性分为性状、位置、方向、数量、几何、材料等；Bergmann 等[83]建立了一套针对 DNA 芯片技术的细致的命名实体类型定义。

除了类型定义，在命名实体抽取方法上，自然语言处理和专利挖掘领域同样各具特点。前者经历了基于规则的方法、基于无监督聚类或弱监督自提升的方法、基于特征的有监督的方法，以及深度学习方法 4 个阶段[84]，目前研究已经比较成熟，命名实体识别的效果超过 90%（F_1 值）也屡见不鲜。然而，达成这一效果通常需要充足的标注数据，且标注语料和目标语料来自同一领域或者近似领域。但专利数据是典型的领域特定数据，不同技术领域的专利文本之间内容、特点迥异，这使得某一技术领域的标注语料并不适用于其他技术领域命名实体识别模型的训练，且目前可公开获取的信息抽取标注语料库最大规模仅为 3 万词[85]。所以，长期以来专利中命名实体识别选择了更实际和更高效的做法，即在通用句法解析工具对专利文本进行句法解析和词性标注的基础上，使用规则匹配来识别命名实体的边界和类型。

当然，随着深度学习技术的溢出效应，将其应用于专利命名实体识别的工作逐渐开始出现。例如，Saad 等[86]设计了一种基于 BiLSTM 改进的循环神经网络，从生物医药专利文本中抽取蛋白质、基因等命名实体；Zhai 等[87]以 BiLSTM-CNN-CRF 为例，对生物医药专利数据集和化学专利数据集进行命名实体识别，为提升识别效果和方便对比分析，他们使用来自相同领域的专利数据集训练出一套常规的 Word2Vec 词嵌入向量和一套能够感知上下文环境的 ELMo 词嵌入向量，其中后者在命名实体识别效果上较前者有明显改善；Chen 等 [52] 同样证实了训练自相同领域专利语料库的词嵌入向量会给该领域上自然语言处理任务（如命名实体识别、语义关系抽取）的效果带来改善。

1.4.3 语义关系抽取

该任务旨在判断两个命名实体之间所存在的语义关系及其类型，按照语义关系的抽取对象范围不同，可分为句子级语义关系抽取、文档级语义关系抽取（或称句间语义关系抽取），以及语料库级语义关系抽取 [88]。目前，专利挖掘中的语义关系抽取以句子级语义关系抽取为主，即从给定句子中识别命名实体之间的语义关系。由于这些方法以面向专利分析实际应用为主，具体方法多以流程形式呈现，内容较为繁杂，我们将主要抽取流程概括为图 1–3。

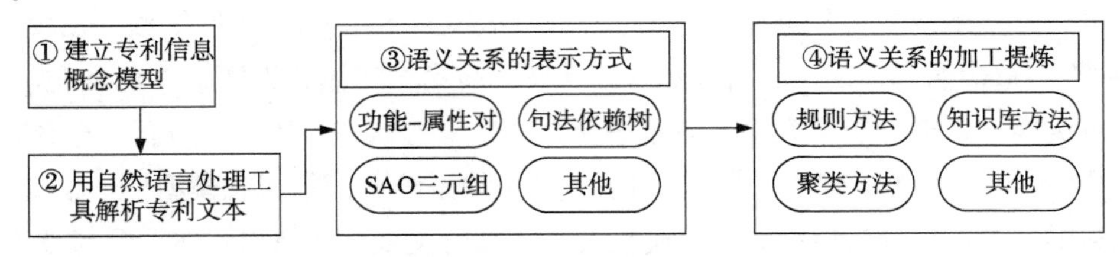

图 1–3　专利语义关系抽取流程

步骤①和②与专利命名实体抽取类似，即首先建立专利信息概念模型，确定语义关系的类型；其次使用句法解析工具获取句子中词汇的词性和句法依存关系，并在步骤③中使用人工规则筛选出其中可能的语义关系并采用结构化的方式表示。当前主要的结构化表示方式有 SAO 三元组和功能 – 属性对。所谓 SAO，即句子中的主语（subject）、谓语（action）、宾语（object）成分，其可组成三元组结构来表示文本中的命名实体语义关系。而在功能 – 属性对中，功能指系统可提供的有用行为，属性指系统或其子系统具有的某种性质 [66]。相比较而言，功能 – 属性对的优势在于其本身即是 TRIZ 的重要组成部分，因而可以作为 TRIZ 的计算机实现手段来指导真实场景下的创新实践；而 SAO 三元组当初是为弥补向量空间模型元素间语义关联的缺乏而产生 [3]，旨在发现专利之间的联系和区别。当然，随着研究进展这两种表示方式之间界限逐渐模糊。例如，Yoon 等 [68]、Park 等 [89] 认为部分 AO 反映了技术所提供的功能，因而可以在 SAO 的基础上识别功能、属性。

由于专利语义关系抽取是建立在既定概念模式上的封闭关系抽取，所以步骤④的语义关系加工提炼需要将类型繁多的候选命名实体语义关系对应到固定有限的关系种类集合中，当前主流做法有规则方法和知识库方法。所谓规则方法，即总结归纳一套规则以实现从语义关系表示方式向语义关系的转化。Choi 等 [90] 建立了一套用词汇来判别 S、O 及 AO

命名实体类型的规则，并根据判断所得命名实体类型将它们分配到包含产品、技术、功能 3 个层次的命名实体框架；Yoon 等 [68] 将 AO 分为产品可完成的任务、产品可改变的属性和产品结构 3 类，并给出各自的词构成规则和代表性词汇，协助新 SAO 的类别判定并以此为基础来提炼语义关系；Yoon 等 [67] 先采用句法分析将包含创新概念的候选语义关系汇集起来，之后建立一套功能 – 属性融合规则来归并具有相同含义的语义关系。知识库方法通过对齐知识库中关系实例与专利中的候选语义关系，来完成语义关系的提炼。Choi 等 [80] 提出一种面向事实的本体方法来处理 SAO，他们先将原始的 SAO 结构对应到由 WordNet 中的词汇所组成的泛化 SAO 结构上，之后利用 WordNet 中的概念层级关系将泛化 SAO 结构进一步抽象到专利信息概念模型上；在专利知识库构建上，Dewulf [66]、Yoon 等 [67] 建立了以功能、属性为核心的知识库；Yoon 等 [68]、Wang 等 [91]、Yoon 等 [92]、Choi 等 [93] 从 SAO 结构中抽取出产品、功能、技术信息，并将其作为命名实体类型构建出类型不同的知识库；也有研究者尝试将 WordNet 和产品设计语言 Functional Basis 相结合，以求在一个既定框架中创建出具有明确规范限制的知识库 [94]。

相比术语抽取和命名实体识别，面向专利文本的语义关系抽取从关注单一事物转向探索事物之间的相互联系，从而使研究者以知识库的形式来呈现专利文本中零部件、原材料、科学概念、功能效果等技术要素之间及其与产品、市场的相互关系，从而更好地支持产品核心技术识别、技术转移转化、技术路线图构建、技术趋势分析等应用服务。然而，从上述内容来看该方向的研究探索并不充分，语义关系抽取中所存在的词汇和语法歧义问题没能得到很好解决；同时这些专利关系抽取方法在执行成本、效率、可移植性、可扩展性上均存在种种不足。实际上，近年来自然语言处理领域在该方向的技术进展，尤其是深度学习方法对专利语义关系抽取具有很大的启发性。以 2019 年语言与智能竞赛为例，冠军团队在关系抽取任务上取得的 F_1 值达到 89.3%[95]，这在之前是难以想象的。背后有两个关键因素：一是大规模预训练模型的使用；二是高达 21 万条标注数据的支持。然而，这两个因素都需要巨大的人力、算力投入，即便谷歌提供了基于专利文献的 BERT-for-Patents 预训练模型，如何高效、低成本地生成大规模专利标注数据集，如何在同等标注工作量下优化关系抽取效果，以及如何在关系抽取建模时合理利用专利文本的特殊性仍然是我们面临的巨大挑战。Chen 等 [96] 在这个方面做了一些探索性工作，他们发现专利文本相比普通文本包含更多词组型命名实体，且这些命名实体之间存在稠密的共词关系，利用图神经网络对这些共词关系建模以产生额外信息可以有效提升常规语义关系识别模型的效果。

1.4.4　跨篇章实体共指消解

为增加专利文本的理解难度，避免发明被竞争者发现、理解和复现 [97]，专利撰写者会使用一系列文字技巧，如同义词、近义词、模糊术语、上下位概念替换、对等词等，使专利文本晦涩难懂、描述用语极为模糊。例如，真空吸尘器被描述为“龙卷风产生装置”[98]，文件扫描仪被描述为“光线扫描装置”[99]。然而，如何将出现在不同文献中指向相同实体的一组对等实体指称识别出来，即跨篇章实体共指消解[100]，则凸显出其超越单篇专利内部数据处理的重要价值。

该类方法的惯用特征包括词法特征、句法特征、基于知识库的特征，以及实体之间的字符串匹配程度等。专利文本的特点会使这些特征在跨篇章实体共指消解中的效力大大减弱，需要研究者通过常识和领域知识加以弥补，而这些方面的研究成果还非常稀缺[101]，更多的实体共指消解研究聚焦于同一文档内部[102]，或者通过将实体指称映射到知识库的对应实体上，即实体链接[103]，来达成跨篇章实体共指消解的目的。抛开知识库相关方法后（目前此类方法所基于的通用知识库的内容对专利实体来说仍然过于宽泛），跨篇章实体共指消解方法仍然停留在传统机器学习方法阶段，主要依赖实体指称本身及其上下文的特征提取和相似度计算，对不同实体指称之间的关系进行度量，进而使用聚类算法将实体指称划归到指向不同实体的聚簇中[100]。近 3 年来，我们很高兴地看到有学者尝试引入深度学习来完成这一任务，Barhom 等[103]受到 Lee 等[104]的联合模型的启发，在事件参数（即实体指称）共指消解和事件本身共指消解在模型学习过程中相互激励的假设基础上，利用联合神经网络实现这一过程并分别在实体共指消解和事件共指消解上较独立神经网络提升 1.2% 和 1%（$p<0.001$）；2021 年，Cattan 等[101]提出了第一个从纯文本中进行跨文档共指消解的端到端模型；同年，Caciularu 等[105]采用定制化预训练语言模型的方式来支持跨篇章实体共指消解，具体来说，他们基于 Longformer 模型将多个相关文档拼接起来作为模型输入，并通过跨文档遮掩（cross-document masking）使模型学到长距离和跨文档关系，新模型在大幅减少训练参数的同时，其所产生的词嵌入在跨篇章实体共指消解和事件共指消解、论文引文推荐、文章剽窃探测等任务上均取得了新的最佳成绩，由于研究旨在解决跨篇章实体共指消解面临的普遍问题，因此可以直接用于专利文本，并且对专利文本中开展此类工作具有重要启发作用。

1.4.5 小结

本类专利挖掘任务的目标比较明确，即处理专利数据以支持下游的应用需求，而专利数据处理方法本身并不直接提供业务服务能力。在技术实现上，此类任务一般可以转换为对应的机器学习或者自然语言处理任务，但由于专利数据和通用数据之间的显著差别，这些机器学习或者自然语言处理任务在专利数据上存在一定的性能下降，而如何量化专利特点并在此基础上建模以提升效果，成为专利挖掘的重要研究方向。同时，由于专利数据的领域依赖属性，不同技术领域的专利标注数据难以跨领域使用，这使得研究者们更加青睐以句法解析工具和人工规则方式进行免标注的数据处理，如基于 SAO 结构和功能 – 属性对的关系抽取方法，但这些方法存在人工规则难以复用且抽取精度较低的问题，而如何低成本、大规模、高质量生成标注数据，以及在无标注或少标注前提下如何提升专利数据处理的效果，成为当前亟待解决的问题。

1.5　面向专利信息服务的智能算法研究

当前面向专利信息服务的智能算法研究可以分为 3 类，如图 1–1 下半部分所示。其一是发展时间较长、成熟度较高、可以集成到软件平台并为常规专利业务开展提供基础服务的算法类型，如案源分配、专利检索、专利翻译、信息可视化等；其二是利用信息技术实现专利分析服务自动化、智能化的算法类型，如技术脉络识别、技术机会发现、合作伙伴推荐、技术热点探测等；其三是探索专利核心问题智能化解决方案的算法类型，如专利无效判断、专利侵权诉讼、专利自动撰写、专利新颖性识别等。我们分别从这 3 种算法类型中挑选若干具有代表性的研究方向，对其发展脉络和重要成果进行梳理和阐述。

1.5.1　案源分配

当专利申请文件到达专利局后，需要对其所属技术类别进行标注以便分配给相应的审查员，这一环节被称为案源分配。随着科技快速发展和人们知识产权保护意识的增强，当前专利申请量屡创新高，以国知局为例，仅 2020 年上半年全国发明专利申请量就高达 68.3 万件。纷至沓来的专利申请极大加重了审查员的工作负担，对审查的质量和效率提出了严峻的挑战。随着美国专利商标局、欧洲专利局和国知局逐步将机器学习技术引入案源分配，这一局面有望得到改善。

案源分配中技术类别所属的技术分类体系通常为层次分类体系，如 IPC、CPC、USPC 等。这里以 IPC 为例加以说明，它从上到下共分部、大类、小类、大组、小组 5 个层级，粒度从上到下逐步细化（图 1–4）；IPC 每年 1 月份更新一次，2021 年版 IPC 中包含了 8 个部、131 个大类、646 个小类、7523 个大组和 68 899 个小组 [106]。进行案源分配时，由于发明创新往往涉及多个技术类别，所以一个专利申请会被分配多个技术类别，从而使案源分配很好对应到自然语言处理中界定明确和长期研究的多标签文本分类任务，外加专利数据本身字段丰富、内容详尽、体量巨大，是合适的训练数据，这使得针对这一任务的研究工作早在 20 世纪 90 年代已经出现 [107]。早期案源分配方法采用词袋（bag-of-word）和空间向量模型（space vector model）来表示专利文本内容，通过忽略词汇顺序来降低模型复杂度和算力需求，采用的分类模型包括支持向量机 [108]、K 近邻 [107]、朴素贝叶斯方法 [107]、Winnow 算法 [109] 等；也有研究从案源分配的特殊性出发，从专利数据或者技术分类体系上优化特征或者分类算法。例如，Kim 等 [110] 在专利文本表示中融入词汇之间的语义信息，并在日本专利分类任务上取得了 74% 的提升；Cai 等 [110] 着眼于技术分类体系的层次结构，基于支持向量机拓展出一种层次分类方法；这种思路同样被 Tikk 等沿用[112]，他们将技术分类体系融入在线分类器并在 WIPO-alpha 和 Espace A/B 数据集上取得了良好效果。

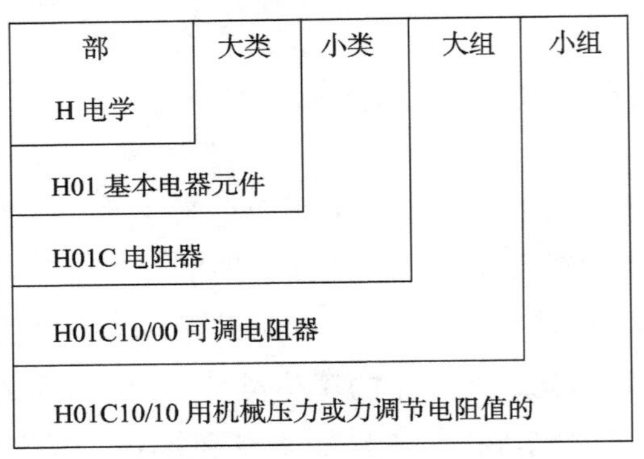

图 1-4 IPC 实例

近年来，深度学习方法的突飞猛进为案源分配带来了新思路，即用深度神经网络学习到的低维、稠密向量，来表示词汇、短语、句子、段落，乃至整个篇章，进而将文档分类纳入深度学习的解决范围。吕璐成等[113]系统汇总了卷积神经网络（Convolutional Neural Network, CNN）、循环神经网络（Recurrent Neural Network, RNN）、注意力机制等常见深度神经网络结构或数据特征权重分配方法，并结合词嵌入生成技术 Word2Vec[114]组配出 7 种文本分类模型用于测评其在中文专利案源分配上的效果，他们发现上下文特征和双向语序特征能有效提升案源分配效果，而注意力机制对关键数据特征的强化作用同样有助于判定专利类别。然而，此类案源分配方法所基于的静态词嵌入技术（如 Word2Vec）将单一词汇恒定地对应到一个数值型向量上面，而无法随上下文语境动态变化，并不符合自然语言一词多义的特点，对此研究人员提出了一系列能够根据上下文语境动态变化的动态词嵌入向量生成技术及其模型框架，如 BERT[115]、ELMo[116]、GPT[117] 等，进而通过“预训练模型 + 微调”的模式把案源分配效果提升到新的高度，所谓微调（fine-tuning）即在原有模型参数权重的基础上使用特定任务数据集继续训练，以“轻微调整”模型参数权重的方式使其适应该任务并具备较强的任务完成能力。最早通过微调进行案源分配的模型是 ULMFiT[118]，但很快 Lee 等[119]通过微调 BERT 刷新了当时的最佳案源分配效果；Bekamiri 等[120]利用 RoBERTa 产生专利类别伪标签来实现专利类别标注数据集的数据增强，进而将 Sentence-BERT 和 K 近邻算法相结合微调出超越 Lee 等[119]的新型案源分配模型。

值得注意的是，上述模型虽然需要在专利数据上微调，但预训练阶段普遍采用的是通用语料，与其专利文本分类的目标并不匹配，从而影响了案源分配效果。对此谷歌基于 1 亿篇英文专利全文数据训练出专利版本的 BERT 模型，即 BERT-for-Patents[60]，在专利挖掘任务上具有明显优势，陈亮等[61]在对中文专利进行案源分配时发现，即便在将中文专利翻译为英文的机器翻译过程中存在信息损失，使用 BERT-for-Patents 对翻译后的专利进行案源分配的效果也远优于使用中文通用版本 BERT 直接对中文专利进行案源分配。

1.5.2　专利检索

专利检索是指根据一项数据特征，从大量的专利文献或专利数据库中挑选符合某一特定要求的文献或者信息的过程 [121]。虽然专利检索属于信息检索大类，但相比普通信息检索，它具有自己鲜明的领域特色，包括由丰富的题录字段所导致的复杂的检索方式、由多样的业务需求所导致的种类繁多的检索目的、由翔实的技术细节所导致的冗长的检索词列表，以及对检索高召回率的重视等 [122]。进一步深入专利文本中，不难发现专利在篇章、句子和词汇层面的特点都会给专利检索带来巨大的挑战，尤其是词汇特点，相当一部分专利文档与检索词语义匹配但词汇不匹配，是横亘在这一方向的最大难题。Magdy 等 [123] 统计专利检索数据基准 CLEF-IP 2009[124] 时发现，12% 的相关专利与检索主题之间不存在词汇匹配。正面解决之道，包括集外词汇（out-of-vocabulary）的合理使用和同义挖掘，目前仍属于开放性问题，困难重重。但即便如此，研究者们依然做了很多工作来推动专利检索的进步，包括检索式重构（query reformulation）[122]、专利索引的扩充和优化等，下面我们分别展开介绍。

（1）检索式重构

这是专利检索中被广泛应用的一类技术，旨在通过扩展或简化检索式以提升相关文献的检索效果，具体方法可以分为 3 种。

1）伪相关性反馈（pseudo-relevance feedback）

该方法从初始检索式的检索结果中选取排名靠前的专利文献，并利用这些专利文献对检索式进行扩展、简化，进而用更新后的检索式继续检索直至该过程迭代若干轮次 [122]。伪相关性反馈方法虽然因其较高的自动化程度和显著效果受到研究者和使用者的青睐，但仍然会因专利中同义词和模糊用语而产生主题漂移现象 [123]。对此，Bashir 等 [125] 对索引文档集合进行聚类，并将伪相关性反馈专利的选取限定在同一聚簇内；Mahdabi 等 [126] 根据专利丰富的题录信息，利用回归模型对反馈回来的专利进行再判断，以确定其相关性；Fuji 等 [127] 使用引文关系替代相关性检索来获取反馈结果，由于专利引文尤其是审查员引文在揭示文档相关性上的精确性，这一方法取得了较大的性能提升。

2）基于语义的方法

该方法也被称为基于附加的方法（appending-based methods）[5]，该方法旨在通过外部或内部信息资源的协助，为检索式和相关专利之间架设起语义关联的桥梁。其中，外部信息包括语义词典（如 WordNet）、百科词典（如维基百科）、领域本体库（如 UMLS）、技术分类编号说明书（如 IPC）、专利检索日志，甚至专利平行语料库 [128]，其作用在于通过直接或者间接方式，为专利检索词提供同义词、近义词乃至上位词清单，以减少专利检索的漏检；内部信息通常指检索条件中的主题专利本身，具体来说，研究者以主题专利为数据来源来扩展或简化检索关键词。例如，从专利说明字段中识别技术详释句子以优化检索词[129]，或者从主题专利中抽取与检索词存在语义关系的其他词汇并填充到检索词列表[130-131]，有些国内专利检索平台也提供了类似功能（如 incoPat 专利检索平台的 AI 检索功能[132]）。

3）基于题录数据的方法

该方法用专利中丰富的题录数据来指导专利检索词的选取，也是一种可选择的检索式重构方法，但重构过程通常比较复杂。例如，利用伪相关反馈结果绘制一个查询条件对应的引文网络，并利用 PageRank 为网络中的每个专利打分，之后使用得分对引文网络中文档集合的词汇分布进行限制和查询模型的参数估计，并利用求解的模型进行检索式扩展[133]；或者利用技术分类号、发明人、专利权人产生加权专利引文网络，并利用时间感知的随机游走算法（time-aware random walk）对专利打分，利用高分专利对检索式进行扩展[134]。

（2）专利索引的扩充和优化

专利具有丰富的题录字段和翔实的技术细节，这些特点为专利检索系统提供了广阔的优化空间，也留下了必须解决的技术问题：如何在索引层面解决词汇匹配和语义匹配之间的割裂？如何适应用户惯常用长文本甚至整篇专利作为检索条件的检索方式？如何扩充和优化索引？如何在工程实践上保障检索效果和检索效率的平衡？下面我们分别展开介绍。

1）语义检索

实际上，语义检索技术可以在一定程度上同时解决前两个问题。其做法是在词汇和文档之间创建一个潜在语义空间，并将含义关联和相近的词汇汇集在同一维度，即主题（topic）。在该检索系统中，表示一篇文档的方式是基于潜在语义的低维、稠密向量，而专利检索将不再依赖具体词汇而是从主题层面进行文件对比。这从一定程度上缓解了同义词、近义词、模糊用语所带来的困扰，同时避免了词汇层次表示方式所带来的无词共现文档之间相似性无法度量的问题。虽然从算法实现上讲，潜在语义索引（latent semantic indexing）[135] 和主题模型方法家族[136] 均可以生成文档的潜在语义表示，而业界也提供了相应的向量搜索引擎，如 Faiss、Milvus、Proxima 等，开源搜索引擎 ElasticSearch 自 7.0 版本以后开始支持稠密向量检索，但从使用者角度来说这些还不够，在语义检索模型中合理引入和使用高质量领域词表会对搜索引擎在对抗专利词汇特点和提升检索效果上起到重要作用。

2）索引的扩充和优化

多字段检索是当前专利检索系统的常规功能，其底层实现通常是首先在搜索引擎中设置或者默认不同字段的检索权重。当检索专利时，文本字段使用相似度匹配，题录字段使用布尔匹配。最后将索引中各个文档按照不同字段得分加权求和并降序输出结果。但这种做法也遗留了若干问题，其一是如何为各个字段赋予合理权重，其二是如何保持检索速度和检索效果的平衡；其三是如何挖掘不同字段之间乃至不同文档之间的联系。

随着机器学习和信息检索的深度结合，人们逐渐采用学习排序方法（learning to rank）来解决第一个问题。所谓学习排序，即旨在解决文档排序问题的、基于特征和判别式训练的、能够根据相关性反馈自动调节信息检索系统参数的机器学习技术[137]。具体来说，该方法将检索式与索引中不同字段之间的匹配值作为特征、检索式对应的相关文档作为金标准，进而采用判别式模型为索引字段分配权重，使加权字段所产生的排序结果尽可能逼近金标准。然而，在工程场景下专利索引中的文档数量通常是千万级别，而由此产生的训练数据则更是海量。为平衡检索速度和检索效果，一种广泛采用的方法是将检索过程划分为两个阶段：①检索召回阶段，通过传统布尔检索式快速从专利索引中获取排名靠前的候选专利列表，以压缩训练数据规模；②精准排序阶段，对候选专利列表使用计算密集的学习算法以优化检索结果排序（图 1–5）。

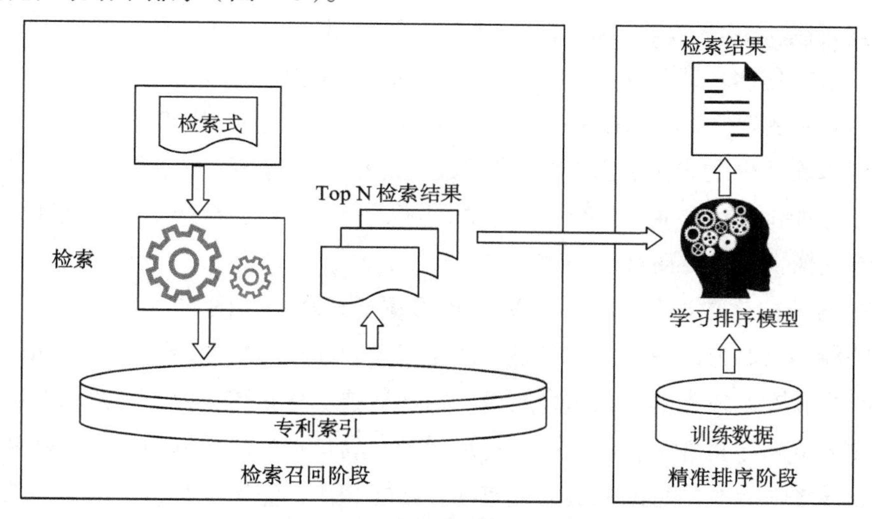

图 1–5　两个阶段专利检索框架

在挖掘不同字段之间及不同文档之间的联系上，一种可取的方法是采用元路径（meta-path）将不同字段串联起来形成新的索引字段。所谓元路径，即定义在网络模式（network schema）上的链接两个对象的一条路径。例如，可以在专利信息网络模式（图 1–6a）上从专利到专利游走得到元路径示例 1 和元路径示例 2（图 1–6b、图 1–6c），并利用专利数据集在元路径上的计数或者随机游走得分作为路径两端专利之间的关系测度[138]。研究显示[139-140]，元路径特征可以显著提升对专利检索中相关文件的检出效果，但由于并非任意专利之间都会存在某些元路径，在这种情况下，其相应的索引字段会存在数据缺失问题。随着图深度网络的崛起，将其应用于由不同文档之间关联关系，如引文关系、共词关系、共技术分类号关系等所形成的网络上，进而将每个文档的网络结构信息内聚到图嵌入向量的做法开始出现。将这种图嵌入向量应用于专利检索，可以一定程度上消除专利词汇特点所带来的不利影响，并起到提升专利检索效果的作用[141]。

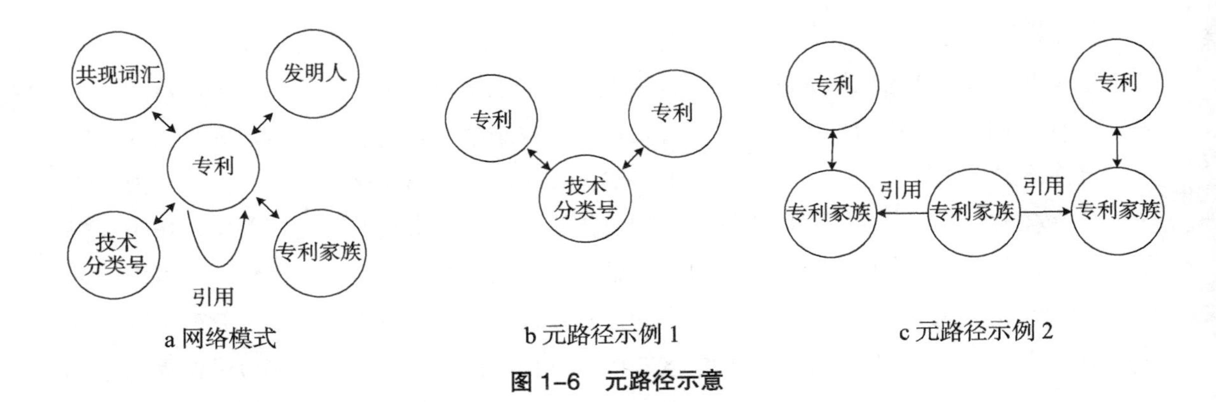

图 1–6 元路径示意

1.5.3 技术路线图

技术路线图（technology roadmap）又叫专利地图，目前尚无统一定义，原因是它实践性较强，不同使用者使用它的侧重点不同，使用的技巧和表现形式也存在差异 [142]。两个比较有代表性的定义如下：Galvin 认为技术路线图是针对某一特定领域，集合众人意见对重要变动因素所做的未来展望 [143]；世界知识产权组织将技术路线图定义为对专利分析全部结果的可视化表达，通过对目标技术领域相关专利信息进行搜集、处理和分析，使复杂多样的专利情报得到方便有效的理解 [144]。

专利中的结构化数据和非结构化数据均可用于技术路线图的绘制。在基于结构化数据的技术路线图绘制方法中，一种简易方法是将专利结构化数据的不同字段加以组合，如将技术分类号和专利权人地域相组合所展示的地域技术分布图、将专利数和专利权人数相组合并按照年度顺序将各个节点连起来所形成的专利技术生命周期图。但这种基于计数方式的技术路线图对专利信息的挖掘力度有限，与之相比，基于专利引文网络的技术路线图能够从网络整体结构出发，对节点、连线、路径的重要程度及彼此的差异性展开深入分析，因而占据着更为重要的位置。例如，Mogee 等 [145]、Chena 等 [146] 对专利引文网络进行聚类操作，之后通过分析聚簇之间的关系随时间变化情况来识别技术演化；Garfield[147] 基于被引频次可以反映节点重要程度的视角，提出一种将高被引文献串联起来以反映整个引文网络中知识流动的关键路径法，但这种方法并没有将施引情况考虑在内；与此不同，Hummon 等 [148] 提出一个不仅着眼继承先前知识积累，更强调对后来研究发挥重要参考作用的引文路径生成算法，并称其为主路径分析法，由于这一算法有效减少了人为干预，具有良好的分析效果，外加 Batagelj 等在社会网络分析软件 Pajek[149] 中将主路径分析功能集成进来，大大降低了使用门槛，所以这一方法很快从专利数据扩散到论文数据，甚至法律文书数据上；同时，为囊括更多子技术的发展轨迹，为主路径添加更多细节补充信息，研究者们又提出一系列主路径方法的变体，包括多主路径方法 [150]、key-route 主路径方法 [151]、基于语义信息的主路径方法 [152] 等。

相比结构化数据，专利中的非结构化数据，即文本字段承载着专利的核心内容，也是技术路线图绘制的重要原料。基本文本分析法，如词频分析法、词汇共现分析法等通过提取专利项、摘要和标题中的技术关键词，并根据它们的出现频次或共词网络分析来获取技术领域的研究状况和发展趋势[153]。随着研究的深入，学者们逐渐将一些文本挖掘领域的成熟方法引入进来。Yoon 等[154]借鉴空间向量模型思想，提出一种以关键词向量为基础，绘制专利网络关联图的分析方法；Young 等[155]在专利－关键词矩阵基础上，以关键词所在专利的最早申请日期为横轴、关键词的出现频次为纵轴创建专利网络图，以揭示技术主题随时间变化的演变趋势；方曙等[156]在该方法的基础上，采用专利号取代关键词作为专利文档聚类的基础，关系矩阵的数值取值同时考虑分类号在专利文档中的分布特征及分类号之间的语义特征，在聚类时采用更适合中小数据量的系统聚类分析法；陈亮等[152]将文本挖掘方法和主路径分析法相结合，他们使用引文网络中相邻节点所依附文本之间的文本相似度作为引文连线的权重，来识别不同技术主题的技术演化脉络；更近一步，他们基于路径上所依附的文本信息将引文网络中的备选路径聚类到不同的子领域，进而从每个子领域中抽取代表其发展脉络的主路径，从而全面反映技术领域的发展轨迹[157]。

除了技术演化分析，技术路线图的另一个重要用途是将专利内容可视化展现以反映技术全景（technology landscape）、发现技术机会和分析专利布局。Uchida 等[158]将奇异值分解方法应用于专利－词汇矩阵以得到专利文本的降维表示，进而利用层次聚类法获取技术全景；类似地，Lee 等[159]通过主成分分析法将专利文档投射到二维平面，其中空白及散点稀疏的区域即为需要重点关注的可能的技术空白点；汤森路透的专利分析软件 Aureka 也提供类似功能；Yoon 等[154]建立起基于文本相似度的专利关系网络，并设计技术中心指数、技术周期指数、技术关键词聚类指数 3 个指标，以识别潜在的技术机会；王亮等[160]将主题模型应用于专利文献，他们利用 HDP 模型可以自动确定主题数量的特点，通过分析不同时间窗内主题的分流与合流，来展示技术布局的动态变化情况。

1.5.4　专利价值评估

专利价值包括两个方面，其一是给专利所有者带来的经济价值，其二是为整个社会带来的科学和技术福祉。专利价值这种经济属性和社会属性使得早期相关研究由经济学家推动，他们从逻辑角度提出了一系列专利价值的影响因素和测度指标[161-162]。Nordhaus[163]早在 1967 年就将专利寿命列入专利价值的影响因素；1990 年，Klemperer[164]，Gilbert 等[165]引入专利宽度（patent-breadth），即将专利权利要求的覆盖范围作为专利价值的另一个重要影响因素；在后续研究中，不断有更多影响因素和测度指标加入进来，如创造行为（inventive activity）[166]、技术公开（disclosure）[166]、绕过某专利的创新难度（difficulty to invent around）[167]等，我们将重要的专利价值影响因素和测度指标进行了梳理汇总（表 1–5、表 1–6）。

然而，这些专利价值的影响因素和测度指标并没有经过假设检验验证，仍然停留在理论探讨层面。2003 年，Allison 等 [162] 基于 1966—1999 年近 300 万条美国专利数据，从数据科学角度对部分指标的有效性进行了验证，在剔除无效指标的同时，他们提出了两个新指标，即专利家族规模和专利审核时长，这份研究成果为后续利用机器学习技术进行专利价值预测奠定了良好基础，而相关论文也被业界认为是知名专利检索平台 Innography 中经典的专利价值测度指标——专利强度的技术白皮书。但即便如此，距离利用智能算法对专利价值进行预测仍然有很长一段路要走。原因在于有些影响因素难以度量，如绕过某专利的创新难度；还有些影响因素不仅在乎专利本身，更多需要通过与其他专利对比才能显现出来，如专利的新颖性、创造性。虽然不乏有研究工作简单地将专利价值评估作为文本分类问题 [168]，但更多研究者将包含专利对比和关联的结构信息纳入专利价值评估模型中。例如，Yang 等 [169] 将直接引文、间接引文、共被引和耦合 4 种专利引文关系加以融合以实现对专利价值的判断；Lin 等 [170] 利用不同的神经网络将专利引文网络结构、节点属性及节点所依附的文本内容内化到不同的节点表示向量中，将这些向量拼接并输入全连接层训练后，就可以得到专利的价值预测输出；Kelly 等 [11] 基于一个观察，即重要专利是指与在先工作存在较大差别但与后续创新存在密切关联的专利，提出一套基于文本相似度的指标，分别对一个专利与其在先专利集合和后续专利集合的关联性进行测度，并利用这两个关联性的比值作为专利重要性的度量指标，虽然这一研究所基于的观察最初由 Shaparenko 等 [171] 在识别重要文献时提出，但这并不影响这篇文章的启发性，它利用简单技术就揭示了一种新的专利新颖性测度方式，并且展现出相比传统专利被引次数的多重优势。

表 1–5　专利价值测度指标汇总

测度指标		说明	备注
基于引文关系的指标	前向引文次数 [172]	目标专利的被引次数	经 Allison 等 [162] 验证为有效指标
	后向引文次数 [173]	目标专利的施引次数	经 Allison 等 [162] 验证为有效指标
	PageRank 得分 [174]	详见原始论文 [174]	经 Mariani 等 [175] 验证为有效指标
基于引文关系的指标	时间重规范化的前项引文次数 [175]	$R_i(S)=\dfrac{S_i-\mu_i(S)}{\sigma_i(S)}$	时间重规范化旨在消除由专利年龄差异给前向引文数量带来的偏态影响，其中 μ_i (S)、σ_i (S)，指引文次数 s 在专利 i 的参考专利集合上的均值和标准差； 经 Mariani 等 [175] 验证为有效指标
	时间重规范化的 PageRank 得分 [175]	同上	同上，前项引文次数换成专利的 PageRank 得分； 经 Mariani 等 [175] 验证为有效指标
	原创性（originality）	$\text{Originality}_i=1-\sum_{k=1}^{N_i}(\dfrac{NCITED_{ik}}{NCITED_i})^2$	N_i 表示被专利 i 引用的全部专利的技术类别数量，$NCITED_i$ 表示专利 i 的施引次数，$NCITED_{ik}$ 表示被专利 i 引用的技术类别为 k 的专利数量； 经 Allison 等 [162] 验证为无效指标

续表

影响因素		说明	备注
基于引文关系的指标	通用性（generality）[176]	$\text{Generality}_i=1-\sum_{k=1}^{N_i}\left(\frac{NCITIND_{ik}}{NCITIND_i}\right)^2$	N_i 表示引用了专利 i 的全部专利的技术类别数量，$NCITING_i$ 表示专利 i 的被引次数，$NCITING_{ik}$ 表示专利 i 被技术类别为 k 的专利引用的次数； 经 Allison 等 [162] 验证为无效指标
基于文本相似度的指标		$BS_j^r=\sum_{i\in B_{j,r}}^{N_i}\rho_{j,i}$ $FS_j^r=\sum_{i\in F_{j,r}}^{N_i}\rho_{j,i}$ $q_j^r=\frac{FS_j^r}{BS_j^r}$	BS_j^r 为后向相似度，即专利 j 与 r 个日历年内后向专利的相似度之和，反映了专利新颖性。其中，$B_{j,r}$ 表示在专利 j 申请之前 r 个日历年内的后向专利集合，$\rho_{j,i}$ 表示专利 i 和 j 之间的文本相似度； FS_j^r 为前向相似度，即专利 j 与 r 个日历年内前向专利的相似度之和，反映了专利影响力。其中，$F_{j,r}$ 表示在专利 j 申请之前 r 个日历年内的前向专利集合； q_j^r 为结合专利新颖性与专利影响力的专利重要性指标； 经 Kelly 等 [11] 验证为有效指标
权利要求数量 [177]		专利中所包含的权利要求项条数	经 Allison 等 [162] 验证为有效指标
技术类别数量 [178]		专利中所包含的技术类别编号数量	经 Allison 等 [162] 验证为无效指标
专利家族规模 [162]		专利家族中包含的专利成员数量	经 Allison 等 [162] 验证为有效指标
专利年费		为维持专利有效性，每年需要向专利授权机构缴纳的费用	通常来说，专利年费的数额随专利年龄的增加而逐年增长，以 2021 年国知局收费标准为例，发明专利在 1 ~ 3 年的年费为 900 元，但 16 ~ 20 年的年费高达 8000 元 [179]，为节省开支，专利权人会停止对无价值或者低价值专利的年费缴纳
专利审查时长 [162]（有效指标）		从专利申请日到专利授权日的时长	经 Allison 等 [162] 验证为有效指标

表 1–6　专利价值影响因素汇总

影响因素		释义
英文原文	中文翻译	
lifetime	专利寿命	专利价值随专利寿命单调增加是经济学评估专利价值的重要假设，后续研究认为在技术生命周期的不同阶段，专利价值并不固定，而是先增加至技术生命周期的全局最优点后开始下降 [125]
novelty and inventive activity	新颖性和创造行为	新颖性描述用于专利申请的发明与在先专利之间的技术距离，创新行为从显而易见性上描述用于专利申请的发明与现存技术之间的技术距离
patent-breadth	专利宽度	由专利权利要求所体现出的专利保护范围
difficulty to invent around	绕过某专利的创新难度	在避免对某件专利侵权的前提下来实现某一发明的难度

续表

影响因素		释义
英文原文	中文翻译	
disclosure	技术公开	专利申请所带来的技术公开为专利持有者的竞争对手提供了有利的外部技术情报，为避免此种情况专利持有者甚至放弃专利申请
portfolio position	专利布局位置	单个专利的价值不仅依赖该专利所在专利组合的规模，同时依赖于该专利为专利组合整体所提供的作用
uses or functions of patents	专利的用途或功能	专利的用途或者功能会影响被保护发明所带来的潜在回报
exclusion rights	独有权	提供排他性权利是专利的重要功能，尤其在非渐进式创新的技术上
bargaining chips	交易筹码	专利的一项重要功能是作为交易筹码，和竞争对手之间达成交叉许可

1.5.5 专利撰写

根据撰写目的不同，专利撰写可分为生成（generation）、摘要（summarization）、简化（simplification）3 种方式[14]。专利生成指利用计算机技术自动撰写专利全文或者部分文本，如专利权利要求项；专利摘要旨在将单一或者多个专利的内容压缩成较短文本，使其包含原始专利的主要内容；专利简化则是对句法、语法复杂，内容晦涩难懂的专利文本进行简化，从而在信息无损的情况下提高专利的可读性。下面，分别对 3 种方式展开叙述。

（1）专利生成

研究专利生成技术的动机很直观，专利申请文书的撰写需要考虑专利相关法、专利局规章制度和专利审查程序等一系列要求，发明人通常难以独立应对而要向专利律师或专利代理人求助或者请其代为撰写，这中间产生的费用非常高昂。例如，在美国通常超过几千美元[180]。为节省成本，同时为避免专利发明人和专利律师、专利代理人之间的信息沟通出现偏差，有关专利生成技术的专利申请早在 1996 年已经出现[180]，其方法是将专利中的发明信息分为 4 类，即相比在先专利的优势、主要技术组件、次要技术组件、可替代组件，并使用文本模板将这些内容组织起来作为专利申请文书的草案；Glasgow[181] 采用分层和分类方式对技术发明的内部结构进行图形化表示，并以用户互动方式生成与图形化表示相一致的专利文本格式；同样基于图形化的表示方式，韩芳将神经网络引入以生成权利要求项；与此不同，Knight 等[182] 将专利权利要求及其在说明书中对应的支持文本标记出来以训练机器学习模型，从而使模型具备为给定权利要求项自动补齐支持文本的能力。

相比专利申请，专利生成技术相关学术论文的出现则是随着 GPT-2、BERT 等一干预训练模型的问世而发生的事情。Lee 等[183] 利用 2013 年美国专利商标局授权的 55 万多件专利的第一独立权利要求项训练 GPT-2 模型并考察其在有条件和无条件下的专利权利要求项撰写能力；他们进一步对专利中不同文本字段进行配对，如（标题、摘要）、（摘要、独立权利要求项）、（独立权利要求项、非独立权利要求项），并分别将这些配对文本放入 GPT-2 中训练，使其具备从一个字段推导另一个字段的能力，以（标题、摘要）配对文本为例，输入某专利的标题使 GPT-2 输出该专利的摘要 [184]。然而，这一方向存在两个问题亟待解决，即如何控制专利文本生成过程使其符合使用者的意图，以及如何评估生成专利的质量。第一个问题目前仍处于开放状态；对于第二个问题，Lee[185] 使用文本相似度对专利质量的重要指标之一（即新颖性）进行度量，他们认为理想的生成专利应该位于与当前最接近的技术有一定的距离但又不太遥远的 Goldilocks 地带，符合这一标准的生成专利可以作为优先结果。实际上，专利新颖性的判断是一个非常复杂的问题，需要在排除专利词汇干扰的基础上，综合考量目标专利与最接近现有技术在技术领域、所解决的技术问题、技术方案和预期效果上的关系，只有这样才能给出一个合理的判断。

（2）专利摘要

一般来说，专利摘要方法分为抽取式（extractive summarization）、生成式（abstractive summarization）两种方法。其中，抽取式方法相对简单，它主要是从原始文档中选择信息量最大的词汇、句子甚至段落，并形成摘要结果 [14]；生成式方法是根据对原始文本的理解来形成摘要，模型试图理解文本的内容以生成原文中没有的单词，因而更接近摘要的本质 [186]。就目前发展态势来说，专利摘要仍然以抽取式方法为主。但值得注意的是，随着深度学习对自然语言处理各个方向的横扫，尤其是大型专利摘要数据集 BigPatent[31] 的发布，生成式专利摘要不仅引起了专利挖掘研究者的关注，而且由于专利文本不同于常规文本的显著特点，这一任务也极大激发了机器学习领域学者的研究热情 [14]。

专利文本摘要的抽取式方法遵从通用方法的总体框架，即：内容表示→权重计算→内容选择→内容组织。其中，内容表示是将原始文本划分为文本单元并转化为机器学习模型使用的输入形式，具体指对文本进行分词、抽词干、去停用词等文本预处理并将其转化为空间向量模型、主题模型、图、词嵌入等表示形式；权重计算是计算文本单元的权重评分，计算方式包括基于特征评分、标注序列、分类模型的评分方法；内容选择是对赋权重的文本单元进行筛选，并构成摘要候选集；内容组织是对候选集的内容进行整理并形成最终摘要 [186]。具体实现上，通常通过标点符号和启发式规则将专利文本拆分为片段、句子和段落，并进行文本预处理；权重计算以特征抽取方法为主，包括获取关键词、线索词、句子在篇章或段落中的位置等；最后将抽取的句子合并起来形成摘要结果。至于专利文本摘要的生成式方法，早期研究借助人工规则将浅层句法结构映射为深层句法结构，从而获得一种近似的语义表示并用以生成文本摘要 [187]；随着近年来深度学习方法的崛起，学者们倾向于以一种端到端的方式，利用深度学习模型从输入文本中学到其潜在的语义表示向量，进而将其转化为文本摘要输出，Sharma 等 [31] 在提供 BigPatent 的同时，也发布了若干专利文本摘要基线模型，包括集成注意力机制的 LSTM、具备和不具备覆盖的指针 – 生成器（pointer-generator with or without coverage）、SentRewriting；Trappey 等[26]注意到德温特创新检索平台[188]对晦涩难懂的专利摘要进行了人工改写以突出其新颖性、用途和优势，这是绝佳的专利文本摘要金标准，他们提出一种集成注意力机制的序列到序列模型 SSWA（Sequence to Sequence with Attention），并在控制智能、智能决策和感应器智能 3 个子领域的德温特创新检索平台数据上取得了平均准确率 / 召回率为 90%/84% 的成绩。

（3）专利简化

专利文本（尤其是权利要求项）晦涩难懂，利用专利简化技术提升专利文本的可读性不仅对于普通用户，即便对于领域专业人员也具有重要价值。值得注意的是，虽然专利简化和专利摘要均是对专利原文进行改写，但两者存在核心区别，即专利简化中并没有内容方面的删减。

当前主要的专利简化技术包括内容重写和对自由文本进行结构化信息抽取、可视化展现。一种较为直接的内容重写方式是不改变文本字面本身，只对文本结构进行重构。例如，Ferraro 等[189]对专利权利要求项进行简化，他们首先使用 GATE 工具[190]开发了一种规则方法，将每条权利要求项划分为序言、过渡和正文，之后针对正文中句子冗长、复杂的特点，使用条件随机场套件 CRF++ 来识别其中的子句边界，从而完成权利要求项的拆分和简化；与此不同，PATExpert[191]平台为用户提供了一个释义模块，以重新组织文字的方式简化专利文本，其具体过程分为两个步骤，即用浅层语法规则把专利文本分解成更小、更简单的亚结构，以及使用预定义规则融合和转化亚结构并生成专利文本[191-192]。除产出简化后的自由文本外，利用信息抽取技术将专利内容结构化和可视化也是一种有效的专利简化方式。在该方向上，Okamoto 等[193]提供了一个面向专利文本的可视化界面，为方便专家对比权利要求项和查找相似专利，该界面用不同颜色标记专利的发明类型、权利要求项的相互依赖关系、专利文本中的技术组件，以及它们在权利要求项中的参考情况；更进一步，Andersson 等[194]以实体及其之间的相互联系为基础将专利文本转化为实体关系网络，从而消除自由文本所具备的非结构性和歧义性；Kang 等[195]使用 PATExpert 从专利中抽取技术问题、部分问题或者参数，进而拼装成发明设计方法的本体结构，对于单篇专利来说，由于其文本内容被转化为问题和解决方法，因此可读性得到提高。

1.5.6 专利诉讼

专利诉讼是一种由潜在专利引起的、发生在企业之间的、以阻击竞争对手商业发展为目的的诉讼事件[196]。在专利挖掘和机器学习的交叉地带，专利诉讼研究主要聚焦在专利的专利性判定上，其中以预测可能引起法律诉讼的专利（后面简称诉讼专利）最为典型。当前，该问题被作为分类问题加以研究，即从专利信息中提炼特征和训练分类模型，从而将引起诉讼的专利从专利数据集合中识别出来。虽然引起专利诉讼的原因很多，背后逻辑较为复杂，但分类方法将这一任务大大简化，从而便于在机器学习视角探索专利诉讼的影响因素及其重要程度，为下一阶段的技术选型奠定良好基础。Raghupathi 等[197] 梳理了美国联邦巡回上诉法院（U.S. Court of Appeals for Federal Circuit）在医药领域专利诉讼案件中考虑的 11 个影响因素，如表 1–7 所示，不难发现其中大部分影响因素难以量化；相应地，Juranek 等[198] 调研了 27 个专利属性，如权利要求数量、技术领域、后向引用数量、专利家族大小等，他们将这些属性作为特征输入 Logistic 回归模型中进行诉讼专利预测，并测度出各个属性对预测结果的贡献程度，其中专利家族大小、NBER 技术分类、专利权人中的世界 500 强份额 3 个因素贡献最大；在此基础上，Campbell 等[199] 进一步将专利文本和引文关系网络作为特征添加进来，他们分别将专利文本输入 Logistic 回归模型、将引文关系网络输入随机森林模型以预测诉讼专利，之后将这两个分类器连同包含专利题录的 Logistic 回归模型作为基分类器、选用 Logistic 回归模型作为元分类器进行学习和预测，实验结果显示在诉讼专利预测中各类特征的贡献从大到小依次是元数据、引文网络和文本内容。值得注意的是，相对总的专利数量来说，引起过诉讼的专利只占 1%[198]，因此基于分类方法的诉讼专利预测研究，除了存在将预测依据的搜寻范围限定在目标专利本身这个先天缺陷外，也面临着训练数据中正负样本极端不平衡的困扰。

表 1–7 医药领域专利诉讼案件的影响因素

因素名称	英文原文	详细说明
显而易见性	obviousness	专利中的发明无须经过创造性劳动就能联想到
书面描述	written description	专利对发明的描述是否可以明确指导领域技术人员进行制备和使用
实用性	enablement	从功能需求和实现层面证明专利的实用性
预见性	anticipation	专利中的发明是否已在之前为公众所知的单一文献中公开
等同原则	doctrine of equivalents	用实质上相同的方式或技术手段去替代原专利的必要技术特征，进而产生相同的技术效果
反诉条款	counterclaim provision	当某制药公司对不具备专利权的制造商的产品提出侵权诉讼，Hatch-Waxman 法案可以用以对该制药公司提出狭义反诉（narrow counterclaim）
安全港条款	safe harbor provision	在进行小分子药物、生物或医疗设备研发实验时，有时需要使用被专利保护的化合物或工艺。安全港条款允许在一定范围内（如出自科学探索目的）豁免这些使用行为所导致的侵权行为
期限延长	term extension	期限延长旨在保持研发新药和改造、升级旧药两种策略之间的平衡，以提升收益和寻求竞争优势
可诉性争议	justiciable controversy	可诉性涉及判案时如何限制法院使用司法权力的问题，它包括但不限于起诉权的法律界定，即确定原告方是否适合判断存在抗辩性问题并展开起诉
不公平的行为	inequitable conduct	即申请人在专利申请时未对专利局保持坦诚态度，未提交或未完整提交重要相关内容，包括已知的现有相关技术、对相关文献的解释、对外文参考文献的翻译等
懈怠	laches	这代表了一种法律学说，即起诉的拖延会造成赔付或合法权利得不到执行，随着时间推迟，原告方出示证人或其他证据材料的能力会因记忆力衰退、丧失或材料超过有效期而减弱，从而陷入“法律埋伏”

从业务逻辑来看，诉讼专利预测被包夹在由一系列任务所形成的工作流中间，这条工作流包含了研读专利法律条文、对给定专利进行现有技术状况和专利全景检索、分析技术文件和给定专利之间的语义关联和技术关联、压缩技术文件范围和选择对比文件、预测诉讼专利[199]、认定相关破坏依据等。长远来看，诉讼专利预测的发展需要在现有对目标专利自身的研究基础上，将外部文件尤其是对比文件与目标专利之间复杂的相互作用纳入考量范围。所谓对比文件，即用来判断目标专利是否具备新颖性、创造性等所引用的相关文件[200]。在这个方向上，Liu 等[201]做出了一些有益的尝试，其利用卷积神经网络和张量分解从原告、被告及专利的题录和文本信息中提炼专利内容和协同信息，并将其应用于算法训练，使目标专利引起诉讼的概率要大于非目标专利引起诉讼的概率，虽然该模型的评测方法相比真实场景有一定松弛，但从评测结果来看该模型仍然具有一定效果；除研究问题本身的困难外，高质量训练数据集的缺乏同样是横亘在研究者面前的障碍，对此，Risch 等[43]利用欧洲专利局自 2012 年起在发布专利公告时附带专利检索报告的有利条件，发布了一个包含专利权利要求项、对比文件的对应段落及有效无效标签的专利诉讼数据集 PatentMatch，样本规模高达 600 万条，为后续研究奠定了良好基础，此外，Risch 等[43]还提供一个基于 BERT[115]的基线模型，即将权利要求项和相关专利中对应段落拼接后输入 BERT 以预测权利要求项能否被无效掉，但该模型效果不佳，仅略高于随机猜测；美国专利商标局同样将专利诉讼案件卷宗数据集，即 PTAB（Patent Trial and Appeal Board）数据集公之于众[33]，截至 2023 年 11 月 28 日该数据集共收录案例记录 16.5 万条，目前仍在不断扩充更新中；在该数据集基础上，Rajshekhar 等[202]着眼于诉讼专利预测的前趋任务，即压缩技术文件范围和选择对比文件，从信息检索的角度进行技术验证，他们发现只有不到 15% 的目标专利和对比文件之间存在强语义匹配，但与对比文件非强语义匹配却使目标专利无效的案例占比至少为 20%[203]；此外，他们使用了基于子领域语料库训练的词嵌入向量并将其集成到对比文件检索过程中，将 Recall@100 从 5% 提升到 20%。

1.5.7 小结

近年来，面向专利信息服务的智能算法研究取得了极大的进展，具体体现在 3 个方面：其一，专利基础服务支撑能力得到了加强。例如，在海量训练语料和深度学习算法的加持下，案源分配算法已经能够输出较高质量的专利分类结果，并成为专利审查提质增效的重要组成部分。其二，技术情报分析服务逐步由基于题录数据的统计分析和依赖专家智慧的定性研判走向数据驱动下全文本、细粒度、多字段的专利内容深度挖掘。其三，专利挖掘的前沿探索逐步触及专利实务核心问题，如专利侵权诉讼、专利无效判定、专利新颖性识别等，而相关研究成果更是拓宽了人们对专利数据作用和价值的认识边界。同时，我们也不难发现存在于本研究方向的两条鸿沟：普适性通用人工智能和垂直领域专利挖掘算法之间的鸿沟，以及技术方法探索和业务实践应用之间的鸿沟。当前通用人工智能技术很难通过简单套用为专利挖掘提供系统性解决方案，而对于某些涉及专利核心问题的技术攻关，如专利诉讼、新颖性识别，即便存在标注数据集支持，但由于这些问题处于当前人工智能技术的边缘甚至边界以外，目前研究方向依然不够明朗。

1.6　本章小结

本章对近年来与专利挖掘研究相关的论文、专利、竞赛评测、数据集、模型、代码、信息服务平台等材料进行了全面调研，以形成从专利数据、模型文件到技术方法的系统梳理，为数据驱动型人工智能的背景下探讨国内外专利挖掘研究发展现状和未来态势提供全局视角。不难发现，近年来专利挖掘取得了显著进步，这种进步包括专利基础资源的种类和数量较之前增长较快，专利挖掘方法的训练和性能评测逐步具有相应数据基准；专利挖掘前沿方法紧跟智能技术发展步伐以实现技术升级和性能提升，而统计学习、人工规则、软件工具等传统方法也在学习成本、实践成本和方法效果的平衡中得到了优化和发展；专利挖掘的研究范围实现了从数据处理、规范化到专利基础服务和技术情报分析的全面覆盖，并开启了专利智慧法律的探索。

同时，专利挖掘也存在一些不足和困难，包括：①专利全文尚未得到充分研究，虽然专利全文是解决专利技术方案抽取、区别技术特征识别、专利新颖性、创造性测度等一系列关键问题的必备数据，研究价值巨大且获取相对便利，但当前以专利全文作为研究对象的学术成果并不充足，同时对专利中图片信息及图片 - 文本多模态信息的挖掘并未得到足够的重视。②专利基础资源对专利挖掘算法研究的推动作用远未得到兑现，这反映出专利基础资源在智能技术社区受到的关注度普遍不高，部分专利问题虽然重要且有基础资源支持，但研究进展缓慢。例如，PatentMatch 数据集所对应的专利诉讼目前仍在进行研究方向上的探索，而 PhraseMatching 除被用来在 Kaggle 上举办过算法竞赛外（详见 https://www.kaggle.com/c/us-patent-phrase-to-phrase-matching），并未产生其他有影响力的成果。③针对专利数据独特特点和专利业务独特需求的智能算法研究成果还不多见，大数据和人工智能赋能的专利挖掘研究尚处于开始阶段，虽然研究内容形形色色、布局较广，但相当数量的研究成果是通用智能技术在专利数据上的直接应用，但随着研究进入深水区，会有更多反映专利领域特点的问题出现在通用人工智能的技术边界之外，需要研究者一方面将专利特点转化为机器学习特征，并使之成为智能算法性能的增长点；另一方面对专利业务特有问题建模，以形成具备领域特色的发展方式。

第 2 章

信息抽取：从专利文本中抽取结构化信息

专利信息抽取是大数据时代专利文本分析的基础技术，然而目前专利信息抽取方法依然依赖人工规则和第三方文本挖掘工具，成本高、效率低、主观性强、真实效果难以测度。对此，本章做了两件事情：①创建一套包含命名实体和语义关系标注的专利摘要数据集，以缓解当前专利标注数据集稀缺的问题；②将基于深度学习的信息抽取前沿技术作为核心模块引入专利信息抽取方法研究中来，以有监督学习模式从标注数据中学习信息抽取规则，并以测试集作为金标准，采用定量方式来测度抽取效果。实验结果对比分析显示，深度学习方法不仅自动化程度较高、抽取信息的类型丰富，而且抽取效果远超传统方法。

2.1 引言

作为专利文献的关键组成部分，专利文本（包括摘要、权利要求、说明书）包含着对发明创新的技术内容及法律保护范围的详尽描述，是知识产权保护的主要抓手和重要的技术情报来源。然而，从海量自由文本中快速获取技术情报历来是专利分析的难点。传统以专家判读为主，软件工具、人工规则辅助的情报获取方式受制于稀缺的专家资源，存在成本高、效率低、规模小、难复用等问题，而作为计算机理解文本内容之根基的信息抽取技术，则凸显出重要的研究价值和广阔的应用前景。

信息抽取是自然语言处理领域的重点研究方向，其典型用途是从文本中识别命名实体并抽取不同命名实体之间的语义关系，从而将非结构化文本转化为结构化语义网络，使计算机可以直接面对事物及其关系进行处理、分析和推理。信息抽取不仅为解决文本固有的模糊、歧义问题提供了有效途径，更为世界通识和领域知识的表示和应用带来曙光，因而迅速在搜索引擎、问答系统、知识图谱和机器翻译等领域扩展开来。然而在专利挖掘领域，对信息抽取前沿技术的研究和应用并不充分，其原因除了智能技术本身存在一定学习门槛和设备要求外，还在于专利信息抽取是一项典型的领域依赖任务，即由于不同技术领域专利文本之间差异明显，专利信息抽取需要根据既定领域的特点定制命名实体、语义关系的具体类型并开展对应的标注数据构建，且不同领域的标注数据难以通用。目前除了生物、化学、医药领域外，其他领域的专利信息抽取标注数据集还非常稀缺，这些都严重影响了专利信息抽取研究的开展。

为此，我们创建了一个硬盘薄膜磁头领域的高质量专利标注数据集，即 TFH-2020，供研究者免费下载使用[204]；同时提出了一套以深度学习技术作为核心的专利信息抽取框架，经过充分训练后该框架可以：①高效、自动地从专利文本中抽取命名实体和语义关系；②极大提升可获取的命名实体类型和语义关系类型的数量，实际上只要标注数据集提供足够的支持信息，研究者可以定义任意数目的命名实体类型和语义关系类型；③以定量方式评估信息抽取效果，从而为后续模型的改进和评估提供必要手段。

本章的剩余部分安排如下：在 2.2 节“相关研究”中，我们系统归纳了目前专利分析中信息抽取方法的研究现状；在 2.3 节“数据标注”中，我们对 TFH-2020 的创建过程和基本信息加以介绍；在 2.4 节“方法”中，我们提出基于深度学习的专利信息抽取框架，并对其中重点模块进行详细说明；在 2.5 节“实证分析”中，我们首先讨论了专利信息抽取中词嵌入的选择问题，之后通过实验和对比分析展示所提专利信息抽取框架的优势；在 2.6 节“本章小结”中，我们对本章的研究内容及后续工作进行了概括和展望。

2.2 相关研究

信息抽取直击一个长期困扰专利挖掘的基本问题，即如何高效、准确地从海量专利文本中识别出技术及其属性、功能、效果，乃至相关产品信息来支持后续应用服务。据调研，对专利文本的信息抽取研究早在 2000 年已经出现[205]，并形成了多种信息抽取方法，如 SAO 方法[206]、功能 – 属性方法[92]、基于本体的方法[66]等。目前专利信息抽取方法研究主要面向实际应用展开，具体方法多以流程形式呈现，内容较为繁碎，本节将其提炼概括为图 2–1，并对其中主要模块（灰色底框标注）加以叙述。

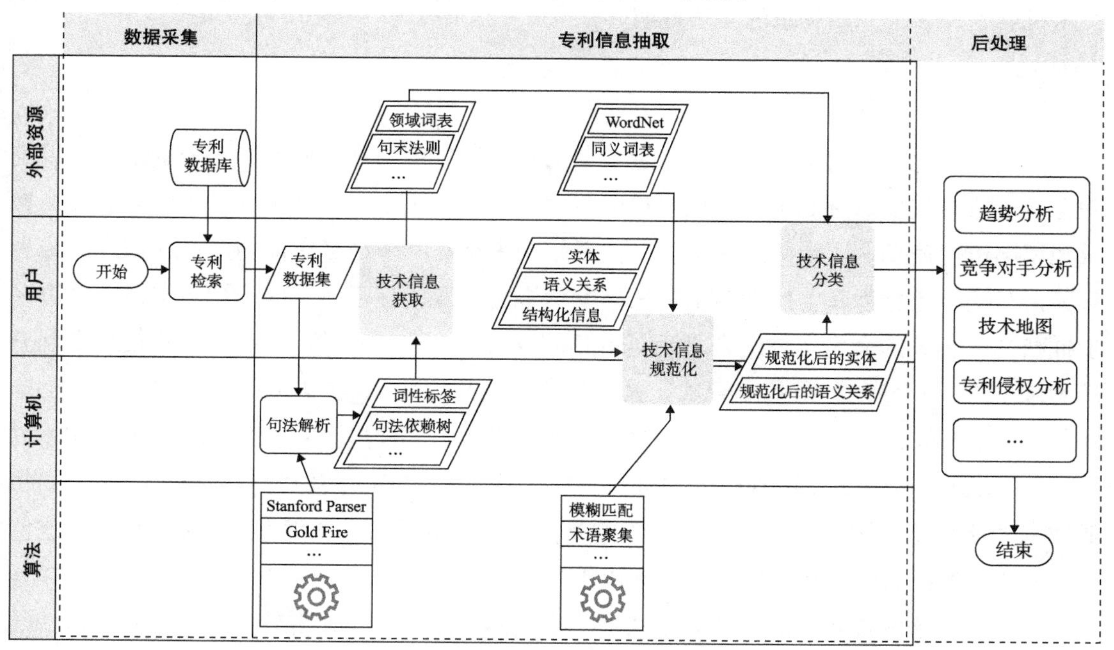

图 2–1 传统专利信息抽取框架

2.2.1 技术信息获取

技术信息获取即从专利文本中识别命名实体及其语义关系，目前方法以文本挖掘软件和规则匹配为主，具体来说，就是使用文本挖掘软件完成对专利文本的句法解析、词性识别和语义角色标注，进而结合人工规则来获取文本中的命名实体和语义关系。该方法的要点在于人工规则的创建，拿惯用的 SAO 方法来说，其可用人工规则过滤出专利文本中的主语（subject）、谓语（action）和宾语（object）[207]，并将主语作为技术类别，将谓语和宾语的组合作为待解决的技术问题，即功能[208]，从而从专利文本中获取技术信息。沿着这一思路，Wang 等[91]、Guo 等[209] 使用 Stanford Parser[210]，Choi 等[90，93] 使用 GoldFire（之前被称为 Knowledgist2.5™）来获取 SAO 中包含的技术信息，并将其用于绘制技术地图和预测技术发展趋势；也有研究者聚焦于 AO 所反映的功能信息，并通过计算 AO 在不同工业领域的分布情况来发现各个工业领域的关键技术[89]。

然而 SAO 方法面临信息抽取粒度过粗的问题，SAO 结构中的主语和宾语并没有明确的命名实体类型，谓语不足以指出主语和宾语之间的语义关系类型，对此，有学者跳过 SAO 结构获取的步骤，直接提炼命名实体的类型信息。例如，Dewulf[66] 归纳出功能与动词、属性与形容词的强相关性，并据此提出基于词性的技术信息获取规则；Yoon 等[92] 将功能、属性的词构成进一步细化为"动词 + 名词""形容词 + 名词"，他们建立起句法依赖关系与功能、属性的对应规则，并在系统平台 TrendPerceptor 中加以实现；为补充命名实体之间的语义关系信息，An 等[211] 通过基于介词的人工规则将语义关系划分为包含、目的、效果、过程、相似 5 种类型，并给出了新语义网络在相似技术查找、技术发展趋势、技术机会发现 3 个应用场景的实践说明。

2.2.2 技术信息规范化

所谓规范化就是将具有相同、相近含义的技术信息用一种统一的形式表示出来，以消除上一步所获技术信息的不确定性。目前技术信息规范化主要借助主题词表、自定义词典或知识图谱等信息资源中的层次结构和关系结构来计算两个命名实体的语义相似度，或者将某命名实体泛化为其上位命名实体来判断两个命名实体是否属于同一命名实体，并进一步推断与之相关的命名实体组合是否具有相同含义。Bergmann 等[83] 在对生物技术专利分析的基础上，开发了一个基于领域词典的过滤器，来完成 SAO 结构的修正和归并；Yoon 等[68] 借助 WordNet[212]——一个大型通用英语知识库——进行概念泛化，将含义一致的 AO 组合并入统一的 AO 结构中，并进一步以这些统一的 AO 结构为基础搜索跨领域的相似技术功能；至于没有被 WordNet 涵盖的高度专业化的领域术语缩写，Choi 等[93] 将这些缩写作为一组同义词，按照要求格式集成扩充到 WordNet 之中。

事实上，这些技术信息规范化方法由于密集的人工介入而显得效率不高。对此，Choi 等[93] 将词典和机器学习算法相结合来探索更好的识别效果，具体来说，他们提出基于

WordNet 的词汇相似度度量指标，即依据词汇在 WordNet 中的连通路径和所在层次差异来判断其所在 SAO 结构之间的语义相似度，进而将 AO 组合和短语划分到不同聚簇中用以同义词归并；Yang 等 [213] 提出使用模糊匹配算法来处理该类任务，他们使用软件 VantagePoint 中的模糊匹配功能，基于词根来合并相似的 SAO 结构。

2.2.3 技术信息分类

为证明发明的新颖性和创造性并在专利有效期内经得起各种侵权、无效案件的重重考验，专利文本中会公开大量相关技术细节，并导致所抽命名实体和语义关系的信息粒度不一，即便经过规范化处理仍然不宜分析解读，因而如何将这些命名实体、语义关系合理地分门别类，成为一个需要解决的重要问题。对此，Choi 等 [93] 将 SAO 结构中的主语、宾语作为命名实体抽取出来，并划分为 4 种类型，即产品、技术、材料、技术属性，将 AO 组合作为二元关系来表示发明所提供的功能，并将其划分为 3 种类型，即目的、效果和组成，之后借助一组自定义规则，人工地将命名实体和关系划分到对应类别上；类似地，Yoon 等 [92] 认为每种 AO 组合都由特定词性的词汇构成，如宾语功能由动词和名词构成，他们进而定义了 3 种 AO 组合，即表示产品核心功能的宾语功能（object function）、表示子功能的属性功能（attribution function）和表示构成组件的构成关系（structural elation），通过词性组合匹配来识别产品的核心功能和周边功能，并进行专利分析 [68]。

同时，由于不同技术领域对技术信息的表述方式存在较大差异，也有研究者针对特定技术领域定义专业的技术信息结构类型。例如，Wang 等 [91] 选择了染料敏化太阳能电池（dye-sensitized solar cells）进行案例研究，并定义了该领域的 6 种 SAO 类型，即无机染料（inorganic dye）、有机染料（organic dye）、光阳极（photoanode）、电解质（electrolyte）、电池（cell）和电极（electrode），在分类阶段，他们统计出每种 SAO 类型所对应的高频词表，进而通过词汇匹配为每个 SAO 结构分配相应的类型。

2.2.4 反思

就目前来说，专利信息抽取方法研究仍处于起步阶段，其不足之处包括以下 3 个方面。

（1）技术信息类型不足

专利文本中包含着极为丰富的技术信息，以计算机硬盘驱动器相关专利为例，其所包含的命名实体类型和语义关系类型均可以细分 10 种以上，相比之下目前方法中定义的信息类型过于简单，从而导致信息抽取过程中信息损失严重，大大降低了专利信息的应用价值。

（2）自动化程度不足

传统专利信息抽取过程中对第三方文本挖掘工具、人工规则和自定义词典的严重依赖，必然会导致频繁的人工介入，这种介入会自始至终伴随专利信息抽取，并因受制于稀缺的专家资源而出现成本高、效率低、规模小、难复用等问题。

（3）抽取效果不足

就我们调研和使用过的文本挖掘软件来说，它们通常以新闻报道、维基百科等通用语料作为训练数据，而专利文本无论是内容还是形式均与之存在明显差别，其结果不仅导致专利信息抽取能力受限，而且这种限制会影响到下游专利分析的实际效果。

随着近年来机器学习技术的突飞猛进，尤其是深度学习的崛起，信息抽取方法已经发生了巨大变化。如今主流方法已抛开句法解析、词性识别和语义角色标注等文本解析环节，以端到端（end-to-end）的方式输出信息抽取结果，在有效避免了中间步骤错误累加的同时，实现信息抽取的高度自动化。从长远来看，这些方法必然会以软件工具的形式提供给普通用户以降低使用门槛，但就目前来说，推动专利信息抽取技术发展的直接方式依然是将信息抽取前沿技术迁移到专利领域，形成一套体现当前自然语言处理主流模式的专利信息抽取方法。

2.3 数据标注

鉴于标注数据集在信息抽取任务中的基础设施地位和目前专利信息抽取标注数据集稀缺的现状，我们提供一个全新的专利标注数据集—— TFH-2020[52] 供研究者下载使用。具体来说，我们选择 1976—2003 年硬盘驱动器领域的薄膜磁头相关专利的摘要字段作为样本数据，检索策略上选用关键词、专利申请时间和专利引证关系联合方式，即：

①以 ABST/ “thin film head” AND APD/1/1/1976->31/12/2003 作为检索式，得到专利文本 125 篇；

②搜索 1976—2003 年与这 125 篇专利文本存在施引或被引关系的其他专利文本，将专利文本数据集扩充到 2048 篇；

③通过 IPC 类别判断和人工判读进一步排除无关专利后，对剩余 1010 篇专利文本进行命名实体和语义关系标注。

2.3.1 命名实体和语义关系类型定义

在深入调研专利信息类型定义相关研究和了解硬盘薄膜磁头专利文本特点的基础上，我们采用了一种综合方式来划分命名实体类型和语义关系类型，使其既能满足对工艺方法、流程和发明对象工作机制的描述需要，也可以兼顾事物本身的存在状态、特性及类别信息。在表 2-1 所示的命名实体类型中，我们提供了 12 种适合描述工艺方法、流程的命名实体类型，即系统、零件、功能、效果、后果、属性、测度方式、数值、方位、材料、形状、科学概念，以及 4 种突出存在状态和物理特性的命名实体类型，即物理流、信息流、能量流、状态，至于还存在的不被涵盖的命名实体，我们将其归为“其他”类型；在表 2–2 所示的语义关系类型中，我们提供了 7 种适合描述工艺方法、流程的语义关系类型，即空间关系、包含关系、操作关系、制成关系、方式关系、比较关系、测度关系，4 种适合描述工作机制的语义关系类型，即使动关系、产生关系、目的关系、形成关系，2 种适合描述技术要素自身特性、类别的语义关系类型，即实例 – 类别关系、属性关系，以及同义词关系和其他关系。

表 2–1　命名实体类型汇总

命名实体类型	英文名称	举例说明
物理流	physical flow	The **etchant solution** has a suitable solvent additive such as glycerol or methyl cellulose
信息流	information flow	A camera using a film having a magnetic surface for recording **magnetic data** thereon
能量流	energy flow	Conductor is utilized for producing **writing flux** in magnetic yoke
测度方式	measurement	The curing step takes place at the substrate **temperature** less than 200.degree
数值	value	The curing step takes place at the substrate temperature less than **200.degree**
方位	location	The legs are thinner near the pole tip than in the **back gap region**
状态	state	The MR elements are biased to operate in a **magnetically unsaturated mode**
效果	effect	Magnetic disk system permits **accurate alignment** of magnetic head with spaced tracks
功能	function	A magnetic head having **highly efficient write and read functions** is thereby obtained
形状	shape	**Recess** is filled with non-magnetic material such as glass
零件	component	A pole face of **yoke** is adjacent edge of element remote from surface
属性	attribution	A **pole face** of yoke is adjacent edge of element remote from surface
后果	consequence	This prevents the slider substrate from **electrostatic damage**
系统	system	A **digital recording system** utilizing a magnetoresistive transducer in a magnetic recording head
材料	material	Interlayer may comprise material such as **Ta**
科学概念	scientific concept	**Peak intensity ratio** represents an amount hydrophilic radical
其他	other	**Pressure distribution** across air bearing surface is substantially symmetrical side

表 2-2 语义关系类型汇总

语义关系类型	英文名称	举例说明
空间关系	spatial relation	**Gap spacer material** is then deposited on the **film knife-edge**
包含关系	part-of	a **magnetic head** has a **magnetoresistive element**
使动关系	causative relation	**Pressure pad** carried another **arm** of spring urges film into contact with head
操作关系	operation	**Heat treatment** improves the（100）**orientation**
制成关系	made-of	The thin film head includes a **substrate** of **electrically insulative material**
实例－类别关系	instance-of	At least one of the **magnetic layer** is a **free layer**
属性关系	attribution	The **thin film** has very high **heat resistance** of remaining stable at 700.degree
产生关系	generation	**Buffer layer resistor** create **impedance** that noise introduced to head from disk of drive
目的关系	purpose	**conductor** is utilized for producing **writing flux** in magnetic yoke
方式关系	in-manner-of	The **linear array** is angled at a **skew angle**
同义词关系	alias	The bias structure includes an **antiferromagnetic layer AFM**
形成关系	formation	**Windings** are joined at end to form **center tapped winding**
比较关系	comparison	**First end** is closer to recording media use than **second end**
测度关系	measurement	This provides a relative **permeance** of at least **1000**
其他关系	other	Then，**MR resistance estimate** during polishing step is calculated from **S value** and K value

据我们所知，这是专利分析领域第一次在非生物、化学、医药领域的信息抽取任务上定义如此细粒度的信息类型。然而，合理的信息类型定义并非一蹴而就，需要在标注过程中随着对数据特点的深入认识而反复迭代改进。在 TFH-2020 标注过程中，我们首先提出一个命名实体和语义关系类型定义的草案，在标注过程中随时记录其不合理和遗漏之处，并定期更新这些类型定义，最终形成一个较稳定的版本。

2.3.2 文本标注

我们使用了 10 个成员，花费了 6 个月的时间完成了对上述专利摘要的命名实体和语义关系标注。标注过程中最大的挑战在于保障标注结果一致性，对此我们通过在线标注系统和离线标注流程管理加以应对。

（1）在线标注系统

我们将一个开源的服务器 / 浏览器构架标注系统—— Brat-V1.3（图 2-2）搭建在阿里

云服务器上，并给每个标注员配置登录账号；由管理员给标注员分配标注任务；标注员登录系统并完成标注后，管理员对标注内容进行审核，并将合格的标注结果录入标注库，将不合格的任务退回重标。

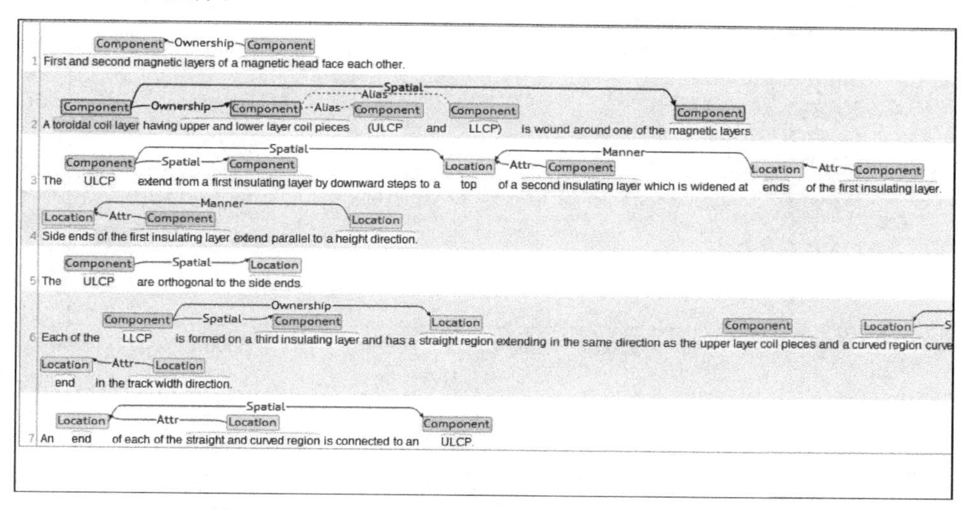

图 2-2　Brat-V1.3 所显示的专利人工标注结果示例

（2）离线标注流程管理

首先对标注员进行培训和考核，考核通过者可以按周领取标注任务；管理员对每周提交的标注结果进行抽样检查，并组织例会对典型错误进行点评、纠正，形成会议纪要；与此同时，管理员根据抽样检查结果对每个标注员打分，评分低者酌情减少标注工作量，直至不再分配任务。在最终的标注数据集中，共包含 3996 个句子，平均句长 30.7 词，未去重的命名实体指称 22 833 个，语义关系指称 17 468 个。去重后不同类型的命名实体和语义关系指称数量分布如图 2-3、图 2-4 所示。

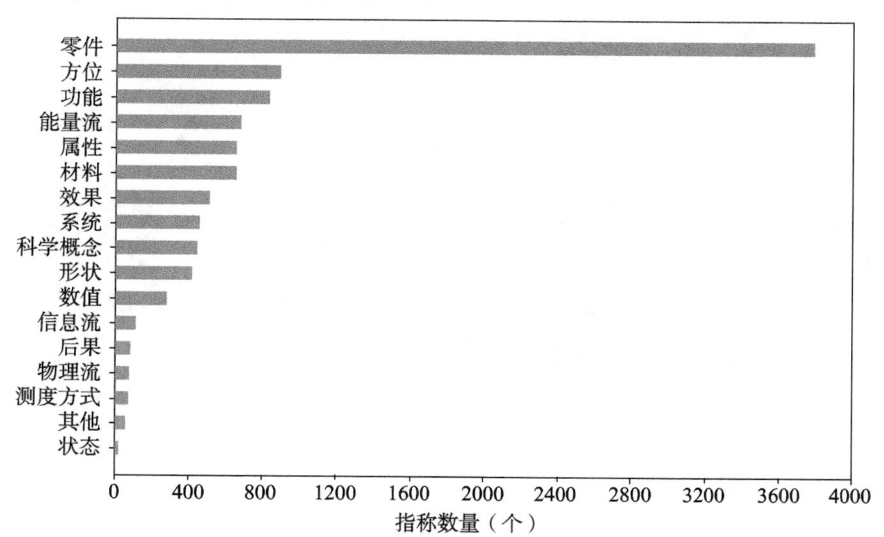

图 2-3　命名实体指称数量分布

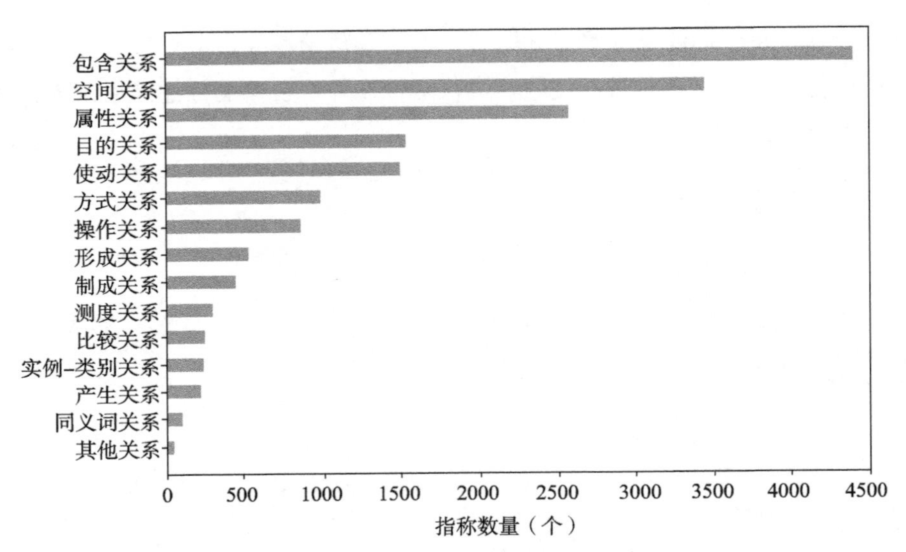

图 2-4　语义关系指称数量分布

总体来说，无论是命名实体还是语义关系，其数量分布均存在严重的样本不平衡现象。在去重后的命名实体中，零件的占比高达 37.5%，远远超出其他命名实体，而方位、功能、能量流、属性等命名实体列第 2 ~ 5 位，这也符合我们的直观判断：在计算机硬件领域的专利文本中，对零件的描述内容占据绝对优势，紧接着是对硬件结构设计（方位）、功能、电磁学应用（能量流）、事物属性的描述。语义关系类型的指称数量分布和命名实体类型的指称数量分布具有明显相关性，拿占比排名前二的包含关系和空间关系来说，其背后原因很容易理解，就是这两种关系均描述零件之间的相互关系，而零件命名实体本身就数量众多，对于排第 3 ~ 5 位的属性关系、目的关系、使动关系来说，它们把零件 - 属性、零件 - 功能关联起来，而属性、功能类型命名实体的出现频次同样排位靠前。

2.4　方法

基于深度学习的专利信息抽取框架如图 2-5 所示。总体来说，该方法：①将人工规则、自定义词典、主题词表等数据资源统统摈弃，所需仅为专利标注数据集；②保留技术信息获取和技术信息规范化两个模块，而将技术信息分类模块加以摈弃，其原因在于新的技术信息获取模块已经将技术信息获取和分类任务合并到统一模型中一并解决。

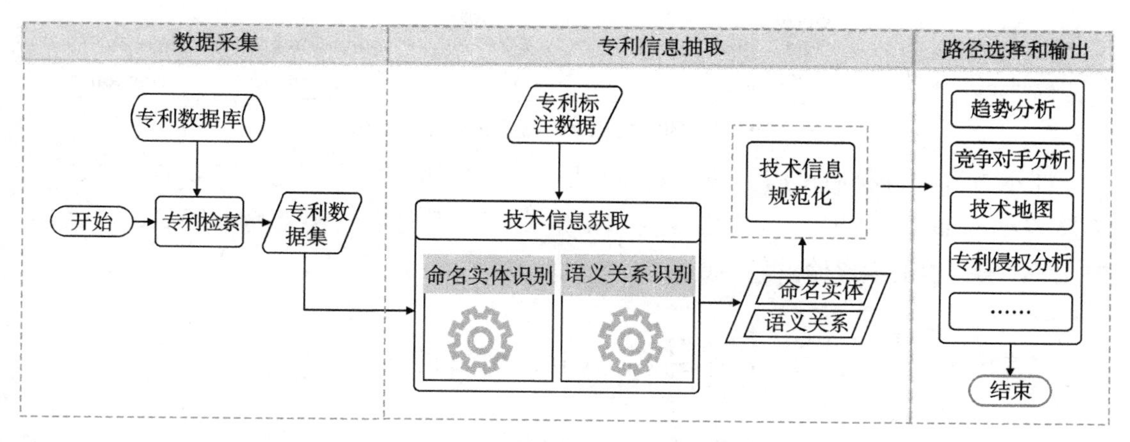

图 2-5　基于深度学习的专利信息抽取框架

图 2-6 描述了具体实现流程，即首先定义技术信息类型，并据此对语料库中的专利文本进行数据标注，其次使用标注数据训练命名实体识别模型和语义关系识别模型，最后利用训练好的模型完成对新专利文本的信息抽取。下面对其中的关键内容加以介绍。

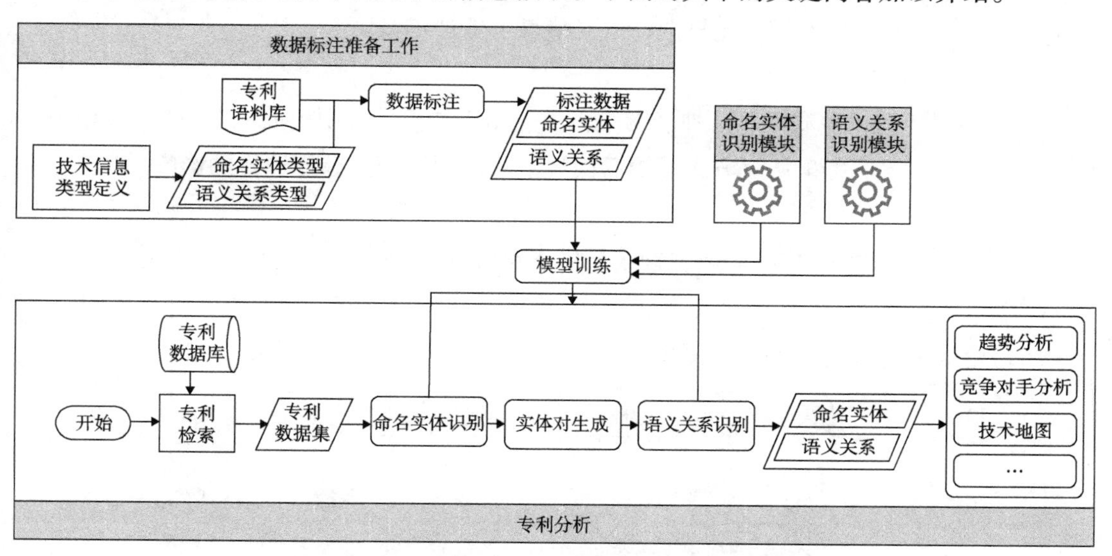

图 2-6　基于深度学习的专利信息抽取具体实现流程

2.4.1　命名实体识别

命名实体识别旨在为文本中的命名实体进行实体边界确定和实体类型分类，它是目前自然语言处理中发展较为成熟的方法。在训练集数量充足的情况下，主流命名实体识别算法的 F_1 值普遍能达到 90% 以上。命名实体标注文本通常采用 BIO 方式来表示，其中 B 表示命名实体起始位置，I 表示命名实体非起始位置，O 表示非命名实体，B、I 通过和具体命名实体类型相拼接来标注当前词汇的位置类型，举例来说，有两类命名实体零件和方位，那么对句子“Side ends of the insulating layer”来说，它的标注格式就如图 2-7 所示。

Side	ends	of	the	insulating	layer
B-location	I-location	O	O	B-component	I-component

图 2–7 BIO 格式下的命名实体标注结果

在本方法中，我们使用了命名实体识别常用的深度神经网络模型 BiLSTM-CRF[214]，该模型结构如图 2–8 所示，它由 5 层结构组成，从下向上依次是输入层、词向量层、BiLSTM 层、CRF 层级输出层，其中：

（1）输入层

将原始文本以句子为单位进行输入，其中 x_r 为该句子中的词汇。

（2）词向量层

将句中每个词汇转化为对应的词向量，这种词向量可以自行使用一些预训练算法（如 Skip-Gram 或者 CBOW[114]）来产生，但更常规的做法是直接从公开可获取的词向量词典（如斯坦福大学自然语言处理组对外发布的 GloVe[215]）中得到。这种做法的优势在于省去训练词向量的时间和资源配置，同时这些词向量词典所基于的语料库一般会比自行训练的语料库大得多，所包含的词汇比较全、语义信息也更加丰富。

（3）BiLSTM 层

BiLSTM[216] 是一种双层迭代神经网络，上层用于捕捉句子中前面词汇对后面词汇的标签选择的影响，下层用于从反方向捕捉后面词汇对前面词汇的标签选择的影响。

（4）CRF 层

CRF[217] 层用于将 BiLSTM 层识别结果中不符合 BIO 格式规范的地方予以修正。

（5）输出层

将每个词汇对应的标签及其概率输出出来。

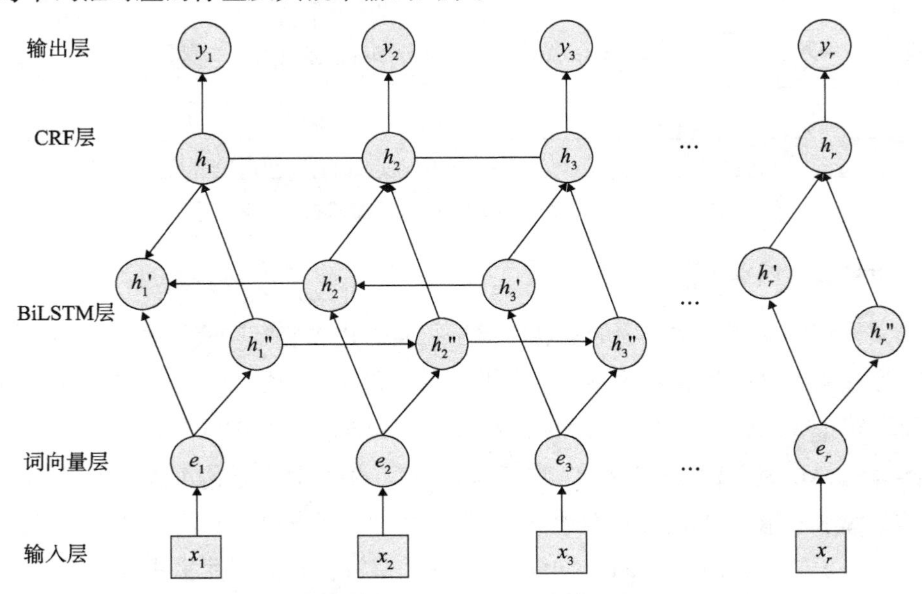

图 2–8 BiLSTM–CRF 模型结构

2.4.2　实体对生成

接下来要获取同一个句子中不同命名实体之间的语义关系。同一个句子中通常包含多个命名实体，但只有部分命名实体之间具有语义关系，那么如何判断哪两个命名实体之间具有语义关系，以及具有怎样的语义关系呢？我们使用常规做法，即将同一个句子中的命名实体两两组合来生成实体对，然后交给分类器去判断这个实体对是否具有语义关系，以及具有怎样的语义关系。值得注意的是：①我们将两个命名实体之间不存在语义关系也作为一种语义关系类型，并命名为 No_Relation；②对于命名实体两两组合产生的组合爆炸问题，我们通过人工规则方法来缓解，具体来说，就是事先设定一个规则表，列举出所有合法的命名实体类型组合，进而在生成实体对时将不符合规则的实体对过滤掉。

2.4.3　语义关系识别

在语义关系识别上，我们采用了深度神经网络模型 BiGRU-HAN[218]，该模型结构如图 2–9 所示。其基本思想是：在模型训练之前，需要将训练集按照实体对及其所包含的语义关系划分为不同子集合，假定实体对 P 对应的语义关系中包含 R 关系，那么我们就将标注数据集中所有包含着实体对 P 且语义关系是 R 的句子划分到一个集合中，假定是 {S_1，S_2，S_n}，对每一个句子，我们计算句子中每个词汇和 P 中两个命名实体的相对位置，并将每个词汇的词汇本身及两个相对位置转化为向量，从而将这 3 个向量拼接起来作为深度神经网络模型的输入信息，进而通过模型训练和参数优化，使其尽可能正确预测出 {S_1，S_2，S_n} 中实体对 P 的语义关系是 R。

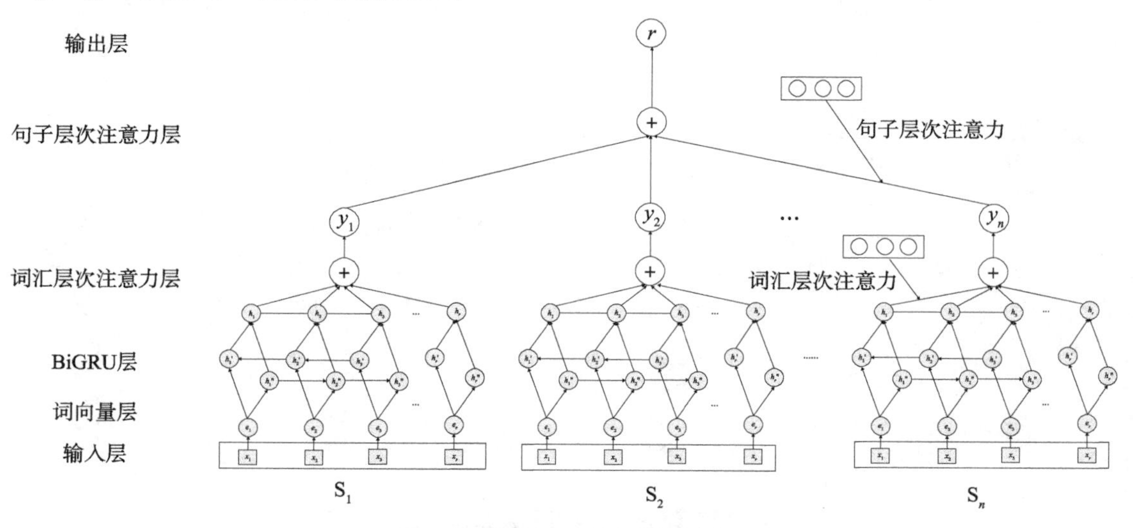

图 2–9　BiGRU–HAN 模型结构

下面按照数据流通顺序依次对 BiGRU-HAN 的 6 层结构进行简要介绍。

（1）输入层

依次输入句子 S_1，S_2，…，S_n，获取句中每个词汇及它和实体对 P 中两个实体的相对位置，如图 2–10a 所示。

（2）词向量层

将句中每个词汇及其相对位置替换成对应的词向量和位置向量（图 2–10b），并拼装成一个长向量（图 2–10c），作为 BiGRU 层的输入。

（3）BiGRU 层

通过 BiGRU 层的处理，每个词汇的词向量中包含了其所在句子的上下文信息。

（4）词汇层次注意力层

由于不同词汇在判断实体对 P 的语义关系上的重要性不同，所以使用词汇层次注意力机制对句中各个词向量赋予对应权重，进而通过加权求和得到这个句子对应的向量表示。

（5）句子层次注意力层

同理，由于 S_1，S_2，S_n 在判断实体对 P 的语义关系上所发挥的重要性不同，所以使用句子层次注意力机制对各个句子向量赋予相应权重，并将这些句子向量加权求和，得到整个句子集合 $\{S_1, S_2, S_n\}$ 的向量表示。

（6）输出层

将上一层的输出向量输入全连接层，进行语义关系类型判断并输出结果。

位置序号	0	1	2	3	4	5	6
句子	**The**	**sidewall**	can	serve	as	a	**spacer**
与实体sidewall的相对位置	–1	0	1	2	3	4	5
与实体spacer的相对位置	–6	–5	–4	–3	–2	–1	0

a

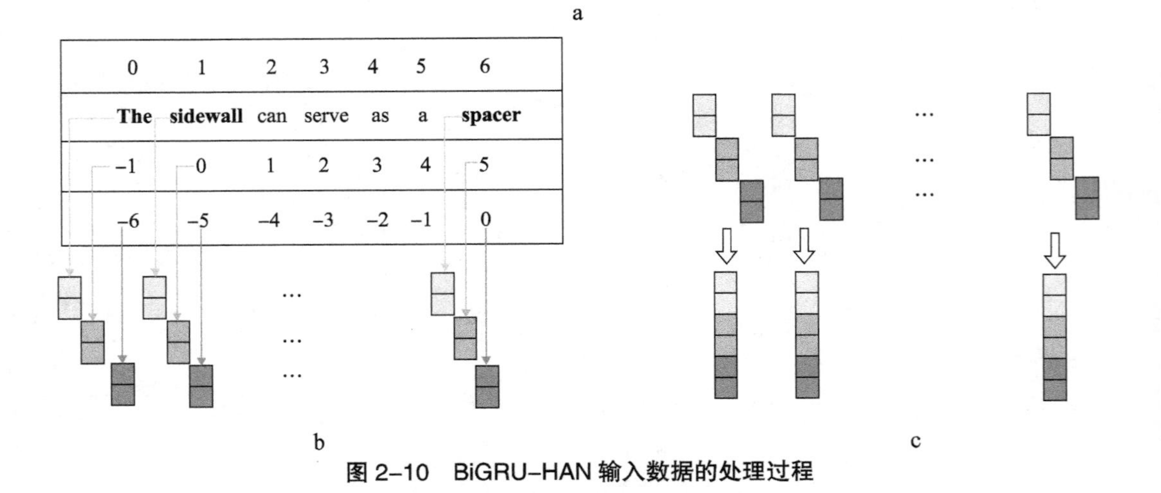

图 2–10 BiGRU–HAN 输入数据的处理过程

2.5 实证分析

相比信息抽取任务上的通用文本标注数据集，如 CoNLL-2003 共享任务中的英文标注数据集（包含 22 137 个句子），TFH-2020 的规模有限。因此，我们不再按照传统训练集、验证集、测试集的切分方法，而是以 4∶1 的比例将全部专利摘要切分为训练集和测试集，以避免进一步减少训练集的样本数量，最终得到包含 3259 个句子的训练集和包含 722 个句子的测试集。至于超参数调节，我们直接将 CoNLL-2003 数据集上已经调好的超参数迁移过来。

2.5.1　词嵌入的选择

通常有两种方法获取词嵌入：①在语料库上运行词嵌入算法，如 Skip-Gram、CBOW 等；②直接从网上下载训练好的词嵌入字典，如 GloVe、腾讯开源词嵌入词典等。Risch 等[22] 建议在全领域专利语料库上进行词嵌入训练，以提升词嵌入在专利语境下的语义表示能力。事实上，Risch 等之所以如此建议，是基于他们在全领域专利技术分类任务上的实践经验，但本章的专利信息抽取与之不同，是一项在给定技术领域上的专利挖掘任务。为探究专利信息抽取上的词嵌入选择问题，我们共准备了 4 种词嵌入。

（1）全领域专利词嵌入

该词嵌入以美国专利商标局 1976—2016 年的全领域专利全文作为语料库，共包括 540 万条专利数据，由 Risch 等[22] 提供。实际上 Risch 等提供了 3 种维度的词嵌入，即 100/200/300 维，这里我们使用可直接公开下载的 100 维词嵌入，并简称为 USPTO-5M。

（2）GloVe 词嵌入

该词嵌入由斯坦福大学自然语言处理组发布，他们在 100 维词嵌入上提供了两个版本：一是以 Wikipedia 2014 和 Gigaword 5 作为训练语料的词嵌入，这也是我们在这里选用的版本；二是以推特短文本作为训练语料的词嵌入，由于此文本与专利文本差别过大，故未被选用。

（3）薄膜磁头专利词嵌入

以 TFH-2020 所包含 1010 篇专利文本的全文作为训练语料自行训练的词嵌入，词嵌入维度设置为 100，这里我们简称其为 TFH-1010。

（4）磁头专利词嵌入

以 46 302 篇磁头技术相关专利文本的摘要作为训练语料自行训练的词嵌入，词嵌入维度设置为 100，这里我们简称其为 MH-46K。

在自行训练词嵌入时，我们使用了 Gensim 工具包[219] 所提供的 CBOW 算法，在参数设置上我们选用了常规设置，即窗口规模为 10、最小词频为 5、迭代次数为 5。我们分别在专利信息抽取框架中使用这 4 种词嵌入，最终得到的命名实体识别和关系分类结果如表 2–3、表 2–4 所示。

表 2-3 不同词嵌入下命名实体识别的结果汇总

词嵌入	微平均			宏平均			加权平均		
	准确率（%）	召回率（%）	F_1 值（%）	准确率（%）	召回率（%）	F_1 值（%）	准确率（%）	召回率（%）	F_1 值（%）
GloVe	77.2	77.2	77.2	66.7	56.0	60.9	78.6	77.2	77.9
USPTO-5M	77.1	77.1	77.1	65.1	53.0	58.4	77.9	77.1	77.5
TFH-1010	77.3	77.3	77.3	67.2	54.2	60.0	79.1	77.3	78.2
MH-46K	78.0	78.0	78.0	63.9	54.2	58.6	78.5	78.0	78.2

表 2-4 不同词嵌入下关系分类的结果汇总

词嵌入	微平均			宏平均			加权平均		
	准确率（%）	召回率（%）	F_1 值（%）	准确率（%）	召回率（%）	F_1 值（%）	准确率（%）	召回率（%）	F_1 值（%）
GloVe	88.9	88.9	88.9	35.6	28.8	30.0	89.4	88.9	89.0
USPTO-5M	86.9	86.9	86.9	30.8	35.1	31.3	89.8	86.9	88.1
TFH-1010	89.1	89.1	89.1	34.2	32.1	32.0	89.7	89.1	89.3
MH-46K	87.9	87.9	87.9	31.6	34.2	31.6	89.7	87.9	88.6

总体来说，这 4 种词嵌入在信息抽取效果上相差无几，TFH-1010 和 MH-46K 以微弱优势在大部分指标上胜出。这与 Risch 等 [22] 使用 USPTO-5M 词嵌入后在专利分类准确率上提升 17% 形成了鲜明对比。我们认为，USPTO-5M 之所以在这两项任务上呈现出巨大差异，主要原因在于专利信息抽取任务只在给定技术领域上执行，而 Risch 等 [22] 的专利分类任务是在全球技术领域执行。对前者来说，相比提升词嵌入在专利语境下的语义表示能力，更重要的是提升词嵌入在给定技术领域中的语义表示能力。换句话说，当我们面临某个技术领域的专利信息抽取任务时，优先选用该领域语料库所训练出的词嵌入，当该领域语料过少、不足以支持词嵌入训练时，将相关领域语料补充进来训练也可以起到较好效果。下面我们使用 MH-46K 作为词嵌入开展实验。

2.5.2 实验结果和分析

（1）命名实体识别

经过20轮（epoch）迭代，在测试集上我们得到加权平均（weighted-average）的准确率/召回率 /F_1 值分别是 78.5%/78.0%/ 78.2%，而各个命名实体类型上的准确率 / 召回率 /F_1 值 / 规范化支持度如图 2-11 所示，其中命名实体类型名称选用其英文名称的前 3 个字母作为缩写，规范化支持度是采用 min-max 标准化方法将测试集中每种类型的命名实体数量标准化到 [0，1] 得到，以便与其他测度指标共用 y 轴。

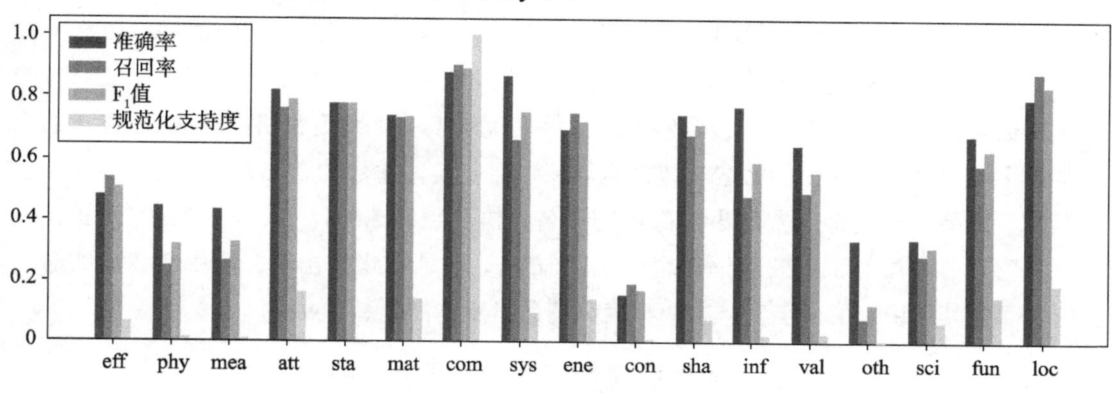

图 2–11　各个命名实体类型上的识别效果

就平均表现来说，命名实体识别的结果虽然可以接受，但以加权平均 F_1 值来度量的话，该表现距离深度学习模型的正常表现约有 10% 的差距。这其中主要原因是标注数据集规模有限，同时 BiLSTM-CRF 也并非当前最好的命名实体识别模型，当我们将其替换为 BERT-BiLSTM-CRF 且 BERT 使用 BERT-for-Patents 后，模型效果能提升 7 个百分点（以加权平均 F_1 值测度）。此外，专利文本在形式和内容上的特殊性也在一定程度上影响了深度学习模型的效果。更具体地，我们注意到不同类型命名实体的识别效果和各自样本数量呈现明显的正相关，其中识别效果最好的命名实体类型是零件，其 F_1 值达到 89%，同时训练集的样本数量也多达 1958，是所有类型中最多的，但对于命名实体类型后果、其他来说，其 F_1 值均不到 20%，而它们的样本数量也很少，分别是 21 和 13。这意味着我们可以尝试提升特定类型命名实体的样本数量，来提升模型的识别效果。

在 SAO 方法的命名实体识别效果评价上，我们采用了 3 种策略：①精确匹配，即只有当 SAO 识别的命名实体和金标准中的命名实体完全一致时，才被认为是一次正确识别；②包含匹配，即当 SAO 识别的命名实体包含金标准中的命名实体（包括完全一致）或者反之时，就可以被认为是一次正确识别；③重叠匹配，即当 SAO 识别的命名实体和金标准中的命名实体有重叠部分时，就可以被认为是一次正确识别。这里我们以图 2–12 为例加以说明，该例句包含 3 个命名实体，即“inductive head”“leading write pole”和“trailing write pole”。当使用精确匹配策略时，只有“inductive head”被正确识别出来；当更换为包含匹配策略时，“write pole”也被识别出来；当策略被进一步放松到重叠匹配时，3 个命名实体均被认为得到了正确识别。

金标准	The **inductive head** includes a **leading write pole** and a **trailing write pole**
抽取结果	The **inductive head** includes a leading **write pole** and **a trailing** write pole

图 2–12　命名实体识别效果评价示例

表 2-5 显示了深度学习方法与 SAO 方法的效果对比。需要注意的是，由于 SAO 方法只输出命名实体的边界，并不包括类型信息，因此这里我们只用边界判断结果来评测 BiLSTM-CRF 的表现，此时该模型的加权平均 F_1 值会提升到 92.2%，远超 SAO 方法。在 SAO 方法中，71.3% 的金标准命名实体完全未被识别出来，只有 1.2%、5.7%、28.7% 的金标准命名实体被精确匹配、包含匹配、重叠匹配。换一个角度来讲，在 SAO 方法的识别结果中，完全识别错误的命名实体占全部识别命名实体总数的 25.8%，被精确匹配、包含匹配、重叠匹配的命名实体占全部识别命名实体总数的 3.0%、14.8%、74.2%。相比之下，深度学习方法的识别效果远远超出 SAO 方法，它能够识别出金标准中 91.9% 的命名实体，而在其所识别的命名实体中，正确识别命名实体占比高达 92.4%。

表 2-5 命名实体识别效果对比

方法		准确率（%）	召回率（%）	F_1 值（%）
SAO 方法	精确匹配	3.0	1.2	1.7
	包含匹配	14.8	5.7	8.3
	重叠匹配	74.2	28.7	41.4
深度学习方法	精确匹配	92.4	91.9	92.2

（2）语义关系识别

同样经过 20 轮训练后，BiGRU-HAN 在测试集上的效果如表 2-6 第 1 行所示，需要指出的是，这是将占据测试集中语义关系样本总数 89.1% 的 No_Relation 纳入指标计算所得的结果，而将 No_Relation 从测试集排除后，BiGRU-HAN 的效果如表 2-6 第 2 行所示，该数据更能真实反映 BiGRU-HAN 在语义关系识别上的性能。

表 2-6 BiGRU-HAN、PCNNs 的效果评估

模型	微平均			宏平均			加权平均		
	准确率（%）	召回率（%）	F_1 值（%）	准确率（%）	召回率（%）	F_1 值（%）	准确率（%）	召回率（%）	F_1 值（%）
BiGRU-HAN 包含 No_Relation	87.9	87.9	87.9	31.6	34.2	31.6	89.7	87.9	88.6
BiGRU-HAN 不包含 No_Relation	41.5	41.5	41.5	27.3	30.3	27.5	32.3	41.5	36.3
PCNNs 包含 No_Relation	89.0	89.0	89.0	10.9	6.4	6.2	81.1	89.0	84.0
PCNNs 不包含 No_Relation	0.6	0.6	0.6	5.7	0.2	0.3	26.8	0.6	1.1

事实上，并非所有前沿方法都能够在专利文本上取得如此表现，原因是 TFH-2020 中单句平均包含的命名实体数量远远高于普通文本，如新闻、维基百科（表 3-2）。这

种情况下，在关系识别流程的实体对生成阶段，所产生 No_Relation 的占比要远远超出普通文本。然而，目前很多前沿方法并不能在如此不平衡的训练数据上对模型进行妥善训练。

我们以另外一个语义关系识别模型—— PCNNs[220] 为例来说明这一点。该模型结构如图 2–13 所示。其基本思想是，用待预测的实体对将输入句子划分为 3 个片段，之后用卷积神经网络从每个片段中学习特征，并将这 3 个部分特征表示拼接后输入全连接层，以预测实体对的语义关系。PCNNs 包含和不包含 No_Relation 的效果如表 2–6 第 3、第 4 行所示，可以明显看到，其表现远差于 BiGRU-HAN，实际上该模型在除 No_Relation 以外的其他语义关系类型上几乎没有效果（图 2–14）。

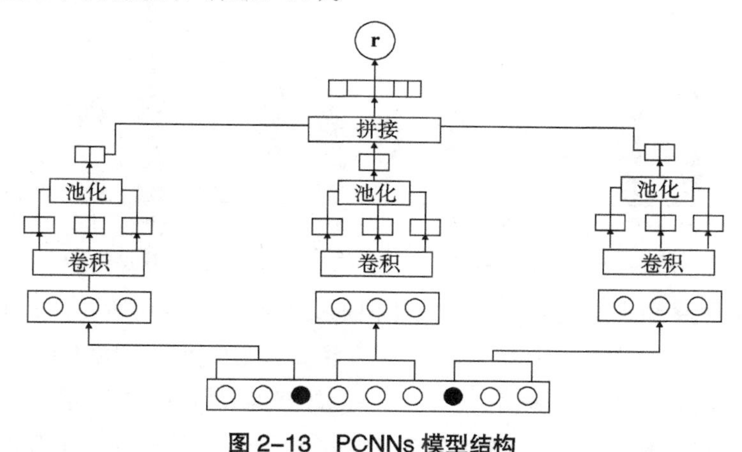

图 2–13　PCNNs 模型结构

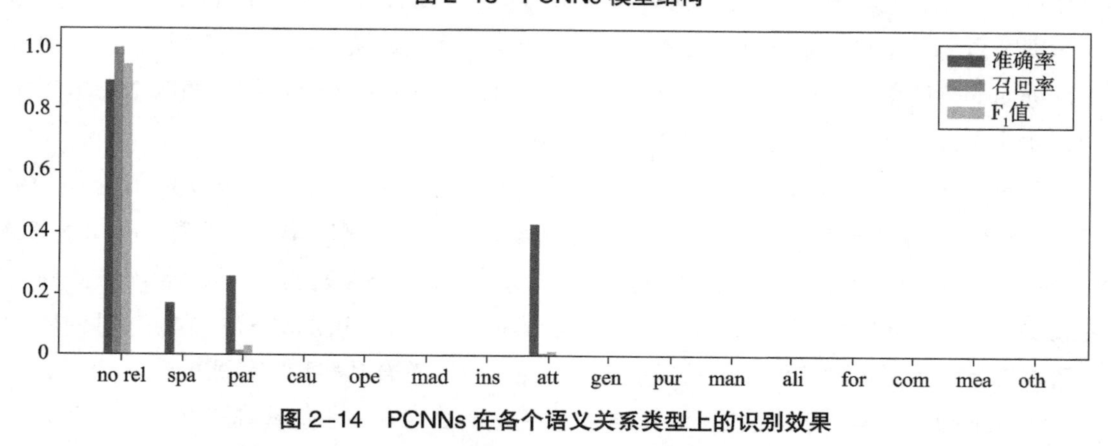

图 2–14　PCNNs 在各个语义关系类型上的识别效果

为凸显 BiGRU-HAN 在不同语义关系类型上的表现，我们统计了每种语义关系类型上相应的准确率、召回率和 F_1 值，如图 2–15 所示。从中可见，和命名实体识别类似，语义关系的识别效果和样本数量同样呈现正相关关系，支持度最高的语义关系类型，即包含关系，获得的 F_1 值最高，而对于样本数量较少的类型，如其他，其 F_1 值同样最低。值得我们注意的是，样本数量相近的语义关系类型，其识别效果可能会存在较大差异，其根源在于不同语义关系识别的难易程度存在差异，有些语义关系特征明显，可以被轻易确认，如存在属性关系的两个命名实体，它们所在句子中经常出现“of”，但有些语义关系本身就比较模棱两可，即便人工也难以区分。例如，专利US7520048摘要的第一句话主干“A GMR head includes a recess that reduces stress on the poles”，即“巨磁阻磁头具有一个减小电极应力的凹槽”，在形状类型命名实体“凹槽”和能量流类型命名实体“应力”之间是什么语义关系？从使动和被动的角度来讲，可以是使动关系，但从功能和效果上来讲，目的关系也解释得通。

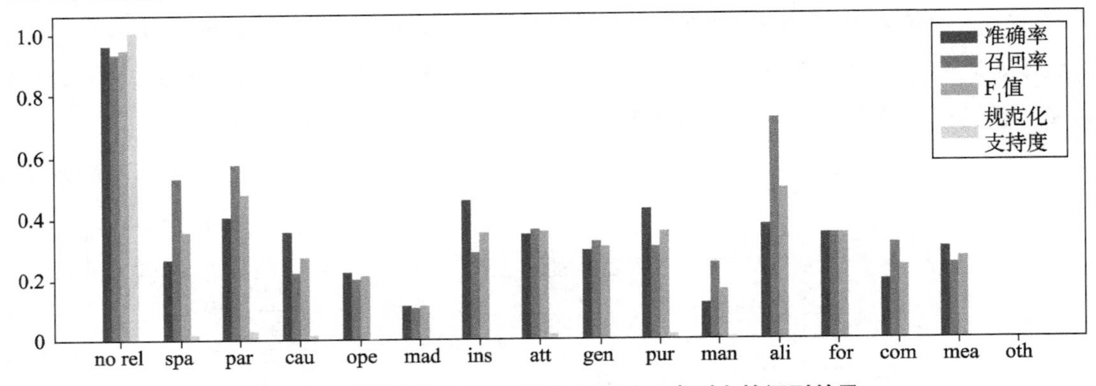

图 2-15 BiGRU-HAN 在各个语义关系类型上的识别效果

另外，语义关系识别是建立在命名实体识别的基础上，换句话说，如果命名实体识别错误，那么必然导致包含此命名实体的语义关系识别无法执行。由于SAO方法在精确匹配和包含匹配模式下的命名实体识别效果过差，甚至难以以其为基础进行语义关系识别效果评价，所以我们将SAO方法下命名实体识别效果评价标准放松到重叠匹配，即只要算法识别的命名实体和金标准命名实体存在词汇重叠，我们就认为该命名实体被正确识别出来，进而如果语义关系中的两个命名实体可分别对应到同一个SAO结构的两个命名实体中，就认为这个语义关系被SAO方法正确识别出来。

基于这个标准，SAO方法下语义关系识别微平均的准确率 / 召回率 / F_1值为41.6%/13.4%/20.3%，与之相比，深度学习方法微平均的准确率 / 召回率 / F_1值为46.1%/58.0%/51.3%。不难看到，相比命名实体识别，在语义关系识别上SAO方法和深度学习方法的差距较小，尤其在准确率方面，但在召回率方面两者差距较大，这说明SAO方法这种使用句法解析工具和人工规则的语义关系识别方式虽然可以在符合某些特定模式的语义关系上保持一定的准确率，但由于方法本身的限制，它无法对更多存在于这些模式之外的语义关系进行有效识别。

2.6 本章小结

本章将深度学习方法引入专利挖掘领域，实现了一套以管道方式组织的、有监督学习的专利信息抽取框架。相比传统方法，新框架对外界信息资源和软件工具的依赖程度大大降低，具有较高的自动化程度，可以高效应对海量专利文本的技术信息抽取任务。不仅如此，新框架始终处于不断优化的过程中，这表现在两个方面：第一，信息抽取技术处于快速发展之中，这些技术可以引入进来替换专利信息抽取框架的相应模块；第二，每次信息抽取任务所获取的标注数据和预测结果可以在人工核验和筛选后作为监督信息应用于未来专利信息抽取任务。此外，我们还提供一套专利文本标注实践方法及由此产生的高质量专利标注数据集 TFH-2020[52]，据我们所知，这是第一个非生物、化学、医药领域的公开可获取的专利信息抽取标注数据集。

虽然机器学习方法可以极大地推动专利信息抽取研究的发展。但在此过程中还存在许多有趣而困难的挑战。例如，专利撰写中的术语使用非常自由（参见《专利审查指南（2010）》第二部分第二章中 2.2.7 的相关规定），不仅同义词、近义词和上下位概念替换现象大量存在，而且模糊术语、对等词等文字技巧也被用到了极致，从而造成信息抽取所获得的命名实体和语义关系面临不同语境下实体语义匹配和跨篇章实体消歧上的难题；另外，专利数据标注也是件极其费时费力的工作，这也是本章所提专利信息抽取框架的主要不足，如何利用主动学习、半监督学习等技术降低数据标注的工作量，或者利用远程监督方法快速、低成本、可重复地生成大量标注数据，是值得跟进的重要研究方向。

第 3 章

联合模型：利用专利特点提升语义关系的分类效果

在上一章中，我们看到深度学习方法相对传统方法在信息抽取上表现出明显优势，但也留下了巨大的提升空间。最明显的就是，无论是 BiLSTM-CRF 还是 BiGRU-HAN，均为信息抽取的通用模型，并未针对专利文本的独有特点进行设计和优化。实际上，这正是当前人工智能技术向专业领域渗透时面临的突出问题，即很少针对专业领域的数据特点和业务特色进行有针对性的设计和优化。回到信息抽取上，要解决人工智能技术在专利挖掘上的本地化问题，不仅需要研究者深度理解专利的特殊性，更需要研究者将其合理地抽象成模型语言和特征表示，以获得超出通用模型的计算结果。在本章中，我们以信息抽取方向上的重要任务——语义关系分类为例，对人工智能技术如何在专利领域本地化展开探索。

3.1 引言

虽然近年来随着深度学习的崛起，信息抽取技术取得了长足的发展。但就目前来看，专利领域还缺乏前沿信息抽取技术的成功应用案例。原因有两个方面：①专利文本不仅和普通文本存在明显差别，而且不同技术领域的专利文本之间也存在极大差别，这种差别会对信息抽取效果产生影响；②当前效果良好的信息抽取方法以监督学习方法为主，但它所需要的大批量、优质标注数据在专利领域还十分稀缺。近年来逐渐出现一些公开可获取的专利标注数据集，使得该情况在一定程度上得以缓解，这些数据集除了我们提供的 TFH-2020[52] 多，还包括：① CPC-2014[54]，这是一个生物化学领域的专利标注数据集，是对专利全文进行命名实体标注；② ChemProt[85]，这是一个生物医药科学领域的专利标注数据集，是对专利摘要进行命名实体和语义关系标注。

针对第一个原因，我们也做了两个方面工作：①采集了 7 个代表性的信息抽取标注数据集，包括来自不同领域的普通文本数据集和专利文本数据集，从数据层面上初步揭示专利文本的特点；②以硬盘薄膜磁头领域专利数据集上的关系分类任务为例，提出一种集成 BiGRU-HAN 和 GCN 的联合模型。实验结果证明，专利文本特点具备提升关系分类效果的潜力，而我们所提的联合模型可以有效捕捉到这种特点并将其应用于关系分类效果的提升上。

本章其余内容安排如下：3.2 节通过对比分析对专利文本特点进行梳理和总结，3.3 节对利用专利特点建模的基本思想和模型实现细节加以描述，3.4 节是实证部分，3.5 节对本章内容进行总结和前瞻。

3.2　专利文本特点探索

3.2.1　数据采集和指标计算

作为一种用于保护发明创造的排他性权利载体，专利文本和普通文本（如新闻、百科）存在较大差别。但是，长期以来研究者对这种差别的认识还停留在主观判断或者简单片面的调研基础上。例如，Rajshekhar 等 [203] 发现专利文本中第一项权利要求的句长远超普通文本的句长；Risch 等 [22] 认为专利文本有自身独特的写作特点。如果想利用机器学习技术来提升语义关系分类效果，这些对专利文本特点的认识还远远不够。还需要将其转化为特征表示以形成机器学习模型的效果增益。为此，我们通过对比分析了 3 个类别的 7 类标注数据集，对专利文本特点进行深入研究。这些数据集包括：①新闻语料，有 Conll-2003[221]、NYT-2010（New York Times corpus）[222]；②百科语料，有 Wikigold[223]、LIC-2019[95]；③专利语料，有 TFH-2020[52]、CPC-2014[54]、ChemProt[85]。

为分析这些数据集，我们使用了 8 个指标，如表 3–1 所示。

表 3–1　对比分析指标说明

指标	公式	说明	备注
平均句长	$L_{avg}=\frac{\sum_i^N L_i}{N}$	N 表示句子数量，L_i 表示第 i 个句子的长度	计算平均每个句子包含多少词汇
句子平均实体数	$SE_{avg}=\frac{\sum_i^N SE_i}{N}$	N 定义如上，SE_i 表示第 i 个句子包含的实体数量	计算平均每个句子包含多少实体
实体平均词汇数	$EW_{avg}=\frac{\sum_i^{NE} EW_i}{NE}$	NE 表示全部句子中的实体数量，EW_i 表示第 i 个实体中的词汇数量	计算平均每个实体包含多少词汇
句子平均关系数	$SR_{avg}=\frac{\sum_i^N SR_i}{N}$	N 定义如上，SR_i 表示第 i 个句子中关系指称的数量	计算平均每个句子包含多少关系指称
实体重复率	$ER=\frac{NE}{NE\_distinct}$	NE 定义如上，$NE\_distinct$ 表示去重后的实体数量	计算平均每个实体在语料库中的出现频次
关系重复率	$RR=\frac{RE}{RE\_distinct}$	RE 表示语料库中的全部关系指称数量，$RE\_distinct$ 表示去重后的关系指称数量	计算平均每个关系指称在语料库中的出现频次
词组实体占比	$EP_{ngram}=\frac{NE_{ngram}}{NE}$	NE 定义如上，NE_{ngram} 表示全部句子中词组型实体的数量	计算词组型实体在所有实体中的占比
实体关联率	$EA=\frac{100\sum_i^{NE\_distinct} NE\_associated_i}{NE\_distinct^2}$	$NE\_distinct$ 定义如上，$NE\_associated_i$ 表示与第 i 个实体具有重合词汇的实体集合去重后的数量	利用重复词汇来测度一个实体和其他实体的相关性。例如，有两个实体“thin film head”和“ferrite head”，由于它们之间有一个重复词汇“head”，因此它们是相关的

指标计算时需要注意：①在 CPC-2014、Conll-2003 和 Wikigold 中只有命名实体标注，没有语义关系标注，因此句子平均关系数、关系重复率不再计算；② LIC-2019 是中文语料，在词汇划分上与英文语料不同，因此平均句长、实体平均词汇数、词组实体占比和实体关联率不再计算。最终结果如表 3–2 所示。

表 3–2 标注数据集的指标计算结果

数据集	数据集说明	平均句长（词）	句子平均实体数（个）	实体平均词汇数（词）	句子平均关系数（个）	实体重复率（%）	关系重复率（%）	词组实体占比（%）	实体关联率（%）
CPC-2014（英文）	对生物化学领域的专利全文进行命名实体标注	23.3	2.5	1.4	—	5.3	—	25.7	1.6
ChemProt（英文）	对生物医药科学领域的专利摘要进行命名实体和语义关系标注	21.9	2.4	1.3	0.6	3.7	4.73	19.3	0.4
TFH-2020（英文）	对薄膜磁头领域的专利摘要进行命名实体和语义关系标注	30.7	6.1	2.3	4.3	2.8	1.2	75.5	3.4
Conll-2003（英文）	对路透新闻进行命名实体标注	14.6	1.7	1.5	—	33.3	—	37.6	0.1
Wikigold（英文）	对维基百科进行命名实体标注	23.0	2.1	1.8	—	5.1	—	50.4	0.4
NYT-2010（英文）	对纽约时报进行命名实体和语义关系标注	40.6	2.2	1.5	0.4	13.5	8.0	44.1	0.2
LIC-2019（中文）	对百度搜索和百度知道的搜索结果进行命名实体和语义关系标注	—	3.0	—	2.1	2.5	1.3	—	—

3.2.2 专利文本和普通文本的对比分析

从表 3–2 中我们可以发现以下事实：

①就平均句长来说，专利文本和普通文本并没有显著差别；

②就句子平均实体数来说，专利文本比普通文本包含的实体数量要多；

③在其他指标上，TFH-2020 和普通文本数据集、其他技术领域的专利文本数据集存在明显差别。

总的来说，不仅专利文本和常规文本存在明显差别，而且在专利文本内部，不同技术领域的专利文本之间也存在明显差别。在我们看来，后一种差别的根源在于：①不同技术领域的自身差别。例如，生物化学领域的发明创造中多包含序列和化学结构，而硬盘薄膜磁头领域的发明创造则多包含元器件、位置方式和功能，由于不同技术领域中材料和作用原理均存在差别，在专利撰写中这种差别自然而然会反映在书写方式上。②不同技术领域中专家的关注点不同。例如，TFH-2020 中共包含 17 种命名实体类型，但在 ChemProt 中只有 3 种命名实体类型，即 chemical、gene-n、gene-y，而其他类型命名实体则被忽略在外。

3.3 研究方法

3.3.1 模型的总体设计和实现

本节我们以 TFH-2020 为例，通过挖掘它的独特特点来提升语义关系的分类效果。仔细观察表 3–2 后，我们发现 TFH-2020 在句子平均实体数、词组实体占比和实体关联率这 3 个指标上数值尤为突出，其中实体关联率正是我们用以提升语义关系分类效果的专利特点。本质上说，实体关联率可用于测度语料库中两个实体通过共词关系建立关联的可能性。举例来说，有两个实体“magnetic film”和“inductive thin film”，由于它们之间存在共现词“film”，因此这两个实体之间可以建立关联。由于 TFH-2020 中实体关联的稠密程度远远高于其他语料库（如纽约时报），相应的语义三元组（头实体、关系类型、尾实体）之间的关联也变得稠密起来（图 3–1）。

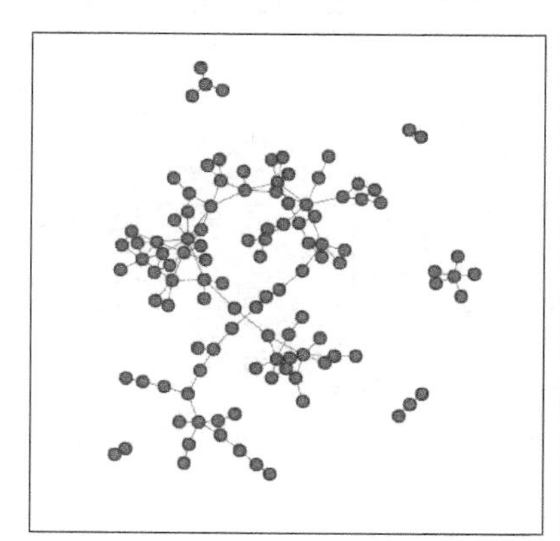

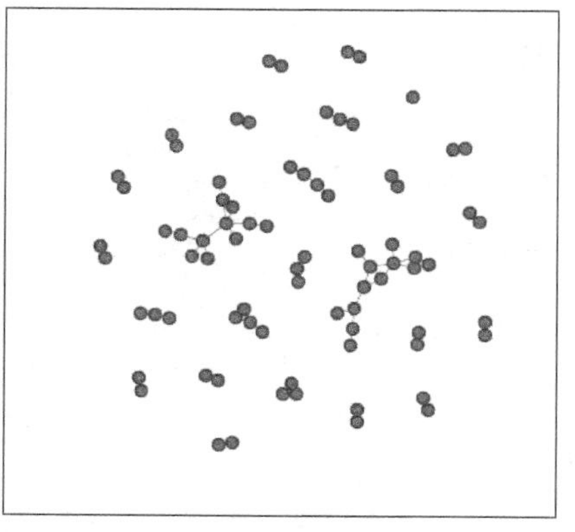

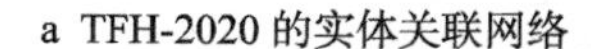

a TFH-2020 的实体关联网络　　b 纽约时报语料库的实体关联网络

图 3–1　不同语料库的实体关联网络（部分）

那么，一个很自然的想法就是，利用语义三元组之间的关联关系，为两个实体之间的关系类型判定提供额外依据。为清晰起见，我们拿学生做题进行类比：假设在一次练习中，允许学生有两种答题方式，其一是独立答题，如图 3–2a 所示，实际上这也是之前深度学习模型（如 BiGRU-HAN、PCNNs）判定语义关系的常规方式，即将样本独立对待，不允许彼此交换信息，考虑到通用语料库中语义三元组之间关联稀疏，就好比习题互不相同，所以学生选择独立答题的方式是合理的；但是在专利语料库中，语义三元组之间关联稠密，相当于习题彼此相近，当学生遇到难题时，他就有必要选择答题方式二，即寻找面临类似习题的一个或多个学生商议出一个答案，如图 3–2b 所示，我们权且称之为集智答题。可以预想，在习题彼此相近的情况下，同时使用两种答题方式所产生的平均成绩一定不低于只允许独立答题的平均成绩。

a 答题方式一：独立答题

b 答题方式二：集智答题

图 3–2 联合模型的基本思想

基于这样一个思路，我们提出一种用于专利语义关系分类的联合模型，其结构如图 3–3 所示。不难看出，这个模型是由 BiGRU-HAN 和 GCN（Graph Convolutional Network）[224] 两个子模型联合而成，前者从目标实体对所在句子中提炼信息用以关系判定，后者通过参考其他实体对来协助目标实体对的关系判定。如此一来，我们将图 3–2 中两种答题方式同时纳入模型之中。

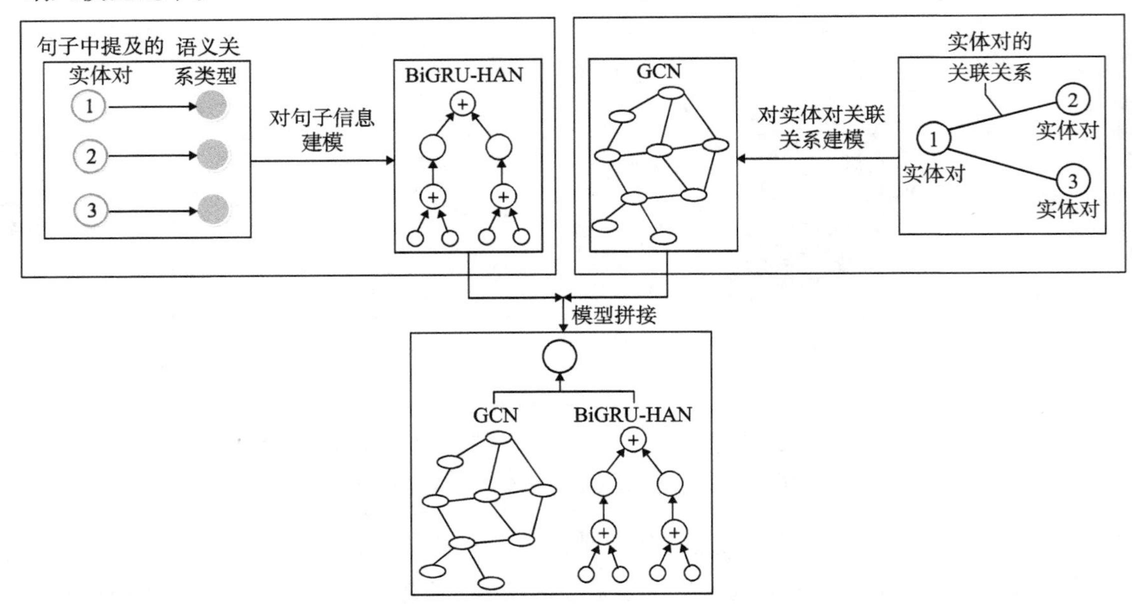

图 3–3 用于语义关系分类的联合模型结构

在模型实现上，需要考虑更多细节，主要包括以下几个方面。

①将表述模型思想和表述模型实现的用词严格区分开来。在表述模型思想时，为突出

核心内容、不过分纠缠细节，我们笼统地说“语义三元组之间的关联关系”；但在模型实现阶段这种说法并不准确，因为语义三元组在数据预处理时会被拆分成作为模型输入的实体对（头实体、尾实体）和作为输出结果的关系类型，而模型输入时语义三元组之间的关联关系实际上是实体对之间的关联关系。因此，在本章其他部分我们将不再使用类似“语义三元组之间的关联关系”的表述，而以“实体对之间的关联关系”替代。

②测度实体对之间的关联强度。不同实体对之间的关联关系有强有弱，并不平等，直观来说，实体对之间的关联关系越强，它们属于同一类语义关系的可能性越高，如何度量这种关联强度，并使其在语义关系判别上发挥效用，是模型实现需要考虑的问题。

③评价模型效果。一方面，需要对比联合模型与各个子模型以验证联合模型的提升效果；另一方面，在 GCN 子模型中，实体对之间的关联强度在语义关系分类中的作用也值得探究。因此，我们共准备了 3 个子模型：BiGRU-HAN、考虑实体对关联强度的 Weight GCN（WGCN），以及只考虑实体对关联关系是否存在、不考虑关联强度的 Weightless GCN（WLGCN），并利用 TensorFlow 的多入口、多出口特性将联合模型实现（图 3–4）。

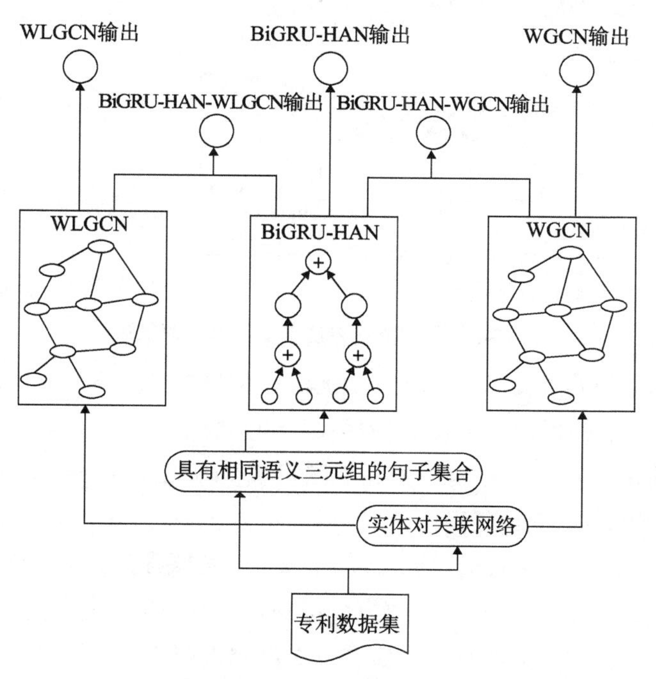

图 3–4　联合模型的实现

如此一来，可一次训练输出 5 个模型的预测结果，包含 3 个子模型 WLGCN、WGCN、BiGRU-HAN 和 2 个联合模型 BiGRU-HAN-WGCN、BiGRU-HAN-WLGCN。其好处在于不同模型之间存在广泛的参数共享，极大方便了后续的对比分析。我们知道，由于深度神经网络在初始化和批训练中的随机性，即便同一模型的设定完全一致，每次重新训练后的表现也存在差异，我们称之为随机性差异。如果分别对 5 个模型独立训练，那么所测度出来的差异就是随机性差异和模型本身性能差异的叠加，而多入口、多出口的模型设计则可以消除随机性差异，得到更为准确的对比分析结果。

3.3.2 实体对之间的关联强度测度

在测度实体对之间的关联强度之前，需要先对实体之间的关联强度展开测度。尽管在之前研究中已经提出诸多测度实体关联强度的方法，诸如将实体向量化后计算余弦相似度或者计算实体在知识库上的距离，但这些方法并不满足本模型的需要。其原因在于专利文本中充斥着一种极特殊的语言现象，即绝大多数实体的出现并非从无到有，而是基于旧实体的拆分重组。以 TFH-2020 中的实体“thin film magnetic head”为例，由其拆分重组的同义实体包括“thin film inductive head”“thin film read/write head”等。当使用余弦相似度计算实体“metal magnetic multi-layer film”与这些实体的关联强度时，“metal magnetic multi-layer film”与“thin film magnetic head”的余弦相似度是 0.5，而与其他两个实体的余弦相似度均为 0.25，如图 3–5a 所示，显然这并不合理。

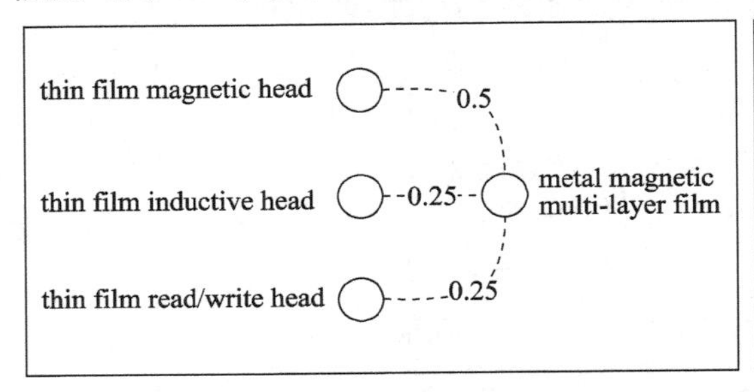

a 余弦相似度方法

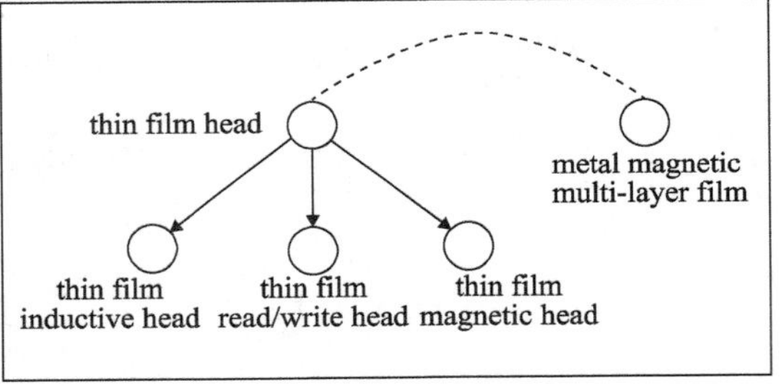

b 关联规则方法

图 3–5 不同测度方法下的实体关联强度

在常规知识库（如 DBpedia、Freebase）无法在信息粒度上下探到专利实体层级的情况下，一种可选择的关联强度测度方法是使用关联规则置信度，我们仍然借用上面的例子对其基本思想进行简单介绍。首先利用关联规则发现“thin film magnetic head”及其同义实体的共现部分“thin film head”，之后用“thin film head”替代“thin film magnetic head”及其同义实体，计算与“metal magnetic multi-layer film”的关联强度，从而使这 3 个同义实体与“metal magnetic multi-layer film”的关联强度保持一致。由于关联规则挖掘着眼于整个语料库中实体的词共现频次，这种方法在测度实体的关联强度时先天地将语境信息考虑进来，这比仅仅关注实体组成词汇本身的测度方法更加全面合理（图 3–5、图 3–6）。

ID	实体			
1	thin	film	magnetic	head
2	thin	film	inductive	head
3	thin	film	read/write	head

关联规则方法 →

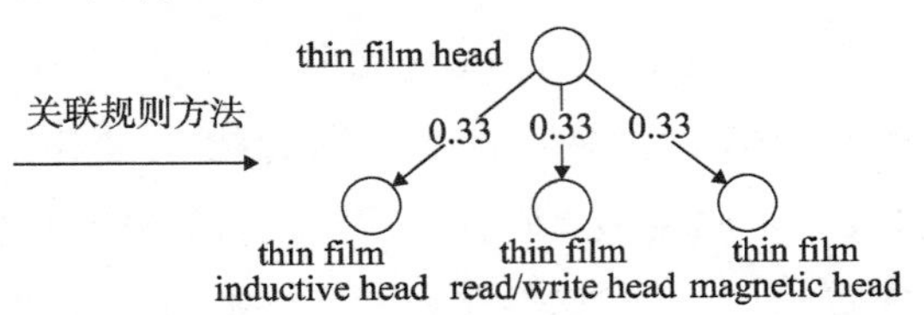

图 3–6 基于关联规则挖掘的实体关联强度计算示意

如此一来，实体对之间的关联强度测度包括两个步骤。

（1）计算实体之间的关联强度

设有一个实体对（a，b），其中实体 a 的最大闭频繁项集是 a'，实体 b 的最大闭频繁项集是 b'，当计算 a、b 之间的关联强度时：

情况 1：如果 a' 是 b' 的真子集，或者反之，那么：

$$\mathrm{corr}(a, b)=\begin{cases}1+\dfrac{\sigma(b')}{\sigma(a')}, & a'\subseteq b' \\ 1+\dfrac{\sigma(a')}{\sigma(b')}, & b'\subseteq a'\end{cases}。\tag{3-1}$$

式中，σ 是频繁项集的支持度。

情况 2：如果 a' 和 b' 不存在包含关系，但它们的共同最大闭频繁子集 c' 非空，那么使用式（3-2）得到 a、b 之间的关联强度：

$$\mathrm{corr}(a, b)=\frac{\sigma(a')}{\sigma(c')}+\frac{\sigma(b')}{\sigma(c')}。\tag{3-2}$$

情况 3：如果 a' 和 b' 既不存在包含关系，它们的共同最大闭频繁子集 c' 也为空，那么它们的关联强度为 0，即：

$$\mathrm{corr}(a, b)=0。\tag{3-3}$$

（2）计算实体对之间的关联强度

如果某实体对中的两个实体与另一个实体对中的两个实体分别存在共现词，那么这两个实体对之间就存在关联关系。在实际判别时，我们能遇到 5 种情况（图 3–7）。图中，圆圈表示实体，方框表示实体对，两个方框之间的连线表示相关实体之间存在一个或多个共现词。在本示例中，只有前两种情况下这两个实体对之间才建立关联关系。当然，根据实际场景的需要，也可以使用其他建立实体对关联关系的规则。

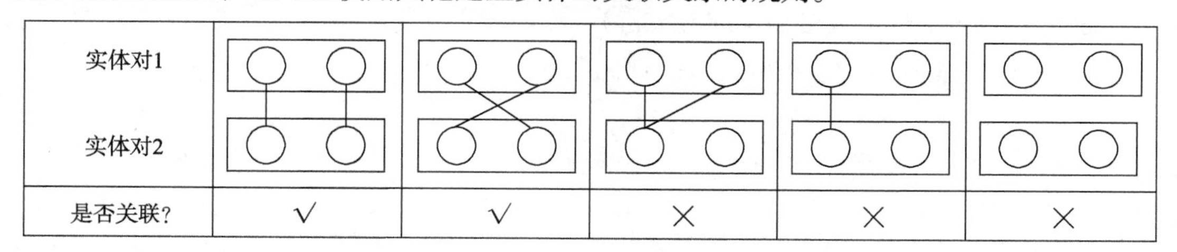

图 3–7　不同情况下在两个实体对之间建立关联关系

我们再举一个例子来说明如何建立实体对之间的关联关系，假设有两个实体对，即：

实体对 ep_1：(magnetic film，thin film head)；

实体对 ep_2：(thin film magnetic head，inductive thin film)。

可以看到，ep_1 中的“magnetic film”和 ep_2 中的“thin film magnetic head”之间存在两个共现词“magnetic”和“film”，而 ep_1 中的“thin film head”和 ep_2 中的“inductive thin film”也存在两个共现词“thin”和“film”。由于 ep_1 中的每个实体和 ep_2 中的每个实

体之间存在至少一个共现词，所以 ep_1 和 ep_2 之间可以建立关联关系。

当计算两个实体对之间的关联强度时，由于某些语义三元组是有向的，一旦约减为实体对，就面临着不同实体对的实体对齐问题。对此，我们取这两个实体对之间存在的最大关联强度作为计算结果，具体如式（3–4）所示。

$$\mathrm{corr}(A, B)=\mathrm{Max}\{\mathrm{corr}(a_1, b_1)+\mathrm{corr}(a_2, b_2), \mathrm{corr}(a_1, b_2)+\mathrm{corr}(a_2, b_1)\}。 \tag{3–4}$$

式中，$A=(a_1, a_2)$ 和 $B=(b_1, b_2)$ 为两个实体对。

3.3.3 实体对关联强度计算示例

为展示实体对之间的关联强度计算过程，我们以 TFH-2020 为语料库，计算其中实体对（magnetic film，thin film magnetic head ）和（inductive thin film，thin film head）之间的关联强度。

首先对（magnetic film，thin film magnetic head）中的实体和（inductive thin film，thin film head）中的实体两两配对如下：

T_1:（magnetic film，inductive thin film）;

T_2:（magnetic film，thin film head）;

T_3:（thin film magnetic head，inductive thin film）;

T_4:（thin film magnetic head，thin film head）。

接下来计算每个配对的关联强度，以 T_1 为例，在 TFH-2020 中“magnetic film”和“inductive thin film”的最大闭频繁子集是支持度为 19 的项集 {film，magnetic} 和支持度为 5 的项集 {film，inductive，thin}。由于 {film，magnetic} 并非 {film，inductive，thin} 的真子集，而它们的交集 {film} 的支持度为 32，故这个配对的关联强度：

$$\mathrm{corr}(\text{magnetic film}, \text{inductive thin film})$$
$$=\frac{\sigma\{\text{film}, \text{magnetic}\}}{\sigma\{\text{film}\}}+\frac{\sigma\{\text{film}, \text{inductive}, \text{thin}\}}{\sigma\{\text{film}\}}$$
$$=\frac{19}{32}+\frac{5}{32}$$
$$=0.75$$

类似地，我们得到 T_2、T_3 和 T_4 关联强度分别为 1.09、0.654、1.75，由于 $\mathrm{corr}(T_1)+\mathrm{corr}(T_4)>\mathrm{corr}(T_2)+\mathrm{corr}(T_3)$，所以前者被作为（magnetic film，thin film magnetic head）和（inductive thin film，thin film head）之间的关联强度。

3.3.4 联合模型详细介绍

尽管理论上来说，实体对之间的关联关系具有提升句子级别上语义关系分类效果的潜力，但这也给常规句子级别上语义关系分类方法的假设带来了冲突。因为常规方法只考虑从目标实体对所在句子中寻找语义关系判断依据，而不认为其他句子中也包含对判断目标实体对语义关系有用的信息。这种假设带来的好处是认为每个句子均可独立对待、互不影响，从而大幅降低关系分类模型的复杂度，该假设一旦破除，就意味着其他句子的相关信息也可以被用来判断当前句子中实体对的语义关系，从而大幅提升了模型复杂度和求参难度。

为应对这些挑战，我们提出了上述联合模型，其详细结构如图 3–8 所示。从图中可以看到，这个模型包括两个部分：BiGRU-HAN 和 GCN。其中，BiGRU-HAN 子模型的内容已经在本书 2.4.3 中详细介绍过，这里不再赘述；GCN 子模型是卷积神经网络在图数据上的扩展，旨在用神经网络将节点以低维稠密向量形式表示出来，以保存该节点本身所携带的内容信息及其在网络中的结构信息。GCN 中的输入层用于输入图结构，中间层包含若干图卷积分层，每个分层通过迭代传播图数据上每个节点的邻居信息来学习该节点的向量表示，当若干分层叠加起来后，GCN 就具有强大的拟合能力，可以将图结构中的每个节点抽象出来。

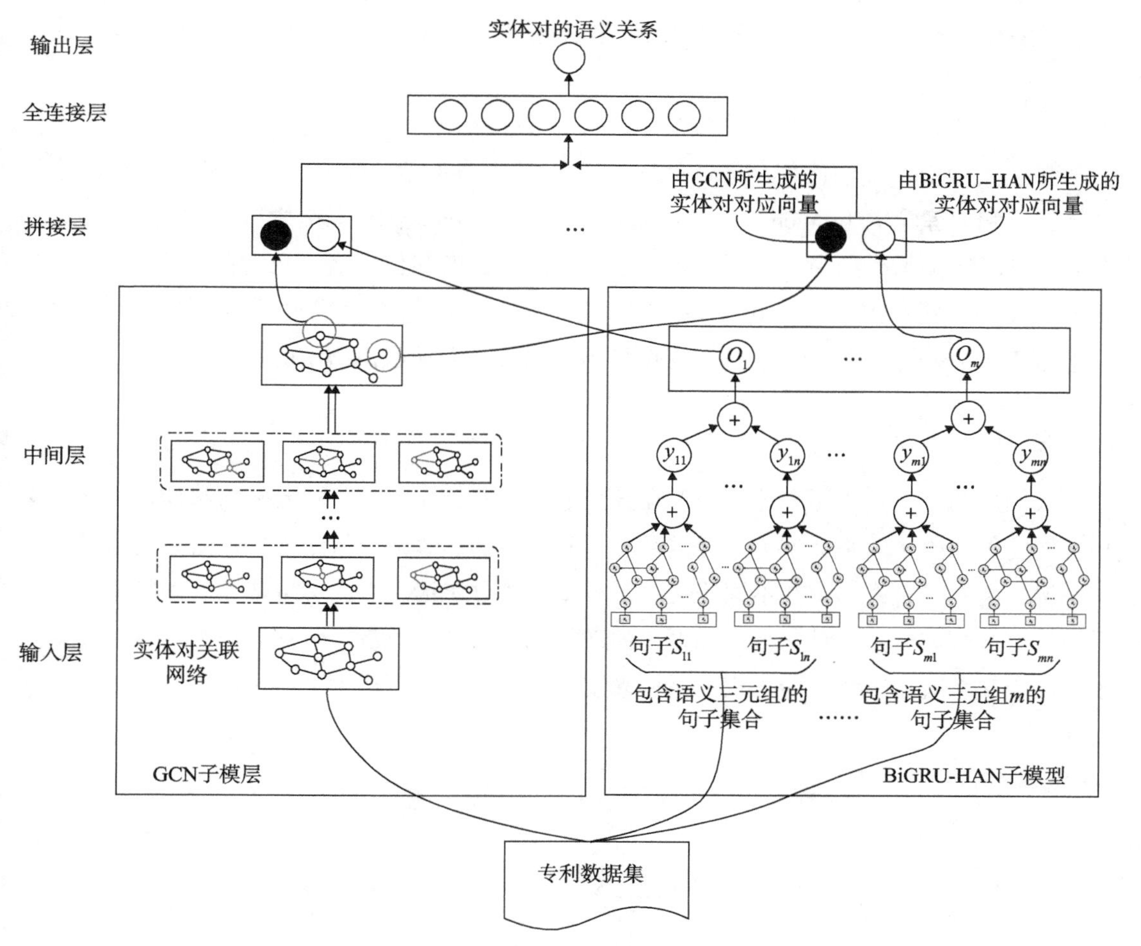

图 3–8　联合模型的详细结构

总体来说，BiGRU-HAN 子模型将提及目标实体对且属于同一类关系的句子集合编码为一个向量，而 GCN 子模型将该目标实体对在实体对关联网络中的结构信息编码为一个向量；之后，这两个对应于同一目标实体对的向量在拼接层被拼为一个向量并输入全连接层来预测目标实体对的语义关系。然而，原始 GCN 是一个全量训练模型，即在模型训练时，需要一次性将全部图结构信息输入模型，而 BiGRU-HAN 则是一个批训练模型。为同步两个子模型，我们将 GCN 的训练方式改造为批训练。实验显示以微平均 F_1 值度量，这种改造会对 GCN 造成大约 1% 的性能损失。

3.4 实证分析

在实证分析中，我们使用两个专利语料库，即 TFH-2020 和 ChemProt。前者已经在第 2 章中详细介绍过，不再赘述；后者包括生物医药科学领域的 3 万篇专利文本，使用 3 种实体类型和 23 种语义关系类型进行人工标注。这两个专利语料库来自不用技术领域，且语义关系类型数量也不相同，因此联合模型的健壮性、扩展性和领域适应性可以得到全面评估。

3.4.1 实验设置

在本实验中，我们使用 TensorFlow 作为深度学习框架、GloVe 作为词嵌入向量词典；句子长度和训练轮次（epoch）被设置为 300 和 50；Adam 优化器的学习率被设置为 0.001；在 BiGRU-HAN 子模型中，句子嵌入长度、词嵌入长度和位置嵌入长度被设置为 230、50 和 5，dropout 概率被设置为 0.5；在 GCN 子模型中，图卷积分层数量和节点嵌入长度被设置为 2 和 16。这些设置均为基于深度学习的语义关系抽取模型中的常用设置。

3.4.2 评价指标

我们用两个平均指标来评价模型在 5 个输出上的总体表现，即宏平均和加权平均。宏平均测度每种语义关系类型上的分类性能，并计算其算数平均值作为总体效果的度量，换句话说，它并没有将样本在不同语义关系类型上的分布情况纳入考量范围；加权平均与宏平均计算方式类似，但是它将每种语义关系类型上的样例数量规范化后作为权重，通过对不同语义关系上的模型性能加权求平均来度量总体效果。严格来说，这两种平均指标的定义如下：

$$B_{\text{macro}}(M)=\frac{1}{q}\sum_{j=1}^{q}B(TP_j,\ TN_j,\ FP_j,\ FN_j); \tag{3-5}$$

$$B_{\text{weighted}}(M)=\frac{support_j}{support_{all}}\sum_{j=1}^{q}B(TP_j,\ TN_j,\ FP_j,\ FN_j)。 \tag{3-6}$$

式中，$B(\cdot,\cdot,\cdot,\cdot)$ 表示从最常用的评价指标（即准确率、召回率、F_1 值）中三选一，

M 表示语义关系类型分类器，q 表示语义关系类型的数量，而 TP_j、TN_j、FP_j、FN_j 表示对于标签 j 来说，它的真阳性、真阴性、假阳性、假阴性样本数量。

3.4.3 实验Ⅰ：TFH-2020 语料库

（1）数据准备

根据 3.3.2 所提出的方法，我们基于 TFH-2020 语料库构建了实体对关联网络。这个网络中有大量孤立节点和小型独立网络，将包含 5 个节点以下（不含 5 个节点）的独立网络去除后，共留下 9 个独立网络，共 9488 个实体对，其中最大的独立网络包含 9437 个实体对。根据 7：3 的比例将这些实体对随机切分后，形成包含 6818 个实体对的训练集和包含 2670 个实体对的测试集。

如 3.3.1 节所述，直觉上来讲实体对之间的关联关系越强，它们属于同一类语义关系的可能性越高，但这种直觉需要数据验证以支持后续工作。对此我们将 TFH-2020 中全部语义三元组进行两两配对，之后计算每个配对上实体对的关联强度，并采用百分位法将不同类型的配对数量分配在矩阵的对应位置。由于空间所限，表 3–3 中仅罗列出同属一类语义关系的配对，并在第一列上使用语义关系类型英文名称的前 3 个字母作为配对标识。例如，(operation，operation) 被写作 ope-ope。在对应行上列出每一关联强度区间的配对数量。例如，ope-ope 对应行的第二列数值为 72，这表明在所有配对中，关联强度位于 90%~100% 的 ope-ope 配对数量为 72。至于不属于一类语义关系的配对，如（spatial relation，part-of），我们将其归结为一类并在第一列最后一行以“not equal”标识。

表 3–3　对关联强度实施百分位法后的配对数量分布情况　　单位：对

两个实体对的语义关系类型	90% ~ 100%	80% ~ 90%	70% ~ 80%	60% ~ 70%	50% ~ 60%	40% ~ 50%	30% ~ 40%	20% ~ 30%	10% ~ 20%	0% ~ 10%
ope-ope	72	34	18	10	17	7	14	1	9	1
com-com	63	3	3	15	7	2	6	11	9	5
att-attr	1563	450	229	261	200	211	165	110	118	131
for-for	76	48	50	48	63	98	105	69	45	57
mad-mad	100	135	509	397	311	151	66	57	32	12
man-man	148	141	74	84	94	51	40	39	21	13
par-par	7166	7900	7906	7001	5873	4780	3851	3975	3693	2956
pur-pur	183	274	215	134	157	81	117	86	120	134
mea-mea	2	0	0	0	0	0	0	0	0	0
oth-oth	0	0	0	0	0	0	0	0	0	0
ali-ali	1	0	1	0	0	0	0	0	0	0
ins-ins	2	8	1	0	6	3	0	6	7	0

续表

两个实体对的语义关系类型	90% ~ 100%	80% ~ 90%	70% ~ 80%	60% ~ 70%	50% ~ 60%	40% ~ 50%	30% ~ 40%	20% ~ 30%	10% ~ 20%	0% ~ 10%
gen-gen	7	4	10	2	2	6	6	2	1	10
cau-cau	224	261	290	295	162	185	209	260	266	331
spa-spa	4421	2684	2359	2277	3723	5225	6166	6387	7249	7104
not-equal	32 157	31 915	31 980	31 631	32 302	32 056	31 616	31 403	30 904	29 960

从表 3–3 中可以看出，除了 cau-cau、spa-spa、mea-mea、oth-oth、ali-ali、ins-ins、gen-gen 和 not equal 外，配对数量普遍和关联强度呈正相关，而语义关系类型 mea、oth、ali、ins 和 gen 在 TFH-2020 中的指称数量本身就比较稀少。换句话说，对于大多数语义关系类型，这种直觉均成立。

（2）实验结果对比分析

实验结果如表 3–4 所示，可见联合模型相对单一模型分类效果取得了明显提升，这一提升以加权平均 F_1 值来测度的话至少为 2.6%，从而验证了实体对关联关系在语义关系分类中的作用；换个角度来说，无连边权重的 WLGCN 相比连边权重的 WGCN 在分类效果上下降了 1.4 个百分点（加权平均 F_1 值），而 BiGRU-HAN-WLGCN 相比 BiGRU-HAN-WGCN 的下降程度更小了，为 0.6 个百分点（加权平均 F_1 值）。这表明在实体对关联网络上，连线的关联强度远没有网络结构重要，当这种影响传递到联合模型后，就会发现 BiGRU-HAN-WLGCN 相比 BiGRU-HAN-WGCN 同样在分类效果上有所下降。这个结论意味着在实体对关联强度计算成为负担的情况下，即便省去这一步骤，联合模型性能也不会有明显下降。

表 3–4　5 个模型在 TFH-2020 上的语义关系分类效果　　单位：%

模型	宏平均			加权平均		
	准确率	召回率	F_1 值	准确率	召回率	F_1 值
WGCN	19.1	18.0	17.5	39.4	46.0	41.0
WLGCN	22.4	18.1	17.9	39.4	45.4	39.6
BiGRU-HAN	42.0	40.5	41.0	63.0	63.4	63.2
BiGRU-HAN-WGCN	45.8	43.5	44.3	66.3	66.7	66.4
BiGRU-HAN-WLGCN	45.3	43.0	44.0	65.6	66.1	65.8

为凸显这 5 个模型在不同语义关系类型上的表现差异，我们在图 3–9 至图 3–11 中展示了每种语义关系类型上预测结果的准确率、召回率和 F_1 值。可以看到，尽管对于大多数语义关系类型而言，联合模型的效果都超出了单一模型，但也有若干例外：

①在准确率上共有 4 个例外，包括在 operation 上无连边权重 GCN 的表现超出联合模型，在 generating、part-of 和 in-manner-of 上 BiGRU-HAN 的表现超出联合模型；

②在召回率上有 1 个例外，即在 formation 上 BiGRU-HAN 的表现超出联合模型；

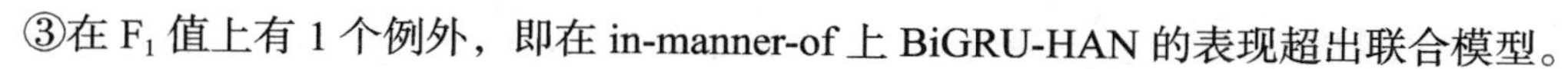

③在 F_1 值上有 1 个例外，即在 in-manner-of 上 BiGRU-HAN 的表现超出联合模型。

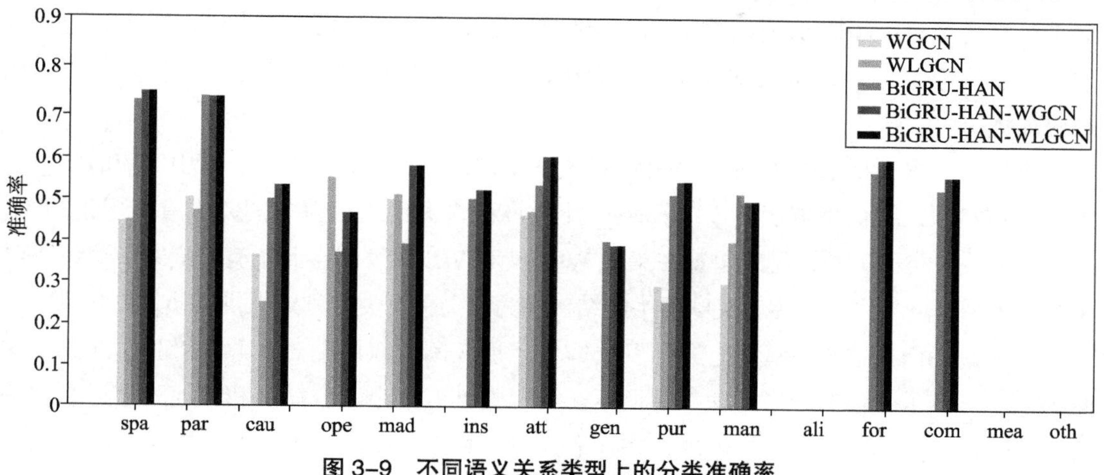

图 3-9 不同语义关系类型上的分类准确率

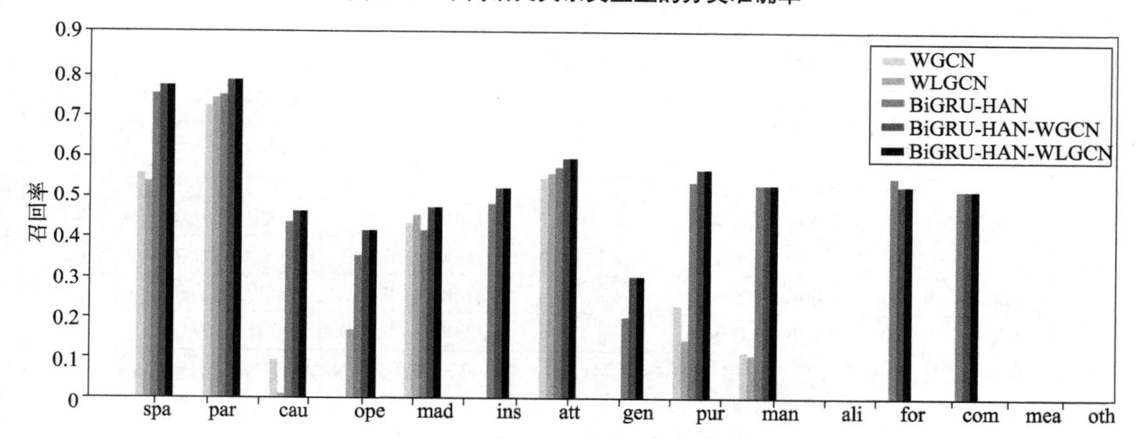

图 3-10 不同语义关系类型上的分类召回率

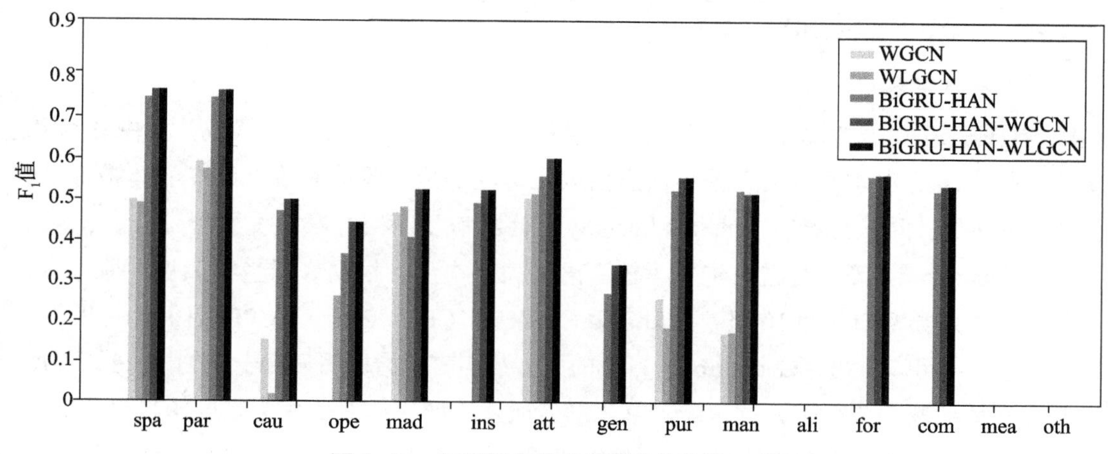

图 3-11 不同语义关系类型上的分类 F_1 值

由此看来，似乎联合模型在这 5 种语义关系类型（即 operating、generating、part-of、formation、in-manner-of）上的表现不如预期。事实上，语义关系类型 in-manner-of 在 TFH-

2020 中的支持度为 997，仅占据语义关系指称总数的 5.7%。换句话说，在占比较少的语义关系类型上，BiGRU-HAN 更加优先。对于其他 4 种语义关系类型来说，尽管它们在准确率或召回率上单一模型表现优于联合模型，但在更加综合的 F_1 值上，联合模型的表现则更加优秀。

另外，将图 3–9 至图 3–11 中各种语义关系类型的表现和它们在表 3–3 中对应的配对数量分布相对照，我们发现表 3–3 中 spa-spa 上关联强度和配对数量之间并没有呈现正相关，但该语义关系类型下的模型效果却在集成 WGCN 和 WLGCN 后得到了有效提升，这说明对于这些关系类型来说，实体对关联网络的结构在为语义关系类型判定提供实质性的帮助。

最后，我们在这 5 个模型上进行了 95% 置信度区间的双尾配对样本 *t*- 检验（two-tailed paired-samples t-test），结果如表 3–5 所示。可以看到，两个联合模型和其他子模型在宏平均 F_1 值和加权平均 F_1 值上的表现存在显著差异，而 WGCN 和 WLGCN 之间则不存在这种显著差异。

表 3–5 TFH-2020 中 95% 置信度区间的双尾配对样本 *t*– 检验结果

宏平均 F_1 值						加权平均 F_1 值					
模型	1	2	3	4	5	模型	1	2	3	4	5
1	—	0.007	0.000	0.000	0.000	1	—	0.504	0.000	0.000	0.000
2	0.007	—	0.000	0.000	0.000	2	0.504	—	0.000	0.000	0.000
3	0.000	0.000	—	0.008	0.003	3	0.000	0.000	—	0.000	0.001
4	0.000	0.000	0.008	—	0.047	4	0.000	0.000	0.000	—	0.045
5	0.000	0.000	0.003	0.047	—	5	0.000	0.000	0.001	0.045	—

注：1—WGCN，2—WLGCN，3—BiGRU-HAN，4—BiGRU-HAN-WGCN，5—BiGRU-HAN-WLGCN。

3.4.4 实验Ⅱ：ChemProt 语料库

（1）数据准备

与 TFH-2020 语料库不同，ChemProt 语料库来自生物医药科学领域，其中化合物、基因、蛋白质的实体及其语义关系信息由人工标注而成。具体来说，所有实体指称被分为 3 种类型，即 chemical、gene-n 和 gene-y；且共有 23 种语义关系类型，如 activator、agonist，antagonist 等。为进一步聚焦核心语义关系类型，根据底层生物属性，原作者将这些语义关系类型归并为 10 组，并命名为 CPR：1、CPR：2、…、CPR：10。

从表 3–2 可以看出，ChemProt 语料库的大多数语言学指标明显低于 TFH-2020 语料库，尤其在实体关联率指标上，这意味着基于前者所建立的实体对关联关系要明显少于后者，换句话说，前者所形成的实体对关联网络较后者更为稀疏。由于过于稀疏的网络不足以训练图神经网络，因此我们将实体对关联关系建立条件加以放松（图 3–12）。最终所形成的实体对关联网络中包含 17 个独立网络，共 7822 个实体对，其中最大的独立网络中包含

7781 个实体对。类似 TFH-2020 语料库的处理方式，我们将实体对按照 7∶3 的比例，随机划分为包含 5585 个实体对的训练集和包含 2237 个实体对的测试集。

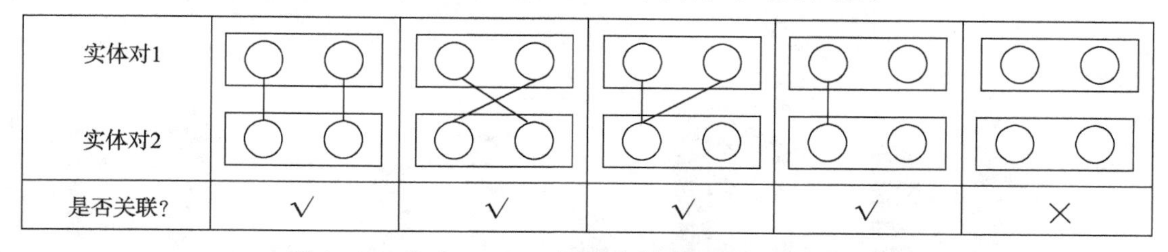

图 3–12　在 ChemProt 语料库中建立实体对关联关系

（2）实验结果对比分析

5 个模型的分类效果如表 3–6 所示，而不同语义关系类型上的分类准确、召回率、F_1 值如图 3–13 至图 3–15 所示。再一次，我们的联合模型在总体性能表现上超出单一模型，但相比 TFH-2020 语料库超出幅度有所降低，以加权平均 F_1 值为例，ChemProt 至少提升 1.5%，而 TFH-2020 则是 2.6%。原因在于前者相比后者在实体对关联关系建立条件上有所放松，从而造成 ChemProt 中的实体对关联强度较 TFH-2020 有所降低，尽管它仍然可以提升联合模型的分类效果。这也从侧面反映出本章所提关联强度计算方法在提升语义关系分类效果上的有效性。

表 3–6　5 个模型在 ChemProt 上的语义关系分类效果

模型	宏平均（%）			加权平均（%）		
	准确率	召回率	F_1 值	准确率	召回率	F_1 值
WGCN	27.9	26.9	26.5	43.9	48.7	45.2
WLGCN	29.8	24.8	24.7	44.1	47.3	43.3
BiGRU-HAN	63.6	62.3	62.3	69.5	69.0	69.0
BiGRU-HAN-WGCN	63.3	64.4	63.6	71.5	70.9	71.0
BiGRU-HAN-WLGCN	63.7	63.7	63.3	71.0	70.4	70.5

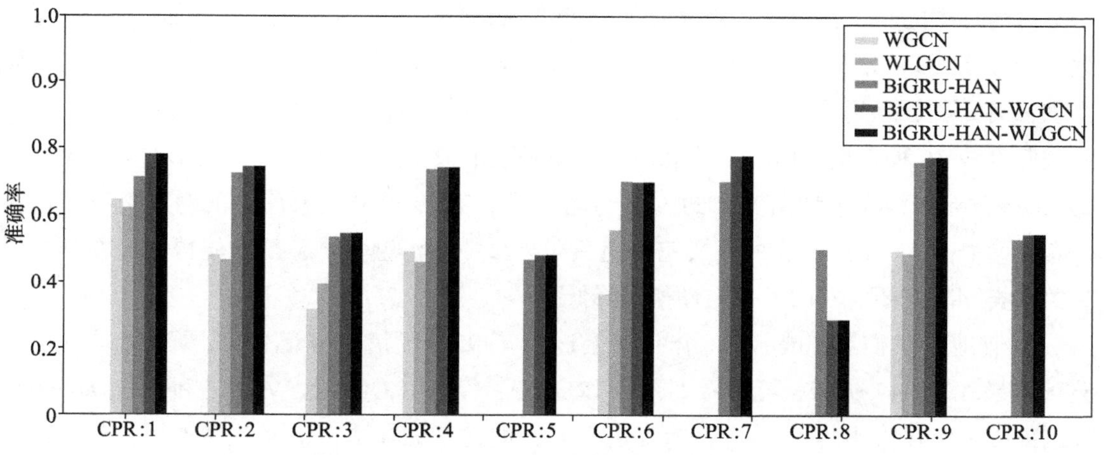

图 3–13　不同语义关系类型上的分类准确率

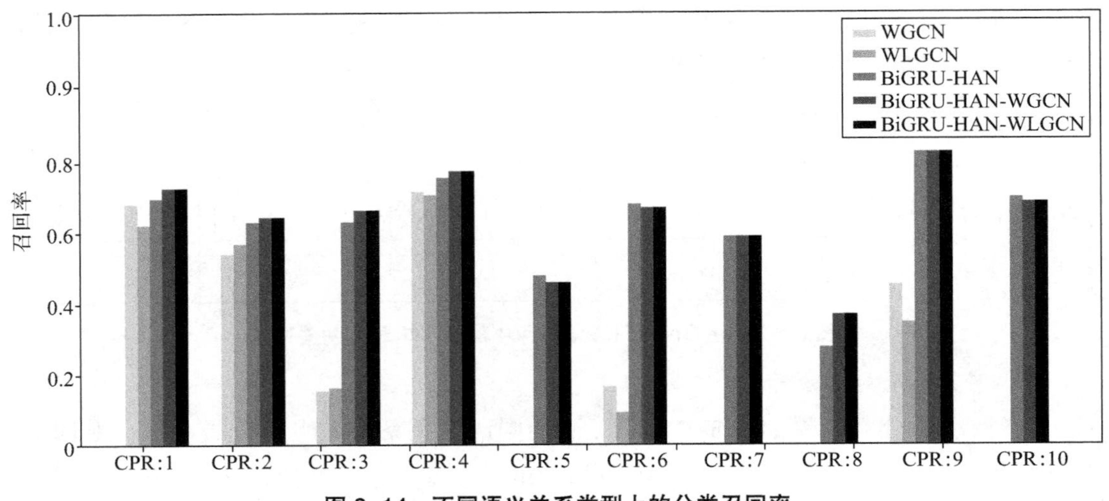

图 3-14 不同语义关系类型上的分类召回率

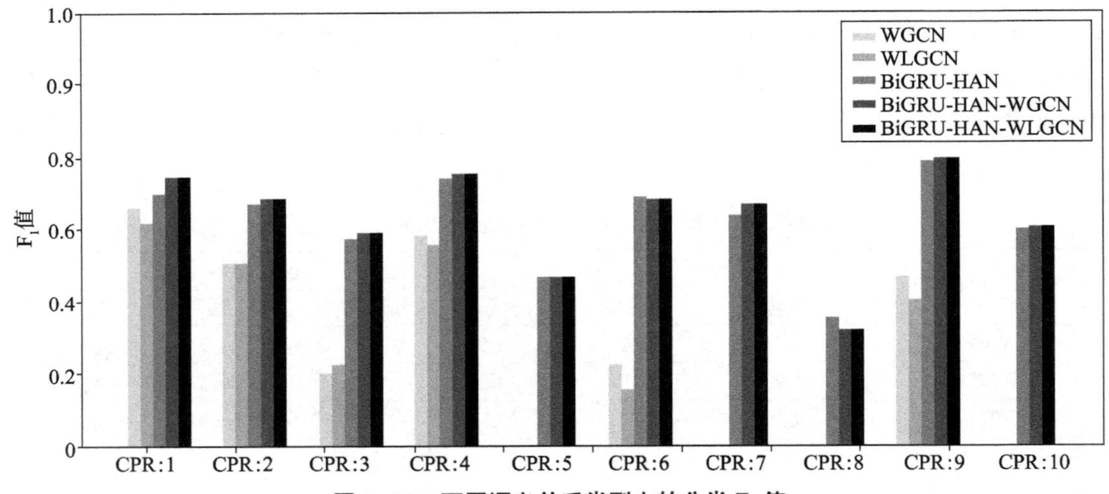

图 3-15 不同语义关系类型上的分类 F_1 值

值得注意的是，我们的联合模型在 ChemProt 语料库上达到了 71.0% 的加权平均 F_1 值，远高于 TFH-2020 语料库的 66.4%。经分析原因有两个方面：① ChemProt 语料库中的实体类型只有 3 种，远远少于 TFH-2020 中的 17 种，尽管前者也有 23 种语义关系类型，但它们被归并成 10 种类型，由于实体和语义关系类型的减少，语义关系分类的难度得以降低；② ChemProt 语料库中词组实体的占比要远远低于 TFH-2020 语料库中的对应情况，这意味着大多数来自 ChemProt 的语义三元组只包含单一词汇型实体，从而使得模型在判断语义关系类型时需要应对的不确定性得以降低。

类似地，我们在 ChemProt 语料库上进行了 95% 置信度区间的双尾配对样本 *t*- 检验，结果如表 3-7 所示。可以看到，BiGRU-HAN、BiGRU-HAN-WGCN 和 BiGRU-HAN-WLGCN 虽然在宏平均 F_1 值上没有显著差异，但在考虑样本在语义关系类型上分布情况的加权平均 F_1 值上，BiGRU-HAN-WGCN 和 BiGRU-HAN-WLGCN 的表现要显著优于单一模型。这再一次说明实体对关联强度指标中编码了有助于提升语义关系分类效果的有效信息。

表 3–7　ChemProt 中 95% 置信度区间的双尾配对样本 t– 检验结果

宏平均 F_1 值						加权平均 F_1 值					
模型	1	2	3	4	5	模型	1	2	3	4	5
1	—	0.001	0.000	0.000	0.000	1	—	0.001	0.000	0.000	0.000
2	0.001	—	0.000	0.000	0.000	2	0.001	—	0.000	0.000	0.000
3	0.000	0.000	—	0.573	0.953	3	0.000	0.000	—	0.000	0.001
4	0.000	0.000	0.573	—	0.422	4	0.000	0.000	0.000	—	0.003
5	0.000	0.000	0.953	0.422	—	5	0.000	0.000	0.001	0.003	—

注：1—WGCN，2—WLGCN，3—BiGRU-HAN，4—BiGRU-HAN-WGCN，5—BiGRU-HAN-WLGCN。

3.5　本章小结

在本章中，我们以信息抽取的一项重要子任务——语义关系分类为例，探索如何使用专利文本的语言特点提升深度学习的模型效果。具体来说，首先通过对比分析 7 种类型的信息标注语料库，梳理出专利文本的独特特点；其次，基于所发现的专利语料库中实体关联率较高的特点，提出实体对之间的关联强度越高，这两个实体对同属一类语义关系的可能性越大的假设，同时提出一种针对专利实体特点的实体对关联强度测度方法；再次，通过对专利语料库开展数据统计，我们发现大多数语义关系类型支持所提假设；最后，我们提出一种由 BiGRU-HAN 和 GCN 结合所形成的联合模型，新模型在专利数据集上的语义关系分类效果取得了显著提升。

回顾整个探索过程，专利特点不难发现，模型思想也不复杂，但在图神经网络技术出现之前，将其他实体对的信息引入当前实体对的关系类型判断中并不容易。在这方面我们曾尝试过多种技术方案。例如，图 3–16a 中利用马尔科夫网络对实体对关联网络建模，使用平均场变分推导求参，并与 BiGRU-HAN 相结合，对于由此导致 BiGRU-HAN 中求导链路的中断问题，我们通过马尔科夫网络和 BiGRU-HAN 交替训练的方式加以解决；图 3–16b 中借助 CRFasRNN 的思想将平均场变分推导转化为循环神经网络以无缝拼接 BiGRU-HAN；甚至将实体对关联网络拆分成每个节点的自我网络，以压缩网络规模、缓解计算压力，但这些方案的效果均不理想。

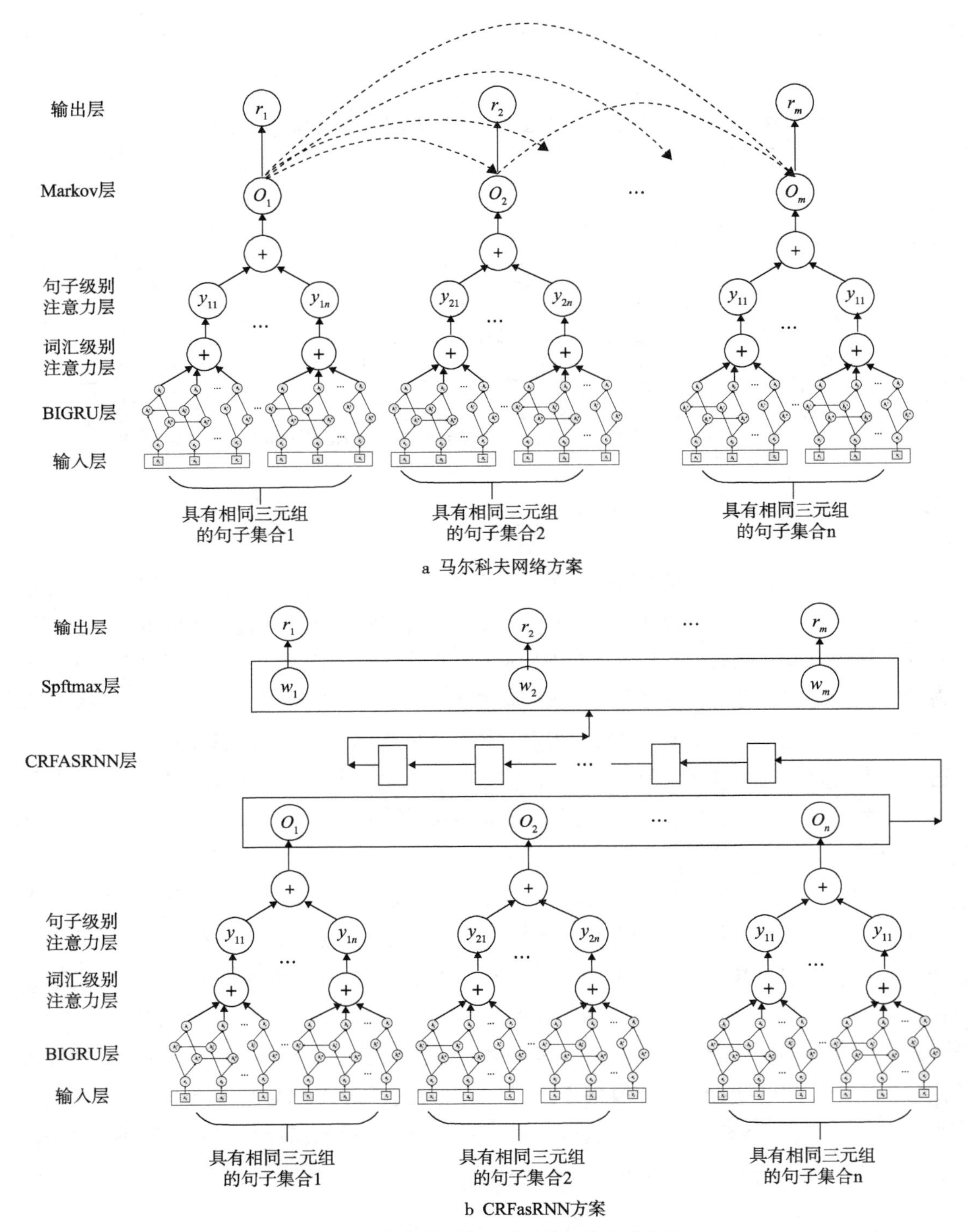

图 3-16 联合模型中尝试过的部分失败方案

后来我们意识到，将机器学习任务中通常所基于的样本独立同分布假设打破是一件很麻烦的事情。样本独立同分布假设能极大简化模型结构，降低求解难度，一旦样本之间不再独立，而是相互关联、彼此依赖，就会使得模型的状态空间迅速膨胀并轻松突破现有计算资源的承载能力，使研究者不得不引入近似求参机制。在这种情况下模型效果能否提升，取决于3个因素叠加后的结余，这3个因素即样本之间的关联信息给模型带来的增益、模型为使用样本关联信息必须做出的改变，以及为了应对这种改变而不得不引入的近似求参机制给模型带来的损失，通常让这种结余为正并不容易。但图神经网络出现后，这种将样本彼此间关联关系纳入模型的做法就变成了常规操作，这也是图神经网络备受学术界和产业界重视的原因之一。

虽然我们所提出的联合模型在专利语义关系分类效果上取得了明显提升，但仍然留下了足够的提升空间。实际上，在专利语料库中建立实体对关联网络时，会产生大量的孤立节点和小微网络，以 TFH-2020 所产生的实体对关联网络为例，规模大于等于 5 个节点的独立网络中所包含的实体对仅占全部实体对数量的 54.5%，有将近一半的实体对未被使用。因此，如何挖掘出表达能力更强、覆盖面更广的关联关系，仍然亟待解决。此外，作为图神经网络的早期方法，GCN 本身也存在诸多不足，如难以适应大型网络、不易对新加入的节点进行泛化等。因此，如何引入图神经网络方向上近年来出现的优秀成果并消化吸收，为专利信息抽取所用，也是一个值得关注的重要问题。

第 4 章

主题模型：利用技术分类号辅助专利主题抽取

作为文本挖掘的经典方法，主题模型出现在大量自然语言处理场景中。它创造性地在语料库的篇章和词汇之间添加了一个主题维度，以形成对语义的高度抽象和压缩表示。一般来说，解释性良好的主题表示需要建立在语料丰富、内容区分度明显的文档集合上，但专利数据集通常聚焦于某一具体技术、内容高度聚焦，从而使常规主题模型，如 LDA（Latent Dirichlet Allocation）所抽取的主题不仅难以解读，而且不同主题之间的差异也难以区分。对此，本章提出了一种应对方法，即将专利文献自带的技术分类号引入主题模型的推导过程之中，进而获取以技术分类号及其上层编号作为主题的主题 – 词汇分布，实现专利文本的主题解读。不仅如此，新模型还可用于命名实体识别、关键词抽取，乃至主题词表自动构建，以支持不同的专利分析需求。

4.1 引言

早期的文本挖掘研究主要使用空间向量模型和统计语言模型来表示文本内容，随着文本挖掘相关理论的发展和计算机技术的提高，人们开始尝试使用潜在语义作为文本的表达方式。所谓潜在语义，即一组在语义上相关的词汇所组成的聚簇，这也构成了后来主题模型的核心思想。LSI（Latent Semantic Indexing）[135] 模型是这一方面的早期成果，该模型使用奇异值分解将语料库对应文档 – 词汇矩阵 $\boldsymbol{A}_{t*d}$ 拆分为 3 个矩阵：

$$\boldsymbol{A}_{t*d}=\boldsymbol{T}_{t*n}\boldsymbol{S}_{n*n}\left(\boldsymbol{D}_{d*n}\right)^{\mathrm{T}} \tag{4–1}$$

式中，t 是词典中的词汇数量，d 是语料库的文档数量，$n=\min(t, d)$，$\boldsymbol{S}_{n*n}$ 是包含 n 个奇异值的对角矩阵，奇异值沿对角线降序排列，$\boldsymbol{T}_{t*n}$ 是由 $\boldsymbol{A}_{t*d}\boldsymbol{A}_{t*d}'$ 的 n 个特征向量所组成的矩阵，$\boldsymbol{D}_{d*n}$ 是由 $\boldsymbol{A}_{t*d}'\boldsymbol{A}_{t*d}$ 的 n 个特征向量所组成的矩阵。从潜在语义角度来说，n 代表了潜在语义的数量，$\boldsymbol{T}_{t*n}$ 中每一行表示词典中相应词汇在各个语义维度上的权重，$\boldsymbol{D}_{d*n}$ 中每一行表示语料库中相应文档的内容在各个语义维度上的分布，$\boldsymbol{S}_{n*n}$ 中每一个奇异值代表了相应的潜在语义在整个语料库中的重要程度。

虽然 LSI 模型创造性地在文档和词汇之间引入了语义维度，然而其在抽取潜在语义时使用的线性代数方法，存在算法时间复杂度过高、无法使用观测数据优化潜在语义抽取过程等固有缺陷。2001 年，Hofmann 对 LSI 模型做了概率扩展，提出了基于概率统计的

PLSI（Probabilistic Latent Semantic Indexing）模型[225]，该模型假设整个语料库具有 K 个主题，其中每个文档具有一个在 K 个语义上的特定概率分布，而每个语义对应一个在词典中所有词汇上的特定概率分布，相比较 LSI 模型，该模型在语义可解释性和算法复杂度上都有所优化，同时方便进行拓展，如引入作者、地址、时间维度等，然而该模型同样存在无法应用先验知识的缺陷。另外，PLSI 中待估参数个数会随训练集规模线性增加，从而引发过拟合现象。2003 年，Blei 等将 PLSI 放入贝叶斯统计的框架内，提出了 LDA 模型[226]，这是主题模型第一次被显式提出，这里的主题实质上即是潜在语义维度，在 LDA 模型中，Blei 用一个服从 Dirichlet 分布的 T 维隐含随机变量表示文档的主题概率分布，Griffiths 等[227]又对 β 参数施加 Dirichlet 先验分布，使 LDA 模型成为一个完整的生成模型（图 4–1）。

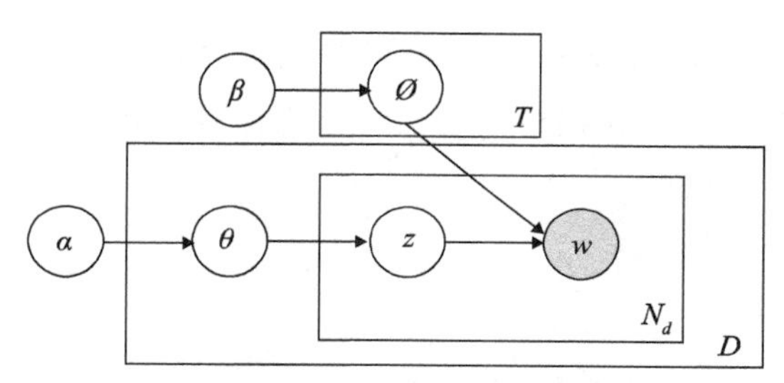

图 4–1　LDA 模型概率图结构

4.2　主题模型在专利分析中的应用

当前将主题模型应用于专利分析的研究工作主要分两种类型：其一是直接将现有主题模型应用于由专利文献构成的语料库上；其二是根据专利信息的结构特征和分析目的，提出新的主题模型。在第一种类型上，Krestel 等[228]分别使用 LDA+LM 和 DMR 来度量专利的文本相似度，并基于相似度来为待查询专利推荐相似专利；范宇等[229]采用 LDA 作为降维工具来处理专利文本，之后使用 OPTICS 算法对降维后的专利信息进行聚类；Kim 等[230]使用 Kmeans 方法对文档聚类，之后对每一个聚簇使用 LDA 抽取其潜在主题，用以描述该聚簇所涉及的主要技术；王亮等[160]利用 HDP 可以自动确定主题数量的特点，通过分析不同时间窗内主题的分流与合流，来挖掘主题随时间演化情况。在第二种类型上，王博等[231]在 LDA 基础上，尝试构建一个 LDA 机构 – 主题模型，以达到对专利知识客体和专利知识主题联合分析的目的，然而该模型给出的每个主题对应一个在所有研发机构上的特定概率分布的假设，合理性有待商榷；Tang 等[232]综合了专利文本、发明人和专利权人 3 类信息，提出一种新的主题模型—— ICT（Inventor Company Topic）模型，该模型可以直接推断出发明人 – 主题分布、专利权人 – 主题分布，以及主题 – 词汇概率分布，间接获取专利 – 主题分布，除此之外，他们还在 ICT 模型基础上考虑到时间因素，提出了扩展模型—— DICT（Dynamic Inventor Company Topic）模型，以识别各专利权人和发明人相关主题的变化趋势。

然而，专利文本毕竟不同于普通文本。从普通文本（如新闻报道）中获得可读性良好的主题表示是一件相对容易的事情，因为在新闻报道中政治、经济、军事、娱乐等不同板块内容差异大、区分度明显，是训练主题模型的理想语料；但专利数据集通常被限定于某一狭小技术范围，内容聚焦、术语聚集，这极大增加了高可读性主题的获取难度。具体来说，专利文本中所描述的发明对象内容复杂多变，一种元器件、原材料可以以多种方式服务于多种技术，一种技术包含多种元器件、原材料，具有多种实现方案，传统主题模型以拉大主题之间的距离来抽取主题，但这种做法会将技术间、元器件间高度精密、细化的层次关系拍平，使同一主题内容庞杂，不同层次的元器件、技术、功能、效果、形状、属性、状态、度量指标等掺杂其中，难以判读。另外，从词汇层次来看，专利中存在大量词组型概念、实体及其变体，它们一经拆解原含义就会荡然无存，但 LDA 等一大批 uni-gram 类型模型以单个词汇为单元构建主题，而不考虑这些词汇的位置及其前后词汇，从而进一步降低了主题可解释性。

4.3 反思

该如何解决主题内容混杂、可解释性弱，不同主题之间关系难以判断的问题？一种理想方式是舍弃主题模型，转用领域本体的方式来描述专利数据。所谓本体，即“共享概念模型明确的形式化的规范说明”，可用来阐述某专业领域的知识结构。相比主题表示，本体不仅明确规定表示该领域知识所使用的词汇，同时提供标准化语言对这些知识进行获取、标注和组织，形成便于人和机器均能理解和操作的概念模型。对于专利来说，本体表示可以将其中所涉及的零部件、原材料，包含的科技概念、原理、运行机制，甚至实现的功能效果，以实体及其关系表示出来，与基于词袋模型的主题表示相比，这种表示能力无疑要强大得多。

但传统领域本体的获取依赖领域专家的专业知识，专家资源本身的稀缺性和科技发展速度的不断加快，使得该方法存在低效、高成本和不可跨领域复制的缺点；虽然学术界也提出诸多方法来自动构建领域本体，并在长期发展中形成了包括命名实体识别、语义关系抽取、事件抽取、实体链接在内的庞大方法家族。然而，就目前来说，尤其当面向专利数据时，基于机器学习方法的领域本体自动构建更多属于学术探索的范畴。

那么有没有折中的方法？我们曾设计了一个技术方案[233]，用层次主题模型 Hierarchical LDA 来学习专利数据中各个技术组件之间的结构关系，用关联规则解决 uni-gram 问题。虽然该方案能提炼出技术主题之间的相互关系，但在可解释性上依然存在不足。

后来我们意识到，为什么非要从专利数据中学习一个知识结构不可？

实际上，现有的专利分类体系已经过多方专家的严密考量和精心设计，并且在世界各大主要专利数据库中获得了广泛应用。例如，IPC 是世界专利分类的通用标准，被广泛应用于世界上主要国家的专利数据。除此以外，也有机构同时使用其他专利分类体系对自家专利进行标注，如美国专利商标局使用的 USPC、美国专利商标局和欧洲专利局共同使用的 CPC、日本专利特许厅使用的 FI/F-Term、德温特专利检索数据库使用的德温特手工代码等。这些专利分类体系具有一些共同特征，即分类体系均为抽象层次由高到低的树状结构、每个节点代表着具体的技术范围、随技术发展这些分类体系不断更新版本以覆盖最新的技术发展现状。在对专利进行技术类别标注时，业务人员根据其所使用的技术分类体系对该专利分配对应技术分类号，如果该专利涉及两个以上技术领域，则会同时被分配多个技术分类号。

这给了我们一个思路：将专利所包含的技术分类号作为类别标签，将技术分类号在技术分类体系中的相关节点作为主题标签，来指导专利文本的主题抽取。以专利 CN107427363B 为例，它的 IPC 号码有 A61F2/18、A61F11/00、A61F11/04、H01R25/00，那么该专利的类别标签就是这 4 个 IPC 号码，它的主题标签除此以外还包括它们的上层 IPC 号码，即 A61F2、A61F11、H01R25、A61F、H01R、A61、H01、A、H。在主题模型训练时，类别标签从技术类别层面来指导词汇分配，在本示例中就是将专利词汇的技术类别限制在 A61F2/18、A61F11/00、A61F11/04、H01R25/00 之内进行四选一；主题标签从内容概括层面来指导词汇分配，就是说在为当前词汇分配好技术类别以后，还需要确定该词汇从哪个层面对技术内容进行描述，是抽象宽泛的概括？还是具体详尽的介绍？本例中，假设为当前词汇分配 A61F2/18 的技术类别，接下来就需要从 A、A61、A61F、A61F2 和 A61F2/18 中五选一来分配当前词汇的概括层次。这样一来，不仅不同技术类别的内容被区分开来，而且同一技术类别下不同概括层次的内容也被区分开来，从而优化了主题的可解释性。

除此以外，将技术分类号引入主题模型的另一个好处是在对主题和主题之间关系判读时，主题－词汇概率分布不再是唯一的参考依据，技术分类体系的官方文档本身就包含了对各个技术分类号及其关联信息的详尽说明，因此可以将主题－词汇概率分布和官方文档两者交叉印证，以判读主题及其相互关系，并评价主题模型的效果优劣。传统主题模型的评价指标一直以概率指标（如困惑度、似然度）为主，缺乏基于主题内容的模型评价方式，而我们所提的主题设定方式，为主题模型评价提供了新的思路。实际上，在本章实证分析时，我们正是基于这种思路，对不同版本的主题模型实现展开对比分析。

当然，我们也注意到学界的一些相关工作。例如，Petinot 等[234]提出的 HLLDA 模型、Mao 等[235]提出的 SSHLDA 模型可以以分类体系中的每个节点作为主题，根据文档内容及其所属分类号，来推断出每个主题对应的词汇概率分布，然而其预先设定一个文档只属于一个分类号的假设，并不符合同一个专利往往同属于多个分类号的实际情况；还有些主题模型，如 Labeled LDA[236]、Author-Topic Model[237]，虽然可以应对专利文档的多标签现象，然而这两种模型假定所有标签之间位置平行，不存在一个树状结构将其关联起来。

4.4 方法

依据上述思路，我们提出一种新的主题模型，即 PC-LDA（Patent Classification-Latent Dirichlet Allocation）模型，其概率图结构如图 4–2 所示。

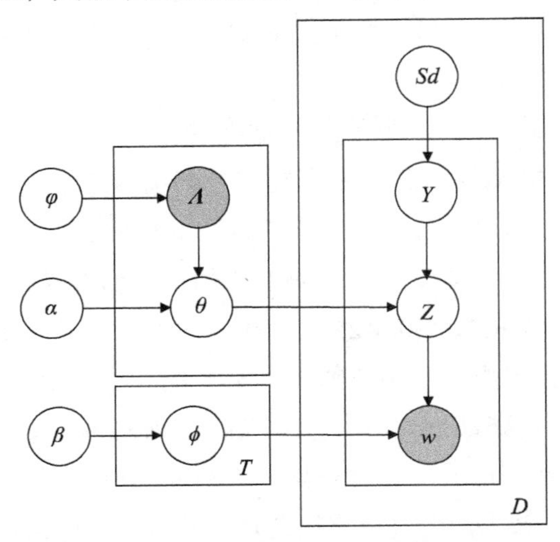

图 4–2 PC-LDA 模型概率图结构

4.4.1 PC-LDA 模型介绍

在 PC-LDA 模型的假设中，撰写专利 d 之前需要预先拿到标注专利所使用的技术分类体系，以及该专利被分配的技术分类号集合 S_d。我们为这个技术分类体系设立一个虚拟根节点，从而将技术分类体系连成一棵完整的树。当撰写专利时，首先从 S_d 中等概率抽取一个分类号 y；之后获取从技术分类体系根节点到分类号 y 这条通路上的所有主题列表，并随机从对应的分类号 - 主题概率分布 $\theta^{(y)}$ 中抽取一个主题；最后，从被选中主题对应的主题 - 词汇概率分布 ϕ 中抽取一个词汇 w，从而生成该专利的第一个词汇；依此类推，最终生成该专利的全部文本内容。注意，为模型表述清晰，我们将 S_d 内成员称为技术分类号，而在利用技术分类体系将 S_d 拓展成一棵树时，我们将这棵树上的所有节点称为主题，虽然它们同样也是技术分类号。

我们以图 4–3 为例对上述过程加以详细说明。在该例中，一件专利被分配了 A1、A2、B1 这 3 个技术分类号，这 3 个技术分类号在技术分类体系中的位置如图 4–3a 所示，因此可知该专利包含了 root、A、B、A1、A2、B1 共 6 个主题。当撰写专利的一个词汇时，首先从这 3 个技术分类号中随机抽取一个分类号作为要撰写的技术方向，假设是 A1，如图 4-3b 所示；此时从技术分类体系的根节点 root 到 A1 会确定一条通路，即 root → A → A1，如图 4-3c 所示，这条通路上不同节点代表着从不同抽象层次上撰写 A1 的技术内容；随机从这条通路上抽取一个节点，假设是 A，如图 4-3d 所示，表示从第二个层次上撰写 A1 的技术内容；从 A 所对应的主题 - 词汇分布上随机抽取一个词汇，至此完成专利中一个词汇的撰写过程。

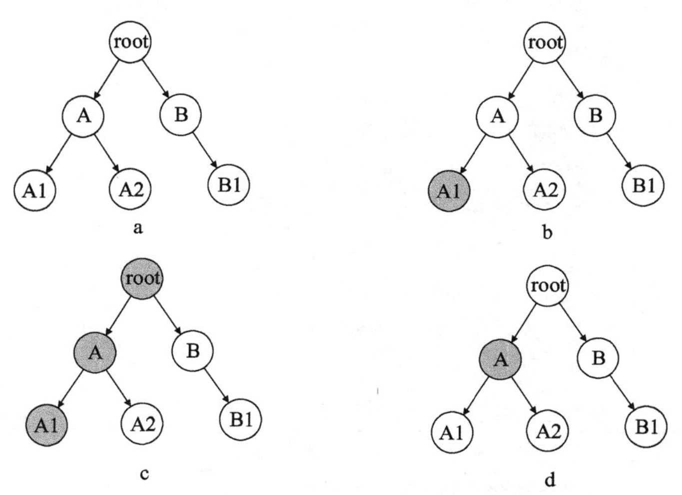

图 4-3　PC-LDA 中文档生成过程示例

对 PC-LDA 的严格伪码表述如下所示，相关符号及其说明如表 4-1 所示。

①对于每一个主题 $z \in \{1, \cdots, T\}$：

　　生成 $\phi_z = (\phi_{z,1}, \cdots, \phi_{z,V}) \sim \mathrm{Dir}(\cdot|\beta)$。

②对于每一个分类号 y：

　对于每一个主题 $z \in \{1, \cdots, T\}$：

　　生成 $\Lambda_y^{(z)} \in \{0, 1\} \sim \mathrm{Bernoulli}(\cdot|\varphi_z)$；

　　生成 $\alpha^{(y)} = \boldsymbol{L}^{(y)} * \alpha$；

　　产生 $\theta^{(y)} \in (\theta_{y1}, \cdots, \theta_{yT}) \sim \mathrm{Dir}(\cdot|\alpha^{(y)})$。

③对于每篇文档 d：

　对于每一个词汇 $w_i \in \{1, \cdots, N_d\}$：

　　生成分类号 $y_i \sim \mathrm{Uniform}(S_d)$；

　　生成主题 $z_i \in \{\lambda_1^{(d)}, \cdots, \lambda_T^{(d)}\} \sim \mathrm{Multi}(\cdot|\theta^{(y_i)})$；

　　生成词汇 $w_i \in \{1, \cdots, V\} \sim \mathrm{Multi}(\cdot|\phi_{z_i})$。

表 4-1　模型符号及其说明

符号	说明
T	主题数量
D	文档数量

续表

符号	说明
V	词项数量
S	分类号数量
L	长度为 T 的指示向量，每个元素从 {0，1} 中取值
y	分类号
z	主题
w	词汇
N_d	专利文档 d 中单词的数量，即文档 d 的长度
S_d	专利文档 d 中分类号集合
$z_{d,n}$	文档 d 中第 n 个单词的主题分配情况
ρ_d	专利文档 d 的文档－分类号概率分布
$\theta^{(y)}$	分类号 y 的分类号－主题概率分布
ϕ_z	主题 z 的主题－词项概率分布
$w_{d,n}$	文档 d 的第 n 个单词
$\Lambda_y^{(z)}$	分类号 y 对应主题 z 的标记向量
φ_z	标记向量 Λ 中主题 z 的标记先验参数
n_{zw}	词汇 w 被分配到主题 z 的次数
n_{yz}	主题 z 被分配到分类号 y 的次数
α	分类号－主题 Dirichlet 先验分布的参数
β	主题－词汇 Dirichlet 先验分布的参数
G	坍缩吉布斯采样方法的重复运行次数

4.4.2 学习和推导

在 PC-LDA 中，我们有两类待估参数，分别是 S 个分类号－主题的概率分布 θ 和 T 个主题－词汇的概率分布 ϕ。这里我们使用惯常的坍缩吉布斯采样方法（Collapsed Gibbs Sampling）进行参数估计，具体采样公式：

$$p\left(y_i=s,\ z_i=k|W,\ Z_{-i},\ Y_{-i},\ \alpha,\ \beta,\ \varphi,\ S\right)\propto\frac{\alpha_t+n_{sk}-1}{\sum_{t=1}^{T}(\alpha_t+n_{st})-1}*\frac{\beta_w+n_{kw}-1}{\sum_{w=1}^{V}(\beta_w+n_{kw})-1}。\quad(4\text{-}2)$$

一旦通过坍缩吉布斯采样为每个分类号分配词汇，就可以估算出参数 θ 和 Φ：

$$\hat{\theta}_{st}=\frac{\alpha_t+n_{st}}{\sum_{t=1}^{T}(\alpha_t+n_{st})};\quad(4\text{-}3)$$

$$\hat{\Phi}_{tw}=\frac{\beta_w+n_{tw}}{\sum_{w=1}^{V}(\beta_w+n_{tw})}。\quad(4\text{-}4)$$

具体公式推导过程见附录二。

由于每个文档的主题分布和分类号分布不在模型参数之内，无法直接通过模型参数估计得到，但可以借助坍缩吉布斯采样结果间接求得，其中求每个文档的主题分布的方法就是将每个文档中被分配到各个主题的词汇除以该文档总词汇数，求文档的分类号分布与此类似。

此外，我们经常需要推导出对训练集外新专利的主题分配情况，这就是折叠查询问题。相比较将新文档加入训练集重新跑一遍主题模型的做法，更加高效的策略是固定主题－词汇概率分布不变，只在新文档上应用坍缩吉布斯采样方法，来产生每个词汇所分配的主题和分类号。在 PC-LDA 中，新文档包括专利文本及其所属分类号，折叠查询时首先将新文档中各个词汇随机分配到其所属分类号及其相关主题上，然后使用坍缩吉布斯采样方法推算出这些分类号及其相关主题所对应的概率分布，采样公式同样是式（4–2）。

4.5 模型效果评价

在主题模型评价上，除了常规用于语言模型的困惑度评价指标外，由于 PC-LDA 模型本身的特殊性，我们另外提供两种模型评价方法，即对照技术分类号说明文档的评价方法和对照实体标注的评价方法，下面分别展开介绍。

4.5.1 困惑度（perplexity）评价方法

困惑度是评价语言模型泛化能力的标准指标，通用公式如式（4–5）所示，困惑度越小的模型泛化能力越强。具体到 PC-LDA 模型中，对测试集中文档 D^{test} 的困惑度计算如式（4–6）所示。其中，G 是坍缩吉布斯采样方法的重复执行次数，之所以重复执行，是因为采样方法固有的随机性导致每次运行得到的困惑度并不相同，为得到一个相对稳定的结果，需要多次执行坍缩吉布斯采样方法（如 10 次），然后求平均困惑度；$|D^{test}|$ 是测试集的文档数量；$|S_d|$ 是测试文档 d 所包含的技术分类号数量；θ_{st}^{g} 是在第 g 次折叠查询时所推导出技术分类号 s 上主题 t 的概率值，由于折叠查询时保持主题－词汇概率分布固定不变，所以 $\Phi_{w_d t}$ 直接使用模型在训练完成后的所得参数即可。

$$\text{perplexity}\,(\widetilde{W}|M)=\exp-\frac{\sum_{d=1}^{D}\log p(\overrightarrow{\widetilde{w_{\tilde{d}}}}|M)}{\sum_{d=1}^{D}N_d}; \qquad (4\text{–}5)$$

$$\text{perplexity}\,(W_d|S_d)\approx\frac{1}{G}\sum_{g=1}^{G}\prod_{d=1}^{|D^{\text{test}}|}\left[\frac{1}{|S_d|}\sum_{i\in S_d,t}\theta_{st}^{g}\phi_{w_d t}\right]。 \qquad (4\text{–}6)$$

4.5.2 对照技术分类号说明文档的评价方法

由于官方文档已经对技术分类号做了权威说明，因此可以将其作为依据，来度量主题模型对每个技术分类号中重要词汇的识别效果。具体来说，我们借鉴信息检索中的

Recall@K 评价方式，通过统计每个主题上排名前 k 的词汇（或词组）是否出现在官方文档中对应条目上，对主题模型的效果进行评价，具体计算公式：

$$\text{Recall@}K=\frac{\sum_{t=1}^{T} n_{t,k}}{\sum_{t=1}^{T} n_{t,all}}。\tag{4-7}$$

式中，$n_{t,all}$ 表示在包含主题 t 的专利中，与主题 t 的说明条目共现的无重复词汇数量；$n_{t,k}$ 表示在技术分类号 s 的说明条目中，技术分类号 s 所对应的主题 – 词汇分布中排名前 k 的词汇数量。

4.5.3 对照实体标注的评价方法

虽然技术分类号说明文档为主题模型的效果评价提供了一种新的思路，但局限性也十分明显，即技术分类号说明文档仅对相应技术类别进行了简要说明，将其引入模型效果评价虽然从一定程度上反映了主题模型之间的差异，但无法覆盖相关技术类别的丰富内涵和发展前沿，因此评价能力有限。随着可公开获取的专利文本标注数据集的日益增多，另一种可选的主题模型评价方法是以这些数据集中标注的命名实体为基准，来核验每篇文档中重要性排名靠前的主题词汇（或词组）与这些命名实体的匹配程度。其中，词汇 w 在文档 d 和主题 z 上的重要性计算方法：

$$Score(m, z, w)=\sum_s \hat{\rho}_{ds}\theta_{st}\hat{\phi}_{tw}。\tag{4-8}$$

由于专利中主要的技术内容，如零部件、功能、效果、科学概念、位置、工艺等，均以实体形式存在，与它们的匹配程度越高，说明主题词的识别效果越好，这里我们提供了两种匹配策略：①精确匹配，只有标注实体和主题词完全一致时，才被认为是一次正确识别；②重叠匹配，只要标注实体和主题词存在重叠词汇，就被认为是一次正确识别。为清楚起见，我们以图 4–4 中的句子为例加以说明，该句子包含了 3 个实体，即“inductive head”“leading write pole”“trailing write pole”，根据精确匹配策略，只有“inductive head”被正确识别，但当策略换成重叠匹配时，3 个实体均被正确识别出来。

金标准	The **inductive head** includes a **leading write pole** and a **trailing write pole**
主题词	The **inductive head** includes a leading **write pole** and **a trailing** write pole

图 4–4 匹配规则示例

4.6 实证分析

为验证本章所提主题模型的效果，我们使用了美国专利商标局的英文专利标注数据集 TFH-2020。由于该数据集中仅包含 1010 篇专利摘要，数量偏少，我们又从美国专利商标局检索平台上另外检索得到硬盘薄膜磁头相关专利 10 000 件，将其中信息缺失、内容重复专利去除后，得到有效专利 8648 件，将其作为训练集，而以 TFH-2020 作为测试集，形成最终包含 9658 条记录的英文专利数据集 TFH-2020-extention。

在 TFH-2020-extention 中，用于标注的 IPC 号码共 8781 个，上钻到大组、小类、大类、部后，分别包含 IPC 号码 2360 个、488 个、129 个和 7 个。为阐述清楚，我们仍然以图 4–3 为例加以说明，在该例中专利被分配了 A1、A2、B1 3 个原始分类号，当将其上钻到第二层次时该专利的分类号是 A、B，继续上钻后分类号归并为 root。从中看到，不同 IPC 号码上的专利分布严重不均衡，在各个部上，专利数量分别为 585 件、2092 件、1062 件、79 件、79 件、273 件、3311 件。下探到大类、小类、大组、小组后，专利分布情况如图 4–5a 至图 4–5d 所示，其中横轴是包含同一 IPC 号码的专利数量，纵轴是具有相同专利数量的 IPC 号码数量。举例来说，假设 4 个专利包含的 IPC 号码分别是（A，B，C）、（B，C，D）、（A，C，D）、（D），那么包含 A、B、C、D 的专利数量就对应着横轴坐标上的 2 件、2 件、3 件、3 件，而具有相同专利数量 2 件的 IPC 号码数量为 2 个，具有相同专利数量 3 件的 IPC 号码数量也为 2 个，它们对应着纵轴上的相应坐标。从图中可以看到，在这 4 个层次上大多数 IPC 号码只存在于 5 件以内专利上，存在于 1000 件以上专利上的 IPC 号码数量在 10 个以下。

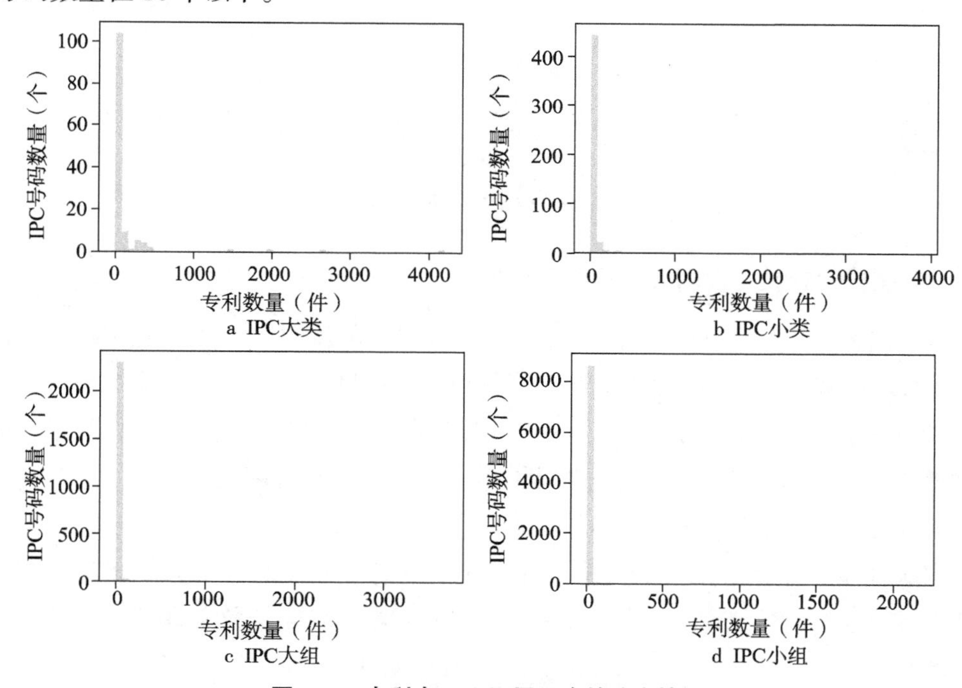

图 4–5 专利在 IPC 不同层次的分布情况

为探索各个主题模型在不同 IPC 层次上的效果，我们除了使用原始 IPC 标签外，还将 IPC 标签上钻到大组、小类，共训练出 3 个版本的 PC-LDA 主题模型。在模型超参数设置上，按照惯例我们将 α、β 设置为 0.5 和 0.1，迭代轮次设置为 100。由于对照实体标注的评价方法需要将主题标签分配到原始文本的每个词汇，以识别命名实体并与金标准进行比对，所以文本预处理仅去除标点符号，不再执行删除停用词、低频词、抽词干及词形还原等常规操作。

4.6.1 困惑度模型评价

在不同 IPC 层次下，3 个版本的 PC-LDA 模型在训练过程中的困惑度变化曲线如图 4–6 所示，可见随着IPC标签的上钻，模型困惑度在不断增长。这不难理解，IPC上钻层次越高，专利中所包含的 IPC 标签就越少，而困惑度通常会随主题数量的减少而增长，反映到单一主题上来说，就是随着 IPC 上钻层次的提升，主题的指向愈发抽象、模糊，内容逐渐混杂。

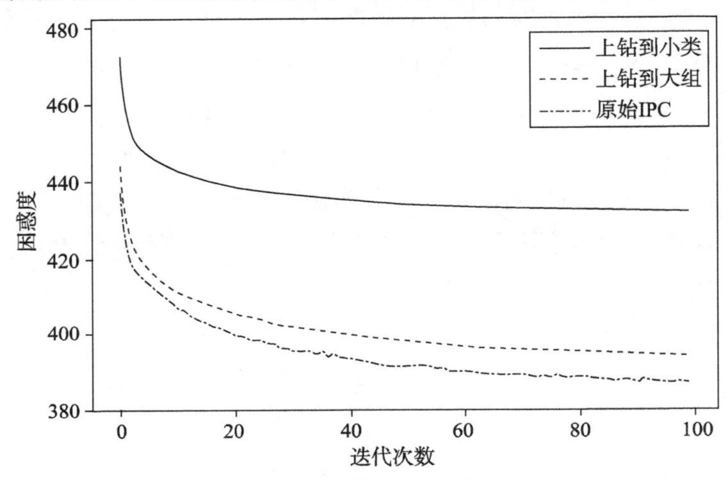

图 4–6 不同 IPC 层次的模型困惑度变化曲线

4.6.2 对照技术分类号说明文档的模型评价

与基于困惑度的模型总体评价不同，对照技术分类号说明文档可以让模型评价深入单一主题的技术内容上来，从而对模型进行详细评价。这里的评价工作从两个方面展开：其一是评价单一 PC-LDA 模型在不同层次 IPC 分类号上的主题内容；其二是评价不同 PC-LDA 模型在同一层次 IPC 分类号上的主题内容。下面分别展开叙述。

（1）不同层次的主题评价

我们选择基于原始 IPC 分类号训练出来的 PC-LDA 模型展开不同层次的主题评价，原因是该模型版本同时包含了 5 个 IPC 层次的主题抽取内容，是最全面的评价对象，评价结果如图 4–7 所示。从中可见，除了在部上始终为 0 外，其他 4 个层次上 Recall@K 均随 K 值的增长而逐步提升；在相同 K 值下，随着层次从部到小组逐步下探，模型训练愈加充分，而相应 Recall@K 在不断提升。为深入探究不同层次上的主题内容，我们随机从模型中选择两个 IPC 原始分类号 G11B5/596 和 H01L27/146，并将这两个分类号连同其上层 IPC 分类号所对应排名前 10 的词汇罗列出来（表 4–2）。

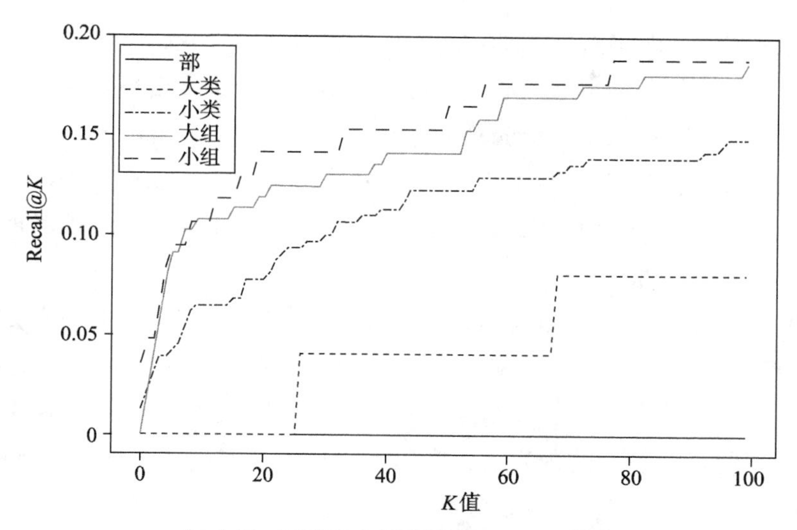

图 4–7　不同 IPC 层次的 Recall@*K* 得分

表 4–2　不同层次 IPC 分类号对应的主题 – 词汇分布示例

G		G11		G11B		G11B5/00		G11B5/596	
a	0.118	a	0.143	a	0.107	the	0.086	servo	0.066
the	0.106	magnetic	0.086	magnetic	0.068	magnetic	0.076	data	0.058
of	0.060	the	0.071	of	0.050	head	0.056	disk	0.047
and	0.043	head	0.047	and	0.046	of	0.053	read	0.034
to	0.040	to	0.039	the	0.045	a	0.049	track	0.031
is	0.038	and	0.039	layer	0.044	is	0.038	mr	0.026
for	0.032	in	0.031	film	0.043	and	0.029	position	0.023
an	0.029	of	0.026	recording	0.041	second	0.023	pattern	0.018
in	0.024	element	0.016	on	0.030	first	0.023	storage	0.016
by	0.016	with	0.015	medium	0.026	gap	0.021	burst	0.015
H		**H01**		**H01L**		**H01L27/00**		**H01L27/146**	
a	0.109	a	0.110	the	0.114	thin	0.048	electrode	0.066
the	0.059	film	0.083	a	0.088	array	0.047	image	0.056
and	0.034	of	0.054	semiconductor	0.062	plurality	0.046	photoelectric	0.050
is	0.032	layer	0.043	layer	0.041	each	0.042	sensor	0.041
of	0.028	and	0.041	formed	0.041	electrode	0.035	signal	0.032
in	0.028	thin	0.032	region	0.041	transistor	0.033	convert	0.027
to	0.026	on	0.021	and	0.040	gate	0.031	transparent	0.027
on	0.022	an	0.021	of	0.035	charge	0.028	conversion	0.020
an	0.022	substrate	0.018	film	0.031	photoconductive	0.025	amorphous	0.020
are	0.021	having	0.017	first	0.030	arrange	0.023	solid-state	0.020

从该表可以明显看到，对于高层次的 IPC 分类号，其主题内容多为没有实际含义的冠词、介词、连词等，而随着层次的下探，相应主题愈发贴近具体技术内容。这与我们设计 PC-LDA 的预期并不完全一致，以部为例，排名前 10 的词汇均可作为停用词加以排

除，而我们的预期是 G 能够抽取物理学的宽泛概念，H 能够抽取电学的宽泛概念。其原因在于文本预处理未将停用词去除，造成了对主题结果的干扰，当将 G 主题中的停用词去除后，会发现 signal、system、device、apparatus、control、circuit、connected、provided、information、data 占据排名前 10 的位置，H 中 circuit、formed、substrate、dielectric、connected、element、integrated、electrically、comprise、conductor 占据排名前 10 的位置，符合 PC-LDA 的设计预期。

与此同时，我们也发现了部层次上 Recall@*K* 始终为 0 的原因，即这一层次的 IPC 分类号说明文档都非常简略，有的偏重功能描述，如 A 是“人类生活必须”、B 是“作业、运输”，有的偏重学科分类描述，如 G 是“物理”、H 是“电学”，但专利内容是发明创新的直观陈述，即便是一般性的内容，也多以 device、apparatus、body、element 等侧重技术描述的形式呈现，和部层次的 IPC 分类号说明文档匹配机会较小。但随着层次的下探，IPC 分类号说明文档逐步具体化和技术化，以 G11B5/596 为例，其本身及上层号码的说明文档如表 4–3 所示，因此可以匹配上 PC-LDA 的主题内容，并在一定程度上反映主题抽取效果的优劣。

表 4–3 IPC 不同层次说明文档示例

IPC 号码	说明文档
G11	信息存储
G11B	基于记录载体和换能器之间的相对运动而实现的信息存储（以不需要通过换能器重现记录值的方式记录测量值的入 G01D9/00；利用有机械标记的带子，如穿孔纸带，或利用单元记录卡，如穿孔卡片或具有磁性标记的卡片的记录或重现设备入 G06K；将数据从记录载体的一种类型转移到另一种类型上的入 G06K1/18；将重放装置的输出耦合到无线电接收机上去的电路入 H04B1/20；唱机拾音器之类的声音机电传感器或为此所用的电路入 H04R）
G11B5/00	借助于记录载体的激磁或退磁进行记录的；用磁性方法进行重现的；为此所用的记录载体（G11B11/00 优先）
G11B5/596	用于磁盘上的磁迹跟踪的

（2）不同模型的主题评价

此外，我们还对训练数据中 IPC 号的层次对 PC-LDA 的影响进行探究。具体来说，我们对本次训练的 3 个模型在同一个 IPC 层次上的主题进行比较，这里选择的 IPC 层次是小类，其原因是在这 3 个模型所共有的 IPC 层次上，小类层次最低、训练最为充分。对比结果如图 4–8 所示，可见在同一层次上，这 3 个模型所抽取主题与 IPC 说明文档内容的匹配度大致相同，使用原始 IPC 分类号所训练的模型效果略好。

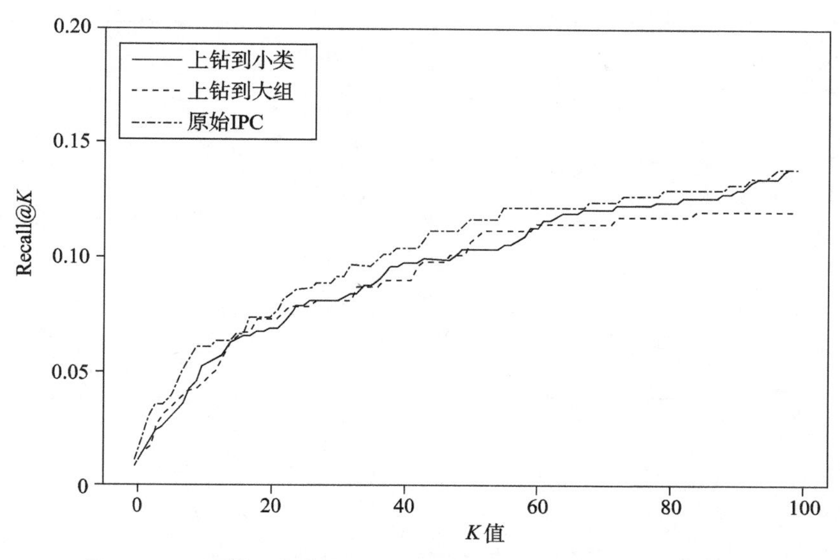

图 4-8　不同模型版本在同一层次 IPC 分类号上的主题对比结果

4.6.3　对照实体标注的模型评价

换个角度来讲，对照实体标注的模型评价方法就是利用 PC-LDA 进行命名实体抽取，然后利用命名实体识别的评价指标，即准确率、召回率和 F_1 值，来度量模型的性能表现。由前面所述得知，层次较高的 IPC 分类号中主题词汇多为通用词汇，其作用在于过滤无关词汇；而层次较低的 IPC 分类号中主题词汇偏向具体、细节的技术术语，具有一定的命名实体识别能力。因此，对照实体标注的模型评价从两个方面开展：一方面，我们仍然沿用 Recall@*K* 的思路，探讨一下在不同层次 IPC 分类号上，随着 *K* 值的增加，专利中重要性得分位于前 *K* 位置的词汇在命名实体识别准确率、召回率和 F_1 值上的变化情况；另一方面，我们确定 *K* 值，并将此时 PC-LDA 的命名实体识别效果与专利中常用的免标注命名实体识别方法，即 SAO 方法，进行对比分析，以评价 PC-LDA 的模型表现。

（1）不同层次 IPC 分类号的命名实体识别

由于部、大类层次较高，所抽主题中无实际含义的词汇较多，所以我们将分析目标限定在层次较低的小类、大组、小组上，不同匹配策略下的命名实体识别效果如图 4-9 所示。其中，精确匹配策略下命名实体识别的准确率、召回率和 F_1 值随 *K* 值的变化情况如图 4-9a 至图 4-9c 所示，重叠匹配策略下的变化情况如图 4-9d 至图 4-9f 所示。从中可见，无论是精确匹配策略还是重叠匹配策略，小类、大组层次的命名实体识别效果均相差细微，不仅如此，它们随 *K* 值的变化情况也高度一致；与此相对，小组层次的命名实体识别效果要明显优于前两者。从匹配策略上来说，不同匹配策略下命名实体识别效果的差别较大，以小组层次为例，它在精确匹配下的最优召回率和 F_1 值为 9.7% 和 13.2%，而在重叠匹配下的最优召回率和 F_1 值为 19.2% 和 26.1%，约为前者的 2 倍。由于小组层次的准确率在重叠匹配策略和精确匹配策略下变化趋势不同，所以这里不做比较。

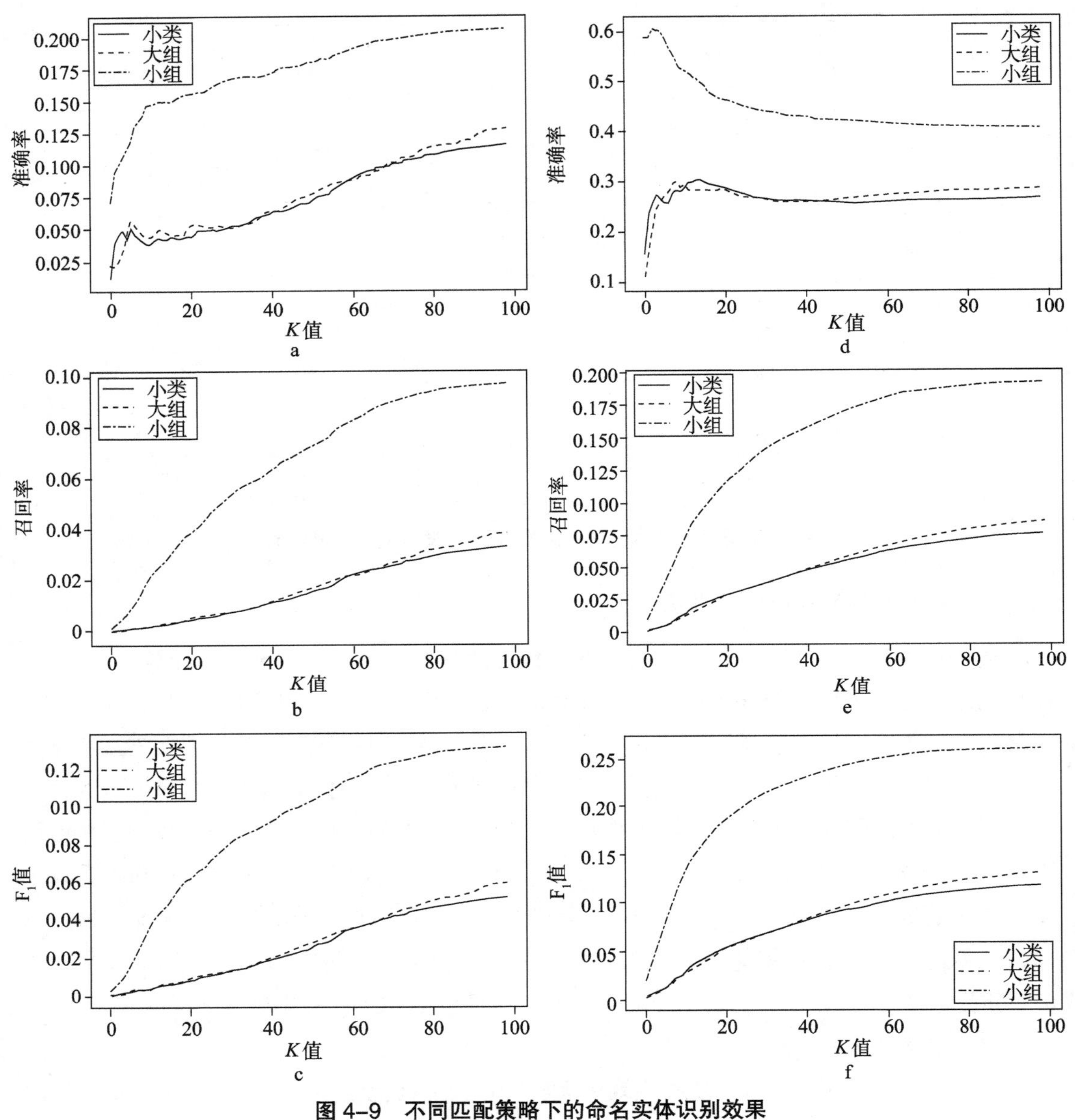

图 4–9 不同匹配策略下的命名实体识别效果

（注：a、b、c 为精准匹配；d、e、f 为重叠匹配）

（2）PC-LDA 模型与 SAO 方法的对比分析

我们选定 K=100 来获取 PC-LDA 模型在命名实体识别上固定的准确率、召回率和 F_1 值，以开展对比分析。之所以选择 K=100，是因为当取该值时除重叠匹配策略下的准确率外，PC-LDA 模型在其他命名实体识别评价指标上的得分均为最优值。同时，我们也用 SAO 方法对测试集进行命名实体识别，效果对比如表 4–4 所示。从中可见，与 PC-LDA 模型完全不同，SAO 方法在不同匹配策略下的命名实体识别效果存在极大差异。在精确匹配策略下，SAO 方法在 3 种命名实体识别评价指标上的得分均在 4% 以下，聊胜于无；但在重叠匹配策略下，SAO 方法却在准确率、召回率和 F_1 值上取得了最高值，即 74.2%、28.7% 和 41.4%。

SAO 方法的这种矛盾性表现反映了两个事实：其一，命名实体的组成方式灵活多样，但 SAO 方法仅将部分组成方式纳入考量范围，从而造成抽取结果准确率高、召回率低；其二，SAO 方法虽然能有效识别存在于专利中的命名实体线索，但在根据这些线索判断命名实体边界时也引入了大量错误信息，并对识别准确率造成了灾难性的影响。考虑到专利命名实体识别中精确匹配的价值远大于重叠匹配，我们可以得出结论：在不需要命名实体标注语料的命名实体识别方法中，PC-LDA 模型的效果要显著优于 SAO 方法。

表 4-4　SAO 方法与 PC-LDA 模型在命名实体识别上的效果对比　单位：%

指标	精确匹配				重叠匹配			
	SAO 方法	PC-LDA 模型			SAO 方法	PC-LDA 模型		
		小类	大组	小组		小类	大组	小组
准确率	3.0	11.5	12.8	**20.5**	**74.2**	26.6	28.5	40.5
召回率	1.3	3.3	3.9	**9.7**	**28.7**	7.6	8.6	19.2
F_1 值	1.7	5.1	5.9	**13.2**	**41.4**	11.8	13.2	26.1

4.6.4　专利上的主题分配分析

我们深入专利内容来讨论 PC-LDA 模型的表现。这里以专利 US4740855A 为例，它包含两个 IPC 分类号，即 G11B5/31 和 G11B5/127。当 K=100 时，将 PC-LDA 模型在从部到小组的 5 个层次上所识别的重要词汇用黑框标出。为方便对比，我们同时将金标准中的命名实体用灰色底标出。

（1）基于部层次主题的标注结果

A magnetic thin-film head with layer-wise buildup on a nonmagnetic substrate is provided for a recording medium which can be magnetized perpendicularly（vertically），and contains a conduction body which carries the magnetic flux，and the magnet legs of which form a main and an auxiliary pole. With these magnet legs which are arranged on the substrate with predetermined spacing side by side，a write/read coil winding is associated，the conductor turns of which extend through a space formed between the magnet legs. This magnetic head should be able to fly at a very small flying altitude above the recording and should at the same time be easy to realize in a thin film technique. To this end，it is provided that only the partially overlapping magnet legs serve as the magnetic conduction body，which are connected together in their common overlap zone，forming a magnetic return in a partial region and are spaced outside of this return region，forming the intermediate space for the conductors.

（2）基于大类层次主题的标注结果

A magnetic thin-film head with layer-wise buildup on a nonmagnetic substrate is provided for a recording medium which can be magnetized perpendicularly（vertically），and contains a conduction body which carries the magnetic flux, and the magnet legs of which form a main and an auxiliary pole. With these magnet legs which are arranged on the substrate with predetermined spacing side by side, a write/read coil winding is associated, the conductor turns of which extend through a space formed between the magnet legs. This magnetic head should be able to fly at a very small flying altitude above the recording and should at the same time be easy to realize in a thin film technique. To this end, it is provided that only the partially overlapping magnet legs serve as the magnetic conduction body, which are connected together in their common overlap zone, forming a magnetic return in a partial region and are spaced outside of this return region, forming the intermediate space for the conductors.

（3）基于小类层次主题的标注结果

A magnetic thin-film head with layer-wise buildup on a nonmagnetic substrate is provided for a recording medium which can be magnetized perpendicularly (vertically), and contains a conduction body which carries the magnetic flux, and the magnet legs of which form a main and an auxiliary pole. With these magnet legs which are arranged on the substrate with predetermined spacing side by side, a write/read coil winding is associated, the conductor turns of which extend through a space formed between the magnet legs. This magnetic head should be able to fly at a very small flying altitude above the recording and should at the same time be easy to realize in a thin film technique. To this end, it is provided that only the partially overlapping magnet legs serve as the magnetic conduction body, which are connected together in their common overlap zone, forming a magnetic return in a partial region and are spaced outside of this return region, forming the intermediate space for the conductors.

（4）基于大组层次主题的标注结果

A magnetic thin-film head with layer-wise buildup on a nonmagnetic substrate is provided for a recording medium which can be magnetized perpendicularly (vertically), and contains a conduction body which carries the magnetic flux, and the magnet legs of which form a main and an auxiliary pole. With these magnet legs which are arranged on the substrate with predetermined spacing side by side, a write/read coil winding is associated, the conductor turns of which extend through a space formed between the magnet legs. This magnetic head should be able to fly at a very small flying altitude above the recording and should at the same time be easy to realize in a thin film technique. To this end, it is provided that only the partially overlapping magnet legs serve as the magnetic conduction body, which are connected together in their common overlap zone, forming a magnetic return in a partial region and are spaced outside of this return region, forming the intermediate space for the conductors.

（5）基于小组层次主题的标注结果

A magnetic thin-f ilm head with layer-wise buildup on a nonmagnetic substrate is provided for a recording medium which can be magnetized perpendicularly (vertically), and contains a conduction body which carries the magnetic flux, and the magnet legs of which form a main and an auxiliary pole. With these magnet legs which are arranged on the substrate with predetermined spacing side by side, a write/read coil winding is associated, the conductor turns of which extend through a space formed between the magnet legs. This magnetic head should be able to fly at a very small flying altitude above the recording and should at the same time be easy to realize in a thin film technique. To this end, it is provided that only the partially overlapping magnet legs serve as the magnetic conduction body, which are connected together in their common overlap zone, forming a magnetic return in a partial region and are spaced outside of this return region, forming the intermediate space for the conductors.

从上述结果可以看到，从 IPC 的部层次到大组层次，PC-LDA 模型标注的词汇以通用词和停用词为主，在命名实体识别效果上彼此差异不大。实际上在这个例子中，当采用精确匹配策略时，PC-LDA 模型在这 4 个层次上的命名实体识别 F_1 值分别是 6.9%、6.5%、7.6% 和 7.1%，当换为重叠匹配策略时，相应结果为 19.5%、22.1%、20.3% 和 19.0%。然而，一旦下探到小组层次，PC-LDA 模型的标注效果会有一个极大的提升，这一点不仅可以从专利标注样例中明显感受到，而且在 F_1 值上也达到精确匹配上的 46.4% 和重叠匹配上的 71.4%。

4.7　本章小结

在本章中，我们根据专利富含技术分类号的特点，提出一种利用这些技术分类号指导主题抽取的主题模型。相比经典主题模型 LDA 来说，新模型在不同技术层次上抽取的主题具有明显的区分，层次越高的技术分类号所对应的主题内容越宽泛通用，层次越低的技术分类号所对应的主题内容越富含技术细节。在 3 种评价方法（即困惑度评价、对照技术分类号说明文档的评价和对照实体标注的评价）中，最低层次 IPC 均体现出相比较高层次的优势，其中在对照实体标注的评价方法上优势尤为明显。这也从一个侧面反映出，随着技术分类体系的复杂化，最低层次提供的信息量要远大于其他层次。

当然，目前 PC-LDA 模型还是 uni-gram 模型，虽然它利用技术分类体系为主题的可解释性带来了提升，但也留下了足够的拓展空间。例如，将其升级为 ngram 模型，从而使主题构成不再是词汇及其概率而是含义更加明确的词组及其概率。实际上，我们在这个方面完成了一部分工作，并形成了两个 ngram 版本的 PC-LDA 模型，如图 4–10 所示，但随即发现问题重重。首先，ngram 模型考虑词汇顺序，导致模型参数呈指数级增长，给计算资源带来了极大消耗；其次，难以妥善为词组分配主题，在现有 ngram 主题模型（如

Topical N-Gram）上仍然采用硬编码形式来为词组分配主题，即将词组中最后单词的主题作为整个词组的主题，虽然这种做法在平行主题结构上有其合理之处，但无法在层次主题结构上将词组分配到对应的层次上。因此，以上两个模型相比 PC-LDA 模型并没有取得长足的进步，综合来看，PC-LDA 模型仍然是当前平衡计算资源消耗和模型效果的最佳选择。

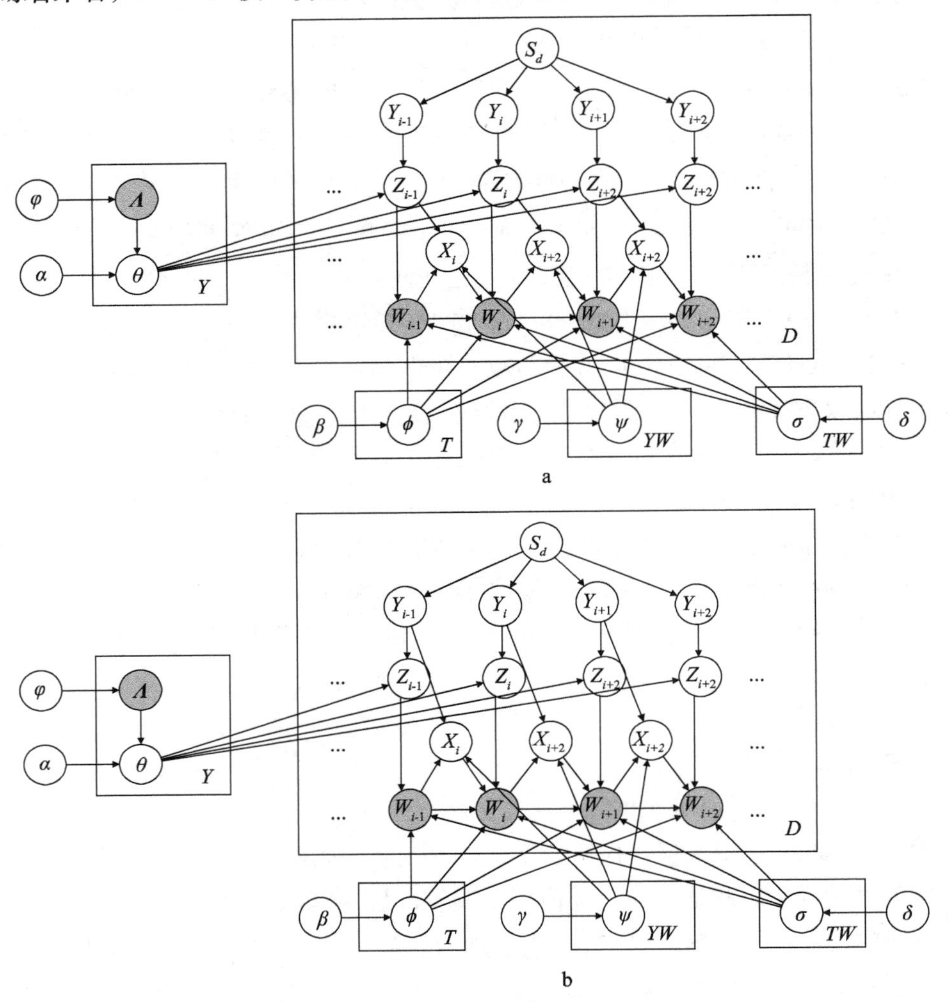

图 4-10　两个 ngram 版本的 PC-LDA 模型

值得一提的是，PC-LDA 模型下的命名实体识别充分利用专利中先天具有良好的技术分类号标注信息的特点，不再进行繁重的命名实体标注工作，这对专利信息抽取是非常重要的。原因在于专利具有典型的领域依赖属性，不同技术领域的专利文本，如硬盘驱动器和癌症药物，在内容上差别巨大，TFH-2020 可用于硬盘驱动器专利的信息抽取，但对癌症药物专利中的基因、蛋白质、化学式无能为力。我们不可能对每个技术领域的专利都进行一遍文本标注，这种不可跨领域复用的标注资源本身代价极高，应用范围却非常受限。但 PC-LDA 模型无此限制且效果显著优于类似 SAO 方法的传统无标注信息抽取方法，这也显示出该模型作为普适性专利信息抽取工具的潜力。

第5章

姓名消歧：让计算机高效、精准地辨别发明人

姓名消歧一直是科技信息管理中极具挑战和应用价值的重要问题，科技文献的飞速增长使解决该问题变得尤为迫切。虽然学术界和工业界已经投入大量人力、物力对姓名消歧技术展开研究应用，但目前仍有较大提升空间。在本章中，我们以2015年PatentsView专利发明人姓名消歧竞赛为切入点，通过分享我们的亚军参赛经历，对专利发明人姓名消歧方法展开探索研究，同时作为参考，我们也对冠军团队方案进行了详细解读。

5.1 相关研究

不同环境下同一个实体指称可能对应不同实体。例如，"苹果"可能是指某种水果、某个著名IT公司，也可能是指一部电影。这种一词多义或者歧义问题普遍存在于自然语言中，将文档中出现的名字连接到特定实体上，就是实体消歧。实体消歧的主要做法包括两类：其一是充分利用实体指称出现的上下文，分析不同实体可能出现在该处的概率；其二是利用本体知识，如实体的分类体系和关联架构，来消除歧义。相关方法包括有监督机器学习、社会网络方法和随机记录链接（stochastic record linkage），下面简要介绍一下相关研究成果。

（1）有监督机器学习

该方法利用词汇层面的消歧特征来计算实体指称的相似度，其消歧特征主要有局部特征、局部词性、局部共现等。该方法的基本思想是，同一个实体的指称具有一定程度的上下文相似性，给定一个命名实体指称及其上下文，该命名实体指称可以由其上下文文本组成的向量表示出来，当两个命名实体指称的上下文向量距离越近，其指向同一实体概念的可能性越高，因此我们通过计算命名实体指称向量之间的相似度进行实体消歧。

（2）社会网络方法

该模型更重视语义联系中包含的重要信息，而不仅仅关注上下文的词汇特征。但是若要获取实体指称间的语义联系，需要使用到作为背景知识的知识库，因此该方法使用相关联的实体指称来确定其指向的实体概念。该消歧模型通过构建社会网络，并将命名实体指称表示成社会网络中的一个节点，使得关联的命名实体指称相互链接。当通过随机漫步算法得出的两个实体指称间的距离低于某个阈值时，则可以认为指向同一个概念。

（3）随机记录链接

与普通实体消歧不同，随机记录链接更侧重从不同数据来源（如数据文件、书籍、网页、数据库等）中找到同一实体的对应记录。最简单的记录链接方法被称为判别式记录链接或者基于规则的记录链接，即通过简单比对两条记录的所有标记或者部分标记，来判断它们是否指向同一实体，该方法对数据集质量要求较高，所有实体对应特征均须经过规范化处理，因此应用范围比较受限。与此不同，随机记录链接（也被称为模糊记录链接）将统计学习方法纳入进来，它通过集成一系列分类器，并依据每个分类器的消歧能力为其赋予相应权重，来计算两条待消歧记录在各个分类器上的权重累加，并规范化为概率形式从而进行实体消歧，在随机记录链接中，常用的统计学习方法有朴素贝叶斯和单层感知机等。

5.2 PatentsView 专利发明人姓名消歧竞赛介绍

PatentsView 是一个专利数据可视化和分析平台，旨在提高美国专利数据的价值、实用性和透明度。PatentsView 长期开展专利发明人信息维护工作，并在专利发明人和机构的专利行为之间形成关联信息，在这个过程中，发明人姓名消歧是一个必须解决的难题。因此，美国研究协会（American Institutes for Research，AIR）在 2015 年举办了 PatentsView 专利发明人姓名消歧评测研讨会，以竞赛的方式在世界范围内邀请个人或者团队开发发明人姓名消歧算法，并从中选出优异算法整合到下一代 PatentsView 数据平台上。

5.2.1 数据介绍

在这次评测上，举办方提供了 3 类数据集，即原始数据集、处理数据集和测试数据集。

（1）原始数据集

原始数据集共包括 5 个标签数据集，如表 5-1 所示。其中，OE 标签数据集包含人工标记和手工消歧所产生的光电领域专利发明人及其特征的成对比较内容；ALS 标签数据集来自美国专利商标局，包含着 4801 名生命科学领域的发明人及其特征的成对比较内容；IS 标签数据集包含 9156 条美国拥有专利的以色列发明人的专利 – 发明人记录；E&S 标签数据集包含 96 104 条发明人为工程师或者科学家的专利 – 发明人记录；EPO 标签数据集包含来自欧洲专利局的专利和发明人信息。

表 5-1 标签数据集基本情况汇总[238]

标签数据集	专利 – 发明人记录（条）	实际发明人（名）	学者（年份）
OE	98 762	824	Akinsanmi 等[239]（2011）
ALS	42 376	4801	Azoulay 等[240-241]（2007，2011）
IS	9156	3845	Trajtenberg[242]（2008）
E&S	96 104	14 293	Chunmian 等[243]（2016）
EPO	1922、1088	424、312	Lissoni 等[244]（2010）

（2）处理数据集

处理数据集通过将专利发明人和专利数据库关联起来，为参赛者进行发明人姓名消歧提供更多信息，不仅如此，举办方还允许参赛者基于外部专利数据库创建自己的训练数据集，以获得更好的测评结果。

（3）测试数据集

测试数据集分为复赛评测数据集和决赛评测数据集。其中，复赛评测数据集共包括 4 个标签数据集，用于评测参赛者在复赛阶段提交的预测结果；决赛评测数据集包括 2 个标签数据集，分别包含复赛阶段全部测试数据集的随机样例和复赛阶段测试数据集的子集，用于对决赛预测结果进行评测。

5.2.2　评测方法

竞赛评测包括复赛评测和决赛评测两个阶段，复赛评测所使用的指标包括常规的准确率、召回率及算法运行时间，需要指出的是，在评测算法运行时间时，举办方将参赛者所使用的计算设备也纳入考量范围，以尽可能消除硬件算力差异给算法运行时间带来的影响。在决赛评测中，举办方使用的算法评测指标包括算法推广性、算法运行时间和算法实现的可用性。其中，算法推广性即当面临新的训练集和非冗余测试集时，算法性能的受影响程度；算法实现的可用性即算法能否在指定的服务器环境下顺利运行，算法操作说明文档是否完备、清晰；算法运行时间和复赛评测一致，不再赘述。

5.2.3　竞赛结果

经过 2015 年 8 月 30 日初赛筛选，共 7 支队伍进入复赛阶段，分别是澳大利亚的斯威本科技大学改革创新中心团队，中国的中国科学技术信息研究所团队（ISTIC），比利时的鲁汶大学团队（KU Leuven），美国的麻省大学阿姆赫斯特分校团队（UMass）、宾夕法尼亚州立大学团队（PSU）、Innovation Pulse 团队，以及德国的欧洲经济研究中心团队（CEER）。

（1）复赛结果

经过复赛，共有 5 支队伍产生有效的评测结果（表 5–2），其中 Flemming/Li 团队的方法是 PatentsView 现有姓名消歧算法，被评测方拿来作为基线标准。

表 5–2　复赛阶段姓名消歧评测

队伍名称	测试数据集	准确率	召回率	F_1 值	平均 F_1 值
CEER	als	0.999 401 347	0.891 268 353	0.942 242 527	**0.912 078 417**
	ens	1	0 778 727 154	0.875 600 456	
	is	0.996 245 978	0.922 224 061	0 957 806 995	
	als_common	0.999 989 575	0.77 409 957	0.872 663 589	

续表

队伍名称	测试数据集	准确率	召回率	F_1 值	平均 F_1 值
Innovation Pulse	als	0.991 784 517	0.655 106 334	0.789 031 427	**0.784 489 482**
	ens	0997 609 642	0.658 972 609	0.793 679 189	
	is	0.998 310 811	0.637 434 664	0.778 064 712	
	als_common	0.99 363 578	0.638 165 016	0.777 182 601	
ISTIC	als	0.996 649 248	0.954 090 692	0.974 905 728	**0.93 745 851**
	ens	0.99 947 885	0.921 752 133	0.959 043 207	
	is	0.996 926 117	0.751 365 216	0.856 900 212	
	als_common	0.984 901 199	0.934 397 521	0.958 984 893	
PSU	als	0.999 297	0.642 464 098	0.782 102 155	**0.764 932 795**
	ens	1	0.661 001 562	0.795 907 213	
	is	0.999 578 059	0.588 035 744	0.740 466 761	
	als_common	0.999 986 296	0.588 888 979	0.741 255 047	
UMass	als	0.99 888 066	0.976 346 914	0.987 485 253	**0.98 168 445**
	ens	1	0.966 156 229	0.982 786 835	
	is	0.998 875 335	0.955 320 205	0.976 512 392	
	als_common	0.996 885 177	0.963 393 671	0.979 853 322	
基线方法					
Flemming/Li	als	0.999 043 089	0.885 710 148	0.938 969 182	**0.927 314 013**
	ens	1	0.812 357 315	0.896 464 851	
	is	0.998 781 859	0.881 929 505	0.936 725 547	
	als_common	0.998 039 234	0.883 168 029	0.93 709 647	

（2）决赛结果

最终我们团队、欧洲经济研究中心团队和麻省大学阿姆赫斯特分校团队晋级决赛，但由于欧洲经济研究中心团队的意外退出，决赛实际发生在我们和麻省大学阿姆赫斯特分校之间，具体评测概况和详情如表 5-3、表 5-4 所示。从中可见，两支队伍的成绩均优于 PatentsView 现有的姓名消歧算法，尤其麻省大学阿姆赫斯特分校所用的姓名消歧算法效果惊人，平均 F_1 值超过 98.1%，以较大优势在本次竞赛中夺魁。这给了我们很大的震撼，因为在此之前我们并不了解麻省大学阿姆赫斯特分校所用算法，尤其该算法还和常规算法差异较大，因此我们决定除了复盘和梳理自己算法以外，还需要着重学习和对比分析一下对手的算法。

表 5–3　决赛阶段姓名消歧评测概况

指标	UMass		ISTIC		Flemming/Li（基线方法）
	使用随机混合数据集的训练结果	使用通用特征数据集的训练结果	使用随机混合数据集的训练结果	使用通用特征数据集的训练结果	未经训练
准确率	0.999 709	0.999 719	0.998 488	0.991 932	0.999 941 418
召回率	0.033 936	0.033 358	0.116 845	0.103 866	0.184 882 451
分裂率	0.966 064	0.966 642	0.883 155	0.896 134	0.815 117 539
集总率	0.000 281	0.000 271	0.001 337	0.007 289	4.78E-05
F_1 值	**0.982 599**	**0.982 903**	**0.937 287**	**0.941 603**	**0.898 119 352**
真阳性	384 367	384 597	351 380	356 544	324 310
假阴性	13 502	13 272	46 489	41 325	73 559
假阳性	112	108	532	2900	0.999 941 418
运行时间	在 c3.8xlargeAwS 实例上运行 7 小时，CPU 峰值利用率 69%		在 c3.8xlargeAwS 实例上运行 7 小时，CPU 峰值利用率 11.85%		—

表 5–4　决赛阶段姓名消歧评测详情

队伍		测试数据集	准确率	召回率	F_1 值
UMass	使用随机混合数据集的训练结果	eval_als	0.998 816 547	0.975 242 586	0.986 888 808
		eval_als_common	0.996 589 319	0.959 737 881	0.977 816 513
		eval_ens	1	0.968 265 624	0.983 876 985
		eval_is	0.998 879 793	0.959 126 262	0.978 599 468
	使用通用特征数据集的训练结果	eval_als	0.998 895 036	0.977 163 092	0.987 909 564
		eval_als_common	0.997 035 976	0.966 411 918	0.981 485 124
		eval_ens	1	0.967 544 691	0.983 504 665
		eval_is	0.998 879 117	0.958 547 079	0.978 297 585
ISTIC	使用随机混合数据集的训练结果	eval_als	0.998 171 124	0.949 989 322	0.973 484 408
		eval_als_common	0.993 201 838	0.920 831 551	0.955 648 522
		eval_ens	0.999 463 175	0.894 823 972	0.944 253 473
		eval_is	0.995 252 994	0.763 279 828	0.863 966 284
	使用通用特征数据集的训练结果	eval_als	0.996 064 686	0.961 459 702	0.978 456 322
		eval_als_common	0.982 322 588	0.963 280 689	0.972 708 456
		eval_ens	0.998 730 234	0.903 074 643	0.948 496 831
		eval_is	0.995 673 975	0.837 911 633	0.910 005 841

5.3　亚军方案：混合记录链接消歧方法

我们的方法首先从训练数据集及相关专利数据库中提取出专利发明人记录所对应的一系列特征，如发明人地址、专利权人、技术分类、专利家族等，进而将姓名消歧问题转化为二分类问题，即将两个发明人记录所对应的特征集合作为模型输入，让分类器来判断这两个发明人记录是否指向同一发明人；对于任意组合两个发明人记录所带来的组合爆炸问题，我们使用信息增益结合人工规则实现数据集划块（blocking），即利用自动和人工方式找到能够判断两个发明人记录不可能指向同一发明人的关键特征，然后根据这些特征将全部发明人记录划分为若干子集合，同一子集合内的发明人记录再进行两两组合和分类，从而大幅降低发明人记录对的产生和比较次数（图 5-1）。

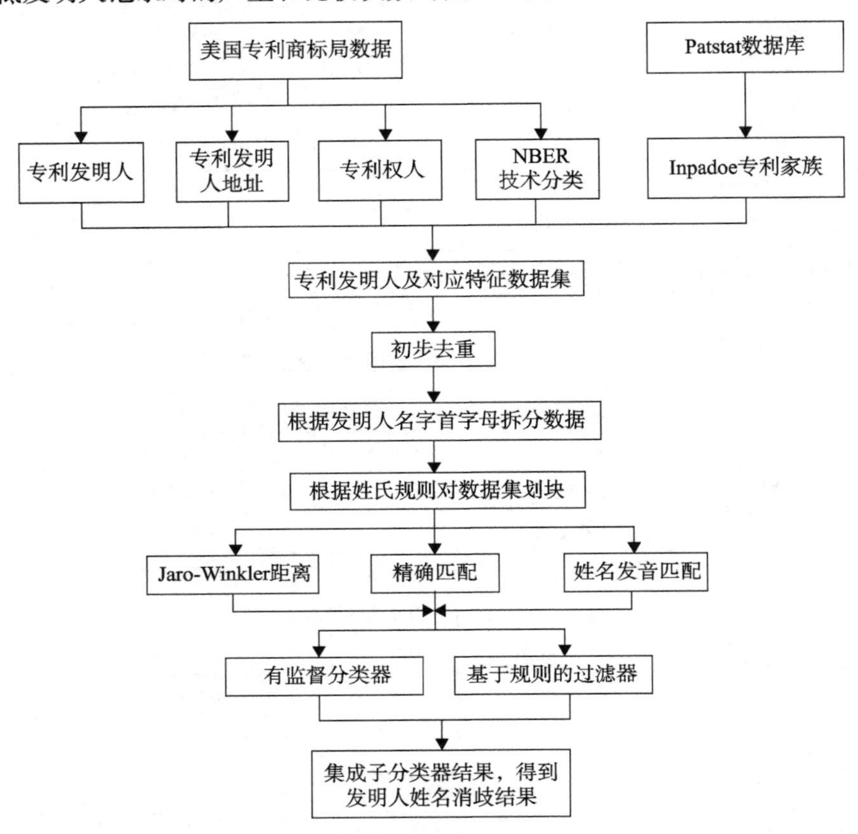

图 5-1 混合记录链接消歧方法

下面对该方法的主要步骤展开叙述。

5.3.1 数据预处理

通过对竞赛举办方所提供数据集的初步统计分析，我们意识到一些对姓名消歧非常重要的字段中存在数据缺失和错误，因此必要的数据清洗不可或缺。

（1）发明人姓名清洗

在竞赛举办方提供的训练数据集的非成对比较分析文件中，如 IS 标签数据集、E&S 标签数据集，并没有提供专利发明人的中间名字段和全名字段，然而这两个字段在相似性匹配中具有重要作用，因此我们将这两个字段信息补充进来。此外，我们将训练数据集中存在的噪声和错误，如注释文字、特殊字符、多余空格等清理掉，使每条记录按照既定格式存放。

（2）专利权人名称清洗

专利权人同样是专利发明人姓名消歧的重要特征，然而原始记录中有关专利权人的相关信息质量较差，对此我们采用 3 个步骤予以清洗，即将专利权人名称统一转换为大写字符，删除专利权人名称中的空格和非字母数字型字符使其更加紧凑，并将所产生的紧凑型专利权人名称与机构词典中的记录进行匹配。

5.3.2 特征选择

在本方法中，我们将专利 – 发明人记录作为信息存放的基本形式，每条记录均由用于姓名消歧的属性信息构成，如发明人的名字、姓氏，专利权人的名称等，每个专利 – 发明人记录只能出现一次，但同一件专利可能在多个专利 – 发明人记录中出现。在我们的发明人姓名消歧方法中，专利 – 发明人记录由 13 个字段组成，并被划分到两组独立的特征集合中，即发明人姓名特征集合和专利特征集合。

除了上述字段外，我们添加了一些有助于姓名消歧的外部信息。

（1）专利家族

据我们所知，当前专利家族信息很少被作为特征用于专利发明人姓名消歧上，但实际上专利家族信息是识别发明人的重要标识。所谓专利家族，即具有共同优先权的，在不同国家或国际专利组织多次申请、多次公布或批准的内容相同或基本相同的一组专利文献。由此可见，专利家族为关联同一发明人在不同专利记录中的姓名或地址变体提供了有效手段，是一种重要的姓名消歧特征。

（2）NBER 技术分类

技术分类也是可用于发明人姓名消歧的重要特征，其原因在于同一个发明人在两个跨度极大的技术类别中均有过专利记录的概率很低，相反，如果这两个专利所属技术类别相同或相似，再叠加上其对应的发明人姓名相同或者高度接近，我们就有较强信心推出这两个发明人是同一个人，因此，NBER 这样的技术分类特征为我们在技术演化过程中发现发明人的姓名变体提供了更广阔的视角。

5.3.3 划块

划块是减少不同专利发明人记录比较次数的有效手段，其难点在于如何划块才能尽可能多地将指向同一发明人的发明人记录保留在同一块内。对此，我们采用了两种策略。

（1）根据完全匹配规则直接删除重复项

我们采用如下经验法则，如果两个发明人记录在 5 个字段（即发明人的名、发明人的中间名、发明人的姓、专利权人、所在城市）上完全匹配，那么它们就指向同一发明人。

这种简单方法在整个发明人姓名消歧中发挥重要作用，它将总发明人专利记录减少了接近50%，大大降低了我们的运算负担。

（2）简单划块

我们的划块策略简单有效，即以发明人的姓和发明人名的首字母作为标准进行划块，选择这样的划块策略原因有二：第一，统计分析发现指向同一个发明人的两个发明人记录，通常在发明人的名和发明人的姓字段上保持一致，或者在发明人名的首字母和所在城市字段上保持一致，或者在发明人名的首字母和专利权人字段上保持一致，综合考虑后我们最终选择发明人的姓和发明人名的首字母作为划块标准；第二，一些大姓对应的专利发明人记录数量庞大，如果仅仅按照发明人的姓进行划块，那么块内计算量仍然大得难以承受，因此我们将发明人名的首字母添加进来，进一步将块内数据规模降低到合理水平。

5.3.4 混合链接分类器

专利发明人姓名消歧是一个异常复杂的问题，在特殊条件下单一有监督学习模型往往无法取得良好的效果。①训练数据有限或不平衡，对数据分布情况覆盖不足，或者特殊情况的样例过少而常规情况的样例过多。例如，在东亚姓名集合中，姓氏首字母为 L、W 或 K 的情况众多，极易导致划块不合理，并为后续提升分类器的性能带来困难。②有时分类错误可能导致高昂的代价，以图 5-2 为例，发明人 A、发明人 B 实际对应的发明人记录分别是 1 ~ 4 和 5 ~ 8，黑色连线表示某记录对被分类器判定为匹配，浅灰色连线反之，从图 5-2a 中可以看到，正确的判定结果可以将记录 1 ~ 4、5 ~ 8 划归到各自聚簇，与之相反，图 5-2b 中记录 1 和 5 之间的错误判定不仅会影响该记录对，还导致了 1 ~ 4、5 ~ 8 两个本应分离的聚簇被连接起来，造成了错误的严重放大。

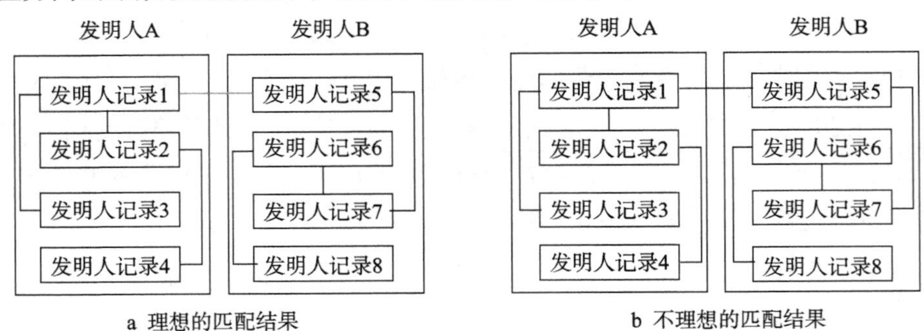

图 5-2 发明人记录对匹配判定示例

对此，我们提出一种新的混合方法，该方法将 Adaboost、随机记录链接和规则方法集成起来提升姓名消歧效果，具体来说它包括以下 3 个部分。

（1）Adaboost 算法

鉴于 Adaboost 算法在训练数据上的良好表现，我们选其作为判断两个发明人记录是否匹配的分类模型，该算法是机器学习中最常用的分类算法之一，详情可参阅相关教材，这里不再赘述。

（2）随机记录链接

该部分用以计算发明人记录对的匹配得分，在具体计算方法上使用了随机记录链接模型。该模型利用条件概率进行建模，具体来说，随机向量 $\gamma=(\gamma_1, \cdots, \gamma_n)$ 在匹配状态 Z 的情况下取值为 $\widetilde{\gamma}=(\widetilde{\gamma}_1, \cdots, \widetilde{\gamma}_n)$ 的条件概率被定义为：

$$u_{\widetilde{\gamma}}=P(\gamma=\widetilde{\gamma}|Z=0); \tag{5-1}$$

$$m_{\widetilde{\gamma}}=P(\gamma=\widetilde{\gamma}|Z=1)。 \tag{5-2}$$

式中，Z=1 表示匹配状态为真，而 Z=0 表示匹配状态为假。在 Fellegi-Sunter 模型中，这些概率被用来计算式（5–3）的权重，进而判别两个发明人记录是否匹配。

$$w_{\widetilde{\gamma}}=\log\frac{P(\gamma=\widetilde{\gamma}|Z=1)}{P(\gamma=\widetilde{\gamma}|Z=0)}。 \tag{5-3}$$

在随机记录链接模型中，用来估计模型参数的方法很多，其中以 EM 算法较为常见，这也是我们所采用的参数估计方法。

（3）基于规则的过滤器

现在我们得到了两个结果，一个是 Adaboost 给出的匹配结果，一个是随机记录链接给出的匹配得分，接下来我们要决定保留哪些被判定为正的匹配结果。在具体实现上，我们使用了基于规则的过滤器方法，鉴于专利家族在串联不同专利上的重要性，发明人记录对中的专利家族 ID 的精确匹配被作为一个强规则，其余规则是匹配得分与不同字段匹配结果的组合（表 5–5）。

表 5–5　基于规则的过滤器中的判断条件

判断条件	描述	相似度阈值
条件 1	在专利家族 ID 上的精确匹配	不需要
条件 2	发明人记录对的相似度（简称相似度）	0.78
条件 3	相似度和在中间名首字母上的精确匹配	0.70
条件 4	相似度和在 NBER 技术分类上的精确匹配	0.70

5.4　冠军方案：判别式层次指代消歧方法

据观察，在目前蔚然成风的大小数据竞赛中，取得好名次的基本套路是：有经验、有高度的导师或者高年级学长充当决策层，负责出点子、把握方向，有时间、有精力的学弟、学妹们干苦力，专职特征工程、模型集成和想法验证；不要幻想在比赛阶段提出石破天惊的模型并一举夺魁，把精力放在特征工程和集成学习上，模型选择上用已经形成共识的高性能模型就好。

当然，这种套路并非适合一切竞赛，也有能够在模型原创上发力并夺魁的团队，但这通常是一支长期耕耘、积淀深厚的团队，越是重要的竞赛，越是如此。这也是我们的对手——麻省大学阿姆赫斯特分校 McCallum 团队的情况。事实上，该团队不仅提出过诸多自然语言处理的经典算法，如条件随机场、最大熵马尔科夫模型、Topic Over Time 模型、hLDA 模型等，还贡献了 Mallet、Factorie 等开源代码包，是国际自然语言处理领域的一支重要力量。在这样的背景下，研读他们提出的姓名消歧方案和相关论文，就显得尤为重要。

5.4.1 方法概况

简单来说，McCallum 团队的方法由两个部分组成，即划块和消歧。

（1）划块

McCallum 团队使用了迭代划块策略，他们提出 4 个严格程度依次递减的划块标准，首先利用最严格的划块标准，即发明人全名匹配，将全部发明人记录切分为若干集合，之后依次使用其他 3 个标准，即发明人中间名和无后缀的发明人全名匹配、发明人姓氏和名字的前 5 个字母匹配、发明人姓氏和名字的前 3 个字母匹配，将切分集合进行迭代归并，并将最后产生的划块作为消歧环节的输入。

（2）消歧

McCallum 团队使用了自家提出的判别式层次指代消歧模型[245]，该模型将姓名消歧放在一个判别式条件随机场下解决。其基本过程是，将发明人记录作为可观测变量，以迭代的方式将发明人记录逐步拼装成一个由多棵树构成的森林，其中每棵树对应一个唯一的发明人，树叶是该发明人的所有记录及其特征；树的内部节点是其子节点的信息总结，具体由潜在变量和一组训练数据中没有呈现而由模型萃取出来的特征组成。

与常见的线性链条件随机场类似，该树状条件随机场也只包含一类一元因子和一类二元因子，其中一元因子即节点因子（node factor），用以度量树节点自身的兼容性，二元因子即亲子因子（child-parent factor），用以度量树中子节点和父节点的兼容性。该模型的特色之处在于最优森林结构的搜索方法，其采用改进的 Metropolis-Hastings 算法，通过抽样给出最优森林结构及所包含的每棵树中的潜在节点信息。由于改进的 Metropolis-Hastings 算法是整个判别式层次指代消歧模型的核心，我们先对 Metropolis-Hastings 算法进行一下简单回顾，作为对整个姓名消歧方法进行详细介绍的铺垫。

5.4.2 Metropolis-Hastings 算法

在概率模型中，我们经常能遇到一些规模是指数级别的概率分布，在难以直接在整个分布空间上计算来获取指定概率的情况下，一种巧妙的近似方法得到了广泛应用，这就是蒙特卡罗法（Monte Carlo method），也称为统计模拟方法（statistical simulation method），它通过从概率模型中随机抽样进行近似的数值计算，而马尔科夫链蒙特卡罗法（Markov Chain Monte Carlo method，MCMC）是以马尔科夫链为概率模型的蒙特卡罗法，其要点在于构建一个马尔科夫链，并使它的平稳分布等于要进行抽样的分布，那么如何做到这一点呢？答案是如果非周期马尔科夫链的转移矩阵 $\boldsymbol{P}$ 和分布 $\pi(x)$ 对所有的 i、j 满足：

$$\pi(i)\boldsymbol{P}_{i,j}=\pi(j)\boldsymbol{P}_{j,i}, \tag{5-4}$$

则 $\pi(x)$ 是马尔科夫链的平稳分布，其中 $\boldsymbol{P}_{i,j}$ 表示在马尔科夫链上从状态 i 转移到状态 j，式（5-4）被称为细致平稳条件（detailed balance condition）。

Metropolis-Hastings 算法是最基本的马尔科夫链蒙特卡罗法，其特殊之处在于用提议分布（proposal distribution）和接收分布（acceptance distribution）的乘积来形成转移矩阵，其中提议分布是另一个转移矩阵，接收分布则用来控制在提议分布上跳转，所以当算法决定从 x 状态跳转到 x' 状态时，除了查看提议分布中从 x 状态跳转到 x' 状态的概率，还需要查看接收分布允许提议分布从 x 状态跳转到 x' 状态的概率有多大。

Metropolis-Hastings 算法的状态转移概率如下：

$$\boldsymbol{P}(x\to x')=\boldsymbol{Q}(x\to x')\boldsymbol{A}(x\to x')，如果\ x\neq x'; \tag{5-5}$$

$$\boldsymbol{P}(x\to x')=\boldsymbol{Q}(x\to x')+\sum_{x\neq x'}\boldsymbol{Q}(x\to x')(1-\boldsymbol{A}(x\to x'))，如果\ x\neq x'。 \tag{5-6}$$

接收概率如下：

$$\boldsymbol{A}(x\to x')=\min\left\{\frac{\pi(x')\boldsymbol{Q}(x'\to x)}{\pi(x)\boldsymbol{Q}(x\to x')},\ 1\right\}。 \tag{5-7}$$

实际上，所谓提议分布从状态 x 跳转到 x' 的概率 $\boldsymbol{Q}(x\to x')$，就是条件概率 $\boldsymbol{Q}(x'|x)$，可以通过将提议分布设置为对称分布或均匀分布，使得：

$$\boldsymbol{Q}(x\to x')=\boldsymbol{Q}(x\to x')。 \tag{5-8}$$

在这种情况下，Metropolis-Hastings 算法就转化为其特例 Metropolis 算法，而接收概率则被化简为：

$$\boldsymbol{\alpha}(i,j)=\min\left\{\frac{\pi(i)}{\pi(j)},\ 1\right\}。 \tag{5-9}$$

综上所述，Metropolis-Hastings 算法的过程如下所示。

①设置马尔科夫链的初始状态为 $X_0=x_0$；

②对于 $t=0$，1，2，…，迭代下列过程进行采样：

第 t 时刻马尔科夫链的状态为 $X_t=x_t$，采样 $y\sim\boldsymbol{Q}(x|x_t)$；

从均匀分布中采样 $u\sim\text{Uniform}[0,1]$；

如果 $u<\boldsymbol{\alpha}(x_t,y)=\min\left\{\frac{\pi(y)\boldsymbol{Q}(x_t|y)}{\pi(x_t)\boldsymbol{Q}(y|x_t)},\ 1\right\}$，就接受跳转 $x_t\to y$，并将 y 赋值到 x_{t+1}；

否则不接受跳转，并将 x_t 赋值到 x_{t+1}。

5.4.3 判别式层次指代消歧模型

Metropolis-Hastings 算法回顾完了，我们重新回到判别式层次指代消歧模型中来。

（1）模型形式

总体来说，该模型的数学表示为：

$$Pr(y, R|m) \propto \prod_{r\in R}\psi_{rw}(r)\psi_{pw}(r, r^p)。 \quad (5-10)$$

式中，y 表示森林结构，R 表示森林中的所有节点，m 表示全部发明人姓名记录，ψ_{rw} 表示节点因子，ψ_{pw} 表示亲子因子，r^p 表示节点 r 的父节点。与常规条件随机场一致，每种因子均由对应特征及其权重拼接而成，具体来说：

$$\psi_{rw}(r) = \sum_l \mu_l s_l(r, m); \quad (5-11)$$

$$\psi_{pw}(r, r^p) = \sum_k \lambda_k t_k(r, r^p, m)。 \quad (5-12)$$

式中，s_l 和 t_k 是特征函数，μ_l 和 λ_k 是对应的权值。

综上，判别式层次指代消歧模型的完整数学形式为：

$$Pr(y, R|m) \propto \exp\left(\sum_l \mu_l s_l(r, m) + \sum_k \lambda_k t_k(r, r^p, m)\right)。 \quad (5-13)$$

在节点因子中，用到的特征分为 3 类：①原始发明人信息，包括发明人名字、发明人中间名、专利权人名称、发明人地址、合作发明人、律师，以及 4 种技术分类号，即 CPC、IPC、IPCR 和 NBER 技术分类；②句子向量，即利用 Skip-Gram 词嵌入模型，将发明人记录中专利标题的每个词汇转化为词向量，进而将这些词向量累加成句子向量来表示该专利标题；③ 指标信息，McCallum 团队使用叠加方式来构造父节点，即直接将子节点中每类原始发明人信息以词袋形式合并后作为其父节点中该类信息的内容。例如，有 3 个子节点，其发明人名字分别为 S、Sam、Cam，那么它们父节点中发明人名字就是 {S、Sam、Cam}，为度量父节点中各个发明人名字的一致性（毕竟一致性程度越高，说明其子节点越可能指向同一个发明人），McCallum 团队提出了实体名称不匹配惩罚（entity name mismatch penalty）、词袋熵惩罚（bag of words entropy penalty）、词袋复杂度惩罚（bag of words complexity penalty）等指标，并将其作为特征加入进来。

在亲子因子中，用到的特征包括稀疏亲子余弦距离（sparse child-parent cosine distance）、稠密亲子余弦距离（dense child-parent cosine distance）。所谓稀疏亲子余弦距离，即利用空间向量模型将节点中原始发明人信息表示成稀疏向量后，得到的父节点和子节点之间的余弦距离，而稠密亲子余弦距离即父节点和子节点在句子向量上的余弦距离。

（2）模型求解

对该模型的求解即搜索出能够让式（5-10）取得最大值的森林结构，对此 McCallum 团队改进了 Metropolis-Hastings 算法，其做法类似 multi-try Metropolis 算法，即首先提出 k 个提议行为，在每次抽样前，先计算在当前森林结构上分别执行这 k 个提议行为后森林结构的概率值，并计算这些概率值与当前森林结构的概率比值，进而将这一组概率比值规范化成概率分布，当决定下一步的行为时，就从这个概率分布中进行行为抽样，其中概率比值的计算公式为：

$$\frac{Pr(y')\boldsymbol{Q}(y'\to y)}{Pr(y)\boldsymbol{Q}(y\to y')}。\tag{5-14}$$

式中，y 和 y' 分别表示执行提议行为前后的森林结构，$\frac{\boldsymbol{Q}(y'\to y)}{\boldsymbol{Q}(y\to y')}$属于可选项，在实际应用中通常将其略去。

下面我们结合例子加以详细说明。首先从当前森林结构中随机挑出两个子树，假设子树的头节点分别是 r_i 和 r_j，如果 r_i 和 r_j 分属不同的发明人树，那么有图 5–3 所示的 4 种候选提议行为：

①左合并（merge left）：将 r_j 作为 r_i 的一个子节点；

②左实体合并（merge entity left）：将 r_i 合并到 r_j 的根节点上；

③合并（merge up）：通过创建新的父节点 r^p，将 r_i 和 r_j 融合起来，也就是 r_i 和 r_j 是 r^p 的子节点，r^p 的属性由 r_i 和 r_j 合并得到；

④左合并和坍塌（merge left and collapse）：将 r_j 融入 r_i 中，然后在 r_j 中执行一次坍塌。

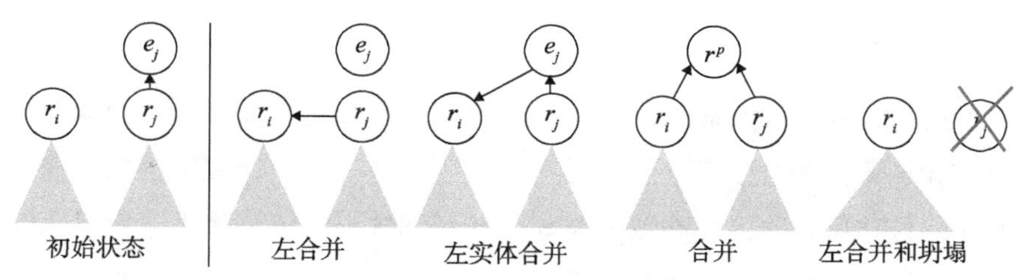

图 5–3　4 种候选提议行为

如果 r_i 和 r_j 来自同一棵发明人树，那么有 3 种候选提议行为：

①右分离（split right）：将 r_j 从其父节点上脱离出来，将 r_j 作为一个新发明人的根节点；

②坍塌（collapse）：如果 r_i 是父节点，将其子节点转移到 r_i 的父节点下，然后将 r_i 删除；

③属性抽样（sample attribute）：从 r_i 的子节点中挑选一个属性，用它的值来更新 r_i 的对应属性。

接下来计算执行每个候选提议行为前后森林结构的概率比值，并将其规范化成概率形式以随机抽取下一步待执行的行为。例如，当 r_i 和 r_j 分属不同的发明人树时，4 种候选提议行为执行前后森林结构的概率比值经过规范化后是 {0.8，0.1，0.05，0.05}，那么就从这个概率分布中随机抽取一个行为来操作当前的森林结构。

5.4.4　后话

熟悉条件随机场的读者可能注意到一个问题，与通常的条件随机场相比，判别式层次指代消歧模型还缺少参数估计环节，或者说压根就没有提过模型参数，为什么？这要从应用场景说起，该模型的目标是求得具有最大概率值的森林结构，而通常条件随机场的应用场景则与分类相关，如命名实体识别、图像语义切割等，在与分类有关的条件随机场应用中，我们需要对每个特征权重设定参数，并在模型学习过程中估计出该权重参数在不同类别标签下的对应数值，但当目标转变为最大概率估计（maximum probability estimate）时，标签之间的对比选择环节已不存在，所以只需要确定所选特征对搜索最优森林结构的贡献是正向，并将对应特征权重值设为正数即可，这些权重的绝对值本身并不影响最优森林结构的搜索结果，这就是判别式层次指代消歧模型不需要参数估计的原因。

就方法性能来说，虽然判别式层次指代消歧模型的状态空间比较大，但在实际推导过程中，由于受益于树状模型结构，该模型的运行速度会比具有更小状态空间的成对模型（pairwise model）快得多；在求解算法上，改进了 Metropolis-Hastings 算法，可以同时给出树结构和潜在节点属性，这使得该模型具有良好的可解释性。此外，McCallum 团队也在其发布的开源软件包 Factorie[246] 中，给出了该模型的 Scala 语言实现，有兴趣的读者可以研读代码进一步了解算法细节。

5.5 本章小结

回顾整个竞赛过程，很明显看出两支参赛团队风格迥然不同，我们团队在全球专利信息资源整合和深加工上耕耘多年，团队成员本身就是专利数据专家，对专利数据的类型、规范较为了解，对常见的商业专利数据库和公开专利数据库较为熟悉，所以能够在传统记录链接方法的框架内，利用自身领域知识提出一些专利领域内独有，但对专利发明人姓名消歧有较好提升作用的特征出来。

相比较而言，McCallum 团队将专利发明人姓名消歧作为一个普通的人名消歧任务对待，所用特征也均是竞赛方提供的常规特征，他们的出色之处在于将自身的算法优势发挥得淋漓尽致，而他们所提判别式层次指代消歧模型论文的“睡美人”状态，又为他们夺冠增加了额外优势。事实上，就该模型的惊人效果而言，其论文自从 2012 年在计算机顶级学术会议 ACL（Annual Meeting of the Association for Computational Linguistics）上发表后，始终处于鲜有引用的状态，即便今天谷歌学术上被引次数也仅仅 66 次[①]。

这也引发了一个值得思考的问题，作为研究者怎么证明你的算法效果优异？作为使用者又如何从琳琅满目的论文库中采集到性能出类拔萃的方法？是看这些文章的作者团队、所在机构、获得奖项吗？十几年前，即便是被重重审视的顶级学术会议最佳论文，其效果

① 检索时间为 2020 年 2 月 9 日。

难以复现的声音也时有耳闻。所幸，近年来不断有优质数据集发布出来，越来越多的研究者不仅主动开源论文代码，也愿意在实证分析中使用这些数据集来测度算法效果，这无疑为后续研究者开展算法复现和效果对比分析提供了必要基础。在 https://www.github.com 和 https://www.huggingface.co 上，每天都有大批用户分享自己的数据集、代码和模型检查点文件，在 https://paperswithcode.com/ 上，同样有大批研究者利用自己的算法在公开数据集上打榜，这也启发更多研究者及时整理代码、数据及说明文档，并在相关网站上开源，以供更多人使用并推动相关研究的进一步发展。

第 6 章

语义主路径：让知识演化脉络主题分明

作为一种可以直接从引文关系网络中提炼出知识演化脉络的方法，主路径分析法已经在社会网络分析软件 Pajek 上实现并得到了广泛应用，它方便、快捷，不需要过多预备知识。但同时我们发现，受制于遍历权重排名靠前的路径通常聚集于单一主题的特点，该方法所识别的多主路径无法覆盖引文网络中惯常存在的多个主题。此外，同一主路径上也存在文献主题不一致的现象。为解决这些问题，本章提出一种语义主路径方法，它将引文网络节点所附着的文本信息融入候选路径生成和主路径查找的过程中。实证分析结果显示，语义主路径方法不仅能够识别出存在于不同子领域中的知识演化脉络，还可以有效优化这些知识演化脉络的主题一致性。

6.1 引言

重现科技发展历史可用于研发方向规划、科技空白发现、科技发展预测等，对于科研新人来说，它是快速了解陌生领域的有效手段[247]。在早期的实证研究中，重现科技发展历史主要使用定性方法，如学科综述、文献阅读或专家访谈等，以获得对某学科发展过程的认识和理解[248]。然而，在如今科技大数据和人工智能时代，这些定性方法存在成本高、效率低、难复用且容易受到专家资源稀缺性的限制等诸多不足，而如何利用科技数据和计算机技术来克服这些不足，则愈发受到人们的关注。

随着近年来计算机技术的快速发展，一系列自动化方法被提出并用于既定领域的发展历史重现[249]。在这些方法中，以 Hummon 等[148]所提的主路径分析法最为知名、应用最为广泛。该方法采用引文网络来表示文献中知识片段之间的扩散关系，采用网络的遍历权重来度量知识的重要性[148，250]，进而搜索出由里程碑文献及其引用关系所组成的引文路径，他们将这种引文路径称为主路径，并通过它来解读引文网络背后领域知识的发展过程。

社会网络分析软件 Pajek[250]中已经实现了主路径分析法及其若干变体，这极大推动了主路径分析法在各个领域的广泛使用[150，247，251-253]。然而，我们知道一个领域中通常存在若干个并行发展的重要研究方向，但主路径分析法仅选取遍历权重最大的一条路径或者排名靠前的若干路径作为输出结果，而忽略了其他重要研究方向的知识演化脉络。同时，主路径分析法只使用引文连线的遍历权重而忽略引文网络节点所依附的文本信息，这对主路径所包含文献集合的主题一致性带来了不利影响。为应对这些不足，本章提出一种语义主路径分析方法，以识别既定领域上多个主题的知识演化脉络。具体来说，我们先将连线遍历权重与连线语义权重相结合以提升所产生路径的主题一致性；之后采用聚类算法将所产生的路径集合划分到不同主题，并从每个主题上筛选代表性的路径以表征该主题上的知识演化脉络。

本章剩余部分内容安排如下：在 6.2 节简要叙述相关工作后，6.3 节提出一种将网络结构和文献内容相结合的语义主路径分析方法，并对其中的核心模块，如候选路径生成、主路径选择，展开详细说明，之后 6.4 节以电动汽车锂离子电池领域为例，对相应专利引文网络展开实证分析，最后 6.5 节对本章进行了小结。

6.2　相关工作

给定一个引文网络，主路径分析法的基本流程如图 6–1 所示：首先计算引文网络中每条连线的遍历权重；其次搜索自源点至终点的候选路径，所谓源点，即只有出度没有入度的节点，终点则反之；最后将每条候选路径上的连线权重累加起来，并将符合条件的路径筛选出来作为主路径。下面我们分别就主路径分析法的各个重要环节展开详细介绍。

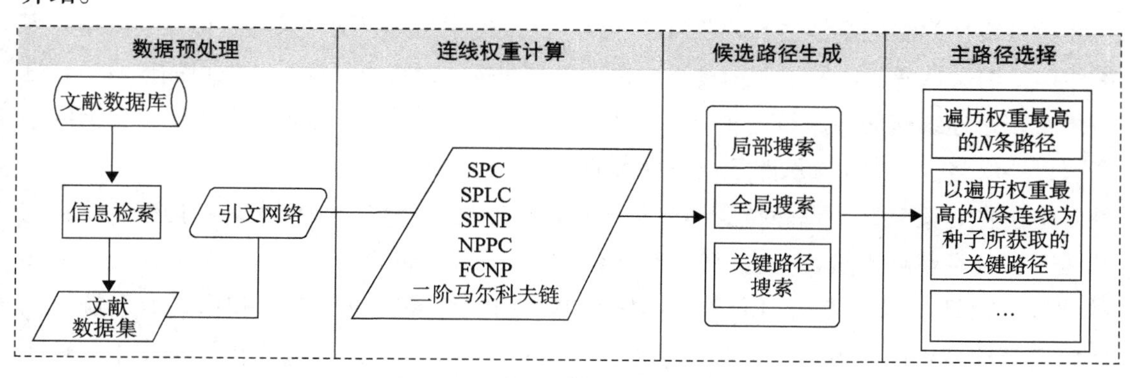

图 6–1　主路径分析法的基本流程

6.2.1　连线权重计算

早在 1989 年 Hummon 等提出主路径分析法时，他们就提出了 3 种连线遍历权重的计算指标，即 SPLC（search path link count）、SPNP（search path node pair）和 NPPC（node pair projection count）；之后 Batagelj[254] 提出一种高效的遍历权重计算指标 SPC（search path count），由于 SPC 在将直接引用和间接引用纳入考量范围的同时，具有最低的算法时间复杂度，因此成为许多研究者的首选[248，252，255-256]。

当然也有不同的观点。例如，Liu 等[257-258]曾采用类比的方式来帮助人们理解这些遍历权重指标的区别，他们发现 SPLC 最接近真实世界中知识的扩散情况，因为该指标下不仅引文网络的中间节点在知识扩散的过程中起到中转站的作用，而且它还往其中加入了新的知识；相比之下，SPC 中的中间节点只起到知识传导的作用，而 SPNP 中的中间节点是一个知识存储单元，NPPC 由于时间复杂度较高，极少在实际场景中使用。基于这些理由，Xu 等[247]、Huang 等[259]和 Lai 等[260]学者倾向使用 SPLC 来计算连线遍历权重，尽管 Batagelj[254]、Martinelli[261]论述说不同遍历权重指标下产生的结果几乎完全相同。

近年来出现了一些关于遍历权重的新观点，包括：①这些遍历权重不能反映知识在引文网络中流动时所产生的信息损失[262]；②使用这些遍历权重所产生的路径中文献主题混杂[248, 263]。为缓解这些观点所带来的无所适从，一些新的连线权重计算方法被提了出来，包括 FCNP（forward citation node pair）[264]、SPAD（search-path arithmetic decay）、SPGD（search-path geometric decay）和 SPHD（search-path harmonic decay）[262]。除此以外，Kim 等[263]将文献自身的重要性与施引文献、被引文献之间的主题相似度结合起来，在利用文本信息进行连线权重赋值上展开了探索。

6.2.2 候选路径生成

一旦连线权重准备完毕，下一步就是在源点和终点之间搜索候选路径。为表述方便，该步骤被简称为候选路径生成。在当前学界，路径搜索主要有两种策略，即贪心策略和穷举策略。前者从源点出发，使用贪心法游走引文网络，即在由当前节点发出的连线中，选取最大权重连线作为通路行进至下一节点，直至遇到终点[265]；后者则穷举出引文网络中所有可能的路径，进而选取路径权重最大的路径作为结果输出[266]。

由于贪心策略并不保障搜索结果为全局最优路径，所以也被称为局部搜索策略；与此相对，穷举策略则被称为全局搜索策略。根据搜索方向的不同，这些策略还能进一步被细分为由源点到终点的前向局部搜索策略、前向全局搜索策略，和由终点到源点的后向局部搜索策略、后向全局搜索策略[150]。Liu 等[150]观察到无论是局部搜索策略还是全局搜索策略，所产生的主路径均无法确保包含引文网络中遍历权重最大的连线。因此，他们建议使用一种新的路径搜索策略，即关键路径搜索（key-route search）策略，所谓关键路径搜索策略就是先将引文网络中遍历权重最大的连线找出来作为种子，进而从种子出发向前搜索直至遇到终点、向后搜索直至遇到源点，最终输出一条新的主路径。

另外，Yeo 等[265]发现之前的主路径分析法主要依赖当前节点所具有的信息来选择下一个节点，这种搜索方式容易混入不同主题的节点，对此，他们提出一种基于二阶马尔科夫链的路径搜索方法来应对这个问题；与此不同，Tu 等[255]通过将主路径上主题类似的文献加以合并来区分不同主题，并形成一种新的主路径形式——概念路径；沿着该研究方向，Kim 等 [263] 进一步集成 PageRank 算法 [174] 和引文影响力模型（citation influence model，CIM）[267-268] 来改善路径的主题一致性，进而抽取蛋白质 p53 领域的多条主路径。

6.2.3 主路径选择

早期主路径分析法的路径选取方法很简单，就是选取路径长度最长或者连线累计权重最大的单条路径作为主路径 [265]。然而，单条路径由于覆盖面有限，在探索领域知识演化脉络时受限很大 [251]，同时容易遗失重要节点、连线和路径 [248]。为应对这些不足，Verspagen[266] 将路径选择条件放宽至如果同时存在多条连线累计权重并列第一的路径，则将它们全部纳入进来以形成主路径网络；Fontana 等 [269] 更进一步地将连线累计权重排名第二、第三的候选路径扩充到主路径网络；由于这些主路径网络不仅包含了连线累计权重最大的路径，还包含了排名靠后的其他路径，因此 Liu 等 [251] 称这种新方法为多主路径分析法。

然而在多主路径分析法中，遍历权重最大的连线仍然可能未被包含在主路径网络中。对此，Xiao 等 [151] 将关键路径搜索策略引入多主路径分析法中。具体来说，他们将遍历权重排名靠前的连线作为种子，进而对每个种子执行关键路径搜索策略以产生多条主路径，并将这些主路径合并得到最终结果。由于加持了关键路径搜索策略的多主路径分析法在展示科技领域知识演化细节上的良好表现，该方法得到了学者们的广泛关注 [151，247，256]。

与此同时，Kim 等 [248] 和 Yu 等 [256] 将研究焦点投向从主路径上旁生的重要分支。具体来说，他们首先用社区探测算法将引文网络划分为若干子网，继而利用传统主路径分析法从每个子网中抽取子主路径，在将全部子主路径合并后，即可用于主路径分支分析。Martinelli[261] 提出另一种策略，即固定文献的起始年份而改变文献的终止年份，通过筛选符合条件的文献集合形成不同时间段所对应的引文网络，在对不同引文网络进行路径抽取并拼接成总主路径后，就可以分析不同时间段上的知识发展变化情况。

6.2.4 反思

尽管主路径分析法是识别知识演化脉络的强大工具，但过于重视网络结构而对相关文献信息使用不足的特点，仍然使该方法的应用价值大打折扣，并导致主路径上文献主题混杂的问题，而这也影响了利用主路径来发现知识流动的实际效果 [263]。虽然近期涌现了一系列方法试图缓解这些问题，如二阶马尔科夫链、主题模型等，但是这些方法需要大量的专家干预才能从候选路径中挑选主路径。换句话说，目前学界仍然缺乏客观、全面且高度自动化的方法，以在抽取涵盖不同子领域知识演化脉络的同时，保障这些脉络具有良好的主题一致性。

对此，我们提出了一种新的主路径分析方法，它将语义相似度和遍历权重相结合来提升路径上文献的主题一致性，进而使用聚类算法识别所给领域的下属子领域，并从不同子领域中选取具有代表性的多条主路径，这样用户就可以得到对整个领域知识发展的全面认识。此外，我们也利用广度优先搜索和动态规划策略实现了一种新的全局搜索算法，新算法相比传统基于穷举策略的全局搜索算法虽然在时间复杂度上持平，但在空间复杂度上由之前 $O(n^2)$ 降低到 $O(n\log n)$。

6.3　语义主路径分析方法

语义主路径分析方法框架如图 6–2 所示，从结构上讲，它沿袭了传统主路径分析法的处理方式，将整个流程分为 4 个部分，即数据预处理、连线权重计算、候选路径生成和主路径选择。但与传统主路径分析法不同的是，该方法将文本相似度引入连线权重计算以改善同一路径上文献的主题一致性。同时，我们对候选路径生成方法、路径选择策略进行了优化。为将传统主路径分析法中的原有内容和语义主路径分析方法的创新之处区分开来，我们将创新之处在图 6–2 中用灰框标出。

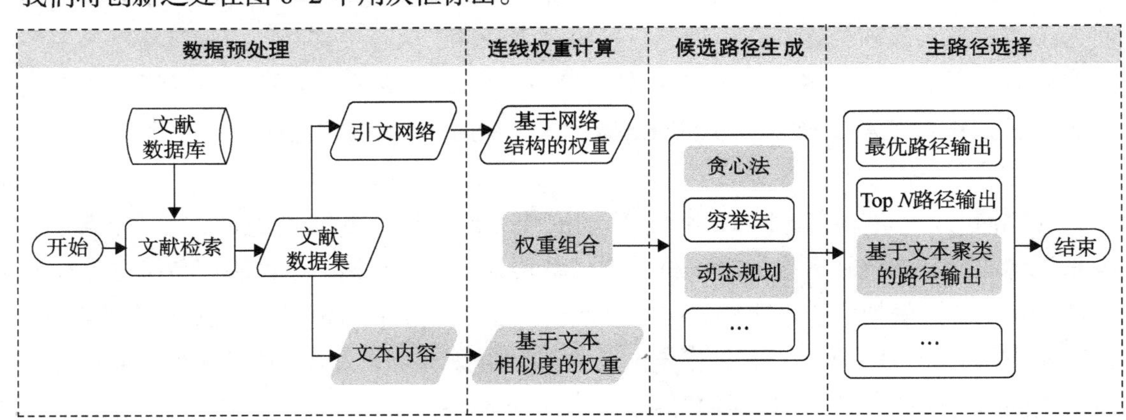

图 6–2　语义主路径分析方法框架

6.3.1　连线权重计算

为提升同一路径上文献的主题一致性，我们将传统基于遍历计数的连线权重与基于文本相似度所形成的语义权重进行叠加，严格来说，介于节点 i、j 之间连线 $link_{i,j}$ 的权重计算公式为：

$$weight(link_{i,j}) = \alpha * weight_s(link_{i,j}) + (1-\alpha) * weight_t(link_{i,j})。\qquad (6\text{–}1)$$

从式（6–1）中可以看出，$link_{i,j}$ 的权重由两个部分构成，即语义权重 $weight_s(link_{i,j})$ 和遍历权重 $weight_t(link_{i,j})$，前者通过计算依附在节点 i、j 上的文本相似度得到；后者可以从 6.2.1 中所提及的连线遍历权重指标中选取，在这里我们选取 SPC 作为连线的遍历权重指标；而是一个取值区间为 [0，1] 的超参数，用于调节连线语义权重与遍历权重的比重。

由此一来，路径的权重计算方法也要做出相应改变。传统主路径分析法将路径上所有连线的遍历权重累加起来，得到该路径的权重，计算公式如式（6–2）所示。当连线权重变为由遍历权重和语义权重所形成的复合权重时，路径的权重计算公式如式（6–3）所示。但是，根据我们观察，式（6–3）仍然可能在路径搜索中出现语义漂移现象，即源点和终点所依附文献在主题上出现较大偏离。其原因在于路径搜索时，式（6–3）仅考虑直接引用关系而未考虑间接引用关系。以图 6–3（彩插见书末）中引文网络为例，当路径搜索算法使用式（6–3）决定节点 3 的下一个节点时，它只考虑节点 3 与其后继节点 4、节点 5、节点 6 之间的引文连线权重，如图 6–3a 所示，并选取其中连线权重最大的节点作为下一个节点（假设是节点 4），但是，节点 4 并不能保障它的主题与节点 1、节点 2 的主题一致。换句话说，即便节点 1 和节点 2、节点 2 和节点 3、节点 3 和节点 4 之间主题一致，但仍然有可能节点 1 和节点 4 讨论的是完全不同的主题，即语义漂移。

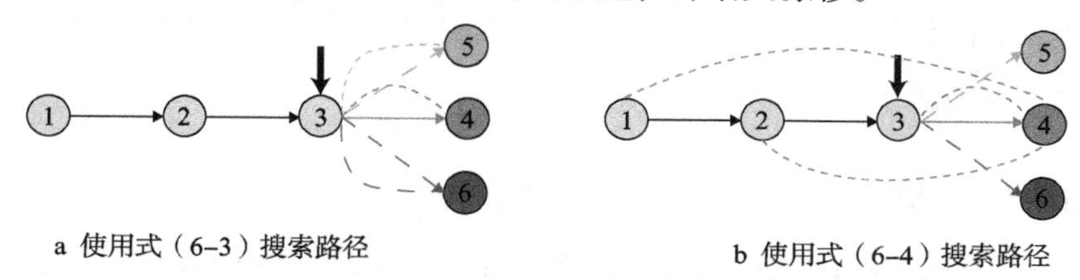

图 6–3　使用不同公式进行路径搜索

因此，为同时将直接引用关系和间接引用关系考虑在内，在本研究中我们用式（6–4）替换式（6–3）。在新公式中，虽然路径的遍历权重计算方式仍然和式（6–3）一致，但路径的语义权重计算方式是枚举路径上所有可能的节点对，并将它们的文本相似度累加起来，如图 6–3b 所示。如此一来，就可以保障路径搜索所产生的最优路径上，即便源点和终点也具有较高的主题一致性。

$$W_{path,\ t}=\sum_{link_{i,\ j}\in path} weight_t\left(link_{i,\ j}\right); \tag{6–2}$$

$$W_{path,\ c}=\sum_{link_{i,\ j}\in path} \alpha * weight_s\left(link_{i,\ j}\right)+\sum_{link_{i,\ j}\in path}(1-\alpha) * weight_t\left(link_{i,\ j}\right); \tag{6–3}$$

$$W_{path,\ c}=\sum_{vertexk_i \in path}\ \sum_{vertexk_j \in path} \alpha * weight_s\left(vertex_i,\ vertex_j\right)+\sum_{link_{i,\ j}\in path}(1-\alpha) * weight_t\left(link_{i,\ j}\right)。 \tag{6–4}$$

由于式（6–4）中路径的遍历权重部分和语义权重部分遵循不同的计算方式，因此它们的取值可能处于不同量级。在将这两个部分权重合并之前，需要用式（6–5）至式（6–7）将各自权重规范化到 [0，1]，其中 max（$W_{path,\cdot}$）和 min（$W_{path,\cdot}$）是候选路径中语义权重或遍历权重的最大值和最小值。为凸显式（6–5）至式（6–7）与式（6–3）的区别，超参数 α 由 β 替换，来控制规范化后的遍历权重与语义权重的平衡。

$$W_{path,\ c}=\beta*\frac{W_{path,\ s}-\min(W_{path,\ s})}{\max(W_{path,\ s})-\min(W_{path,\ s})}+(1-\beta)*\frac{W_{path,\ t}-\min(W_{path,\ t})}{\max(W_{path,\ t})-\min(W_{path,\ t})};\quad(6\text{–}5)$$

$$W_{path,\ s}=\sum_{vertexk_i\in path}\ \sum_{vertexk_j\in path\ (i>j)} weight_s(vertex_i,\ vertex_j);\quad(6\text{–}6)$$

$$W_{path,\ t}=\sum_{link_{i,\ j}\in path} weight_t(link_{i,\ j})。\quad(6\text{–}7)$$

我们建议为语义主路径的 β 选取较小的值，使其更侧重遍历权重，因为引文网络的结构是决定知识演化脉络的主要因素，也是之前主路径分析法在抽取路径时的参考依据。因此，在语义主路径分析方法中，也应该使用遍历权重来度量路径在引文网络中的重要性，而语义权重的目的在于提升路径上节点的主题一致性。值得一提的是，当 β 为 0 时，就是只考虑遍历权重而不考虑语义权重时，语义主路径分析方法就回归到传统主路径分析法上。

6.3.2 候选路径生成

尽管早期研究很少详细叙述主路径分析法在算法实现上的细节，但通过图遍历算法知识，我们不难推出候选路径生成环节包含两个步骤：①获取引文网络中的全部源点或终点；②对于每个源点或终点，利用贪心法或穷举法进行局部搜索或全局搜索以获取候选路径。对于贪心法来说，由于选择下一节点时只需要考虑当前节点的连线情况，因此候选路径生成的时间复杂度为 $O(e)$、空间复杂度为 $O(n)$，而穷举法则需要用深度优先遍历算法来罗列引文网络中的所有可能路径，其时间复杂度为 $O(e+n)$、空间复杂度为 $O(n^2)$。对于后者来说，在大型网络中进行全局搜索时就容易发生内存溢出的现象。

为此，我们将广度优先遍历和动态规划策略相结合，提出了一种新的候选路径生成算法—— DP-BFS（dynamic programming strategy with breadth first search）。与之前步骤类似，首先获取引文网络中的所有源点或终点，然后将 DP-BFS 应用于每个源点或终点。虽然在候选路径生成上广度优先遍历的使用使得 DP-BFS 的时间复杂度和穷举法一致，均为 $O(e+n)$，但动态规划策略使该算法的空间复杂度降低到 $O(n\log n)$。关于 DP-BFS 的空间复杂度推导详情请参考附录三。为表述准确，我们将 DP-BFS 算法的伪码用英文描述。

输入：引文网络 G 和源点 s；

输出：由 s 所引出路径中的全局最优路径。

①The procedure DP-BFS（G，s）
② let Q be a queue，D be a dictionary
③ label s as discovered
④ Q.enqueue（s），D.setKeyAndValue（s，s）
⑤ **while** Q is not empty **do**
⑥ v：= Q.dequeue（ ）
⑦ **for** all u **in** G.adjacentVertices（v）**do**
⑧ **if** u is found **in** D.keys（ ）**then**
⑨ p：= D.getValueByKey（u）
⑩ p_pre：= D.getValueByKey（v）
⑪ **if** $W_p < W_{p\_pre} + W_{v \to u}$ **then**
⑫ append $v \to u$ to p_pre
⑬ D.setKeyAndValue（u，p_pre）
⑭ **for** w **in** D.keys（ ）**do**
⑮ **if** u **in** D.getValueByKey（w）**then**
⑯ D.updateValueByKey（u）
⑰ **else**
⑱ Q.enqueue（u）
⑲ p：= D.getValueByKey（v）
⑳ append arc $v \to u$ to p
㉑ D.setKeyAndValue（u，p）
㉒ **return** path with the highest traversal weight in D.values（ ）

为便于理解 DP-BFS，我们以图 6–4 中的引文网络为例，对该算法的执行过程进行详细说明（图 6–5）。为使示例尽可能简单，我们只保留了引文连线上的遍历权重，并标注在图中的连线旁边。需要说明的是，通过简单地将式（6–2）替换为式（6–5），能够很容易地将连线的遍历权重更改成复合权重并保持其他条件不变。

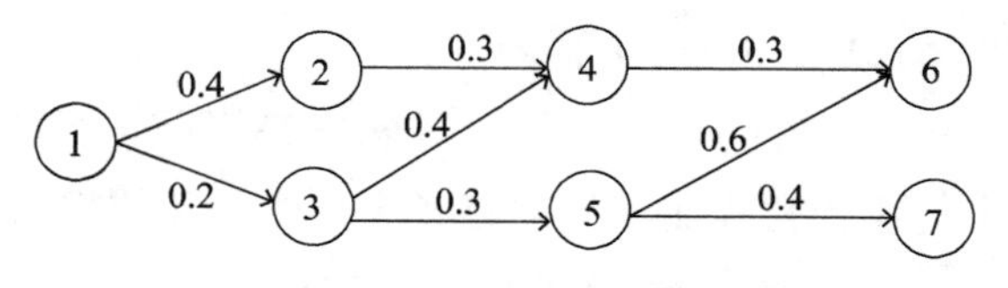

图 6–4 引文网络示例

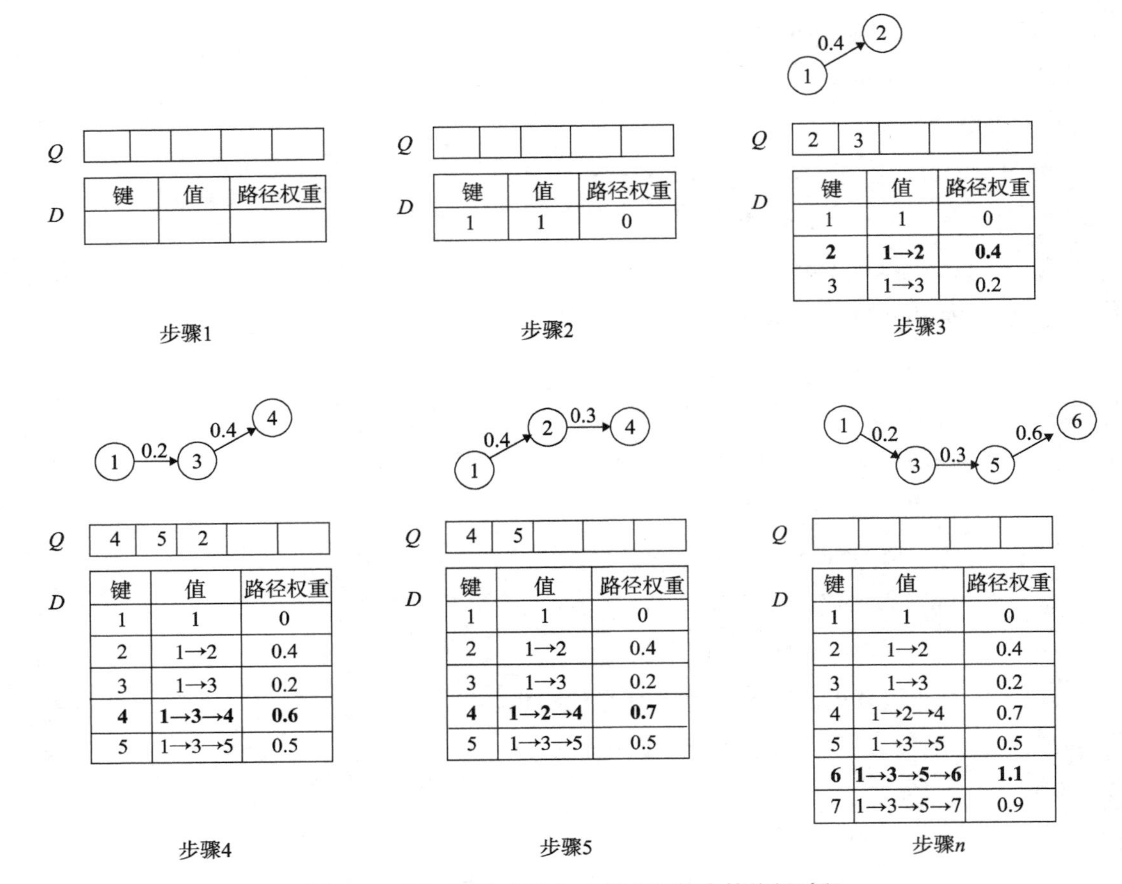

图 6–5　DP–BFS 在图 6–4 引文网络中的执行过程

步骤 1（行 2）：初始化队列 Q 和字典 D；

步骤 2（行 3 ～ 7）：从节点 1 开始遍历引文网络，并探索当前深度下的全部邻居节点，即节点 2 和节点 3；

步骤 3（行 8、17 ～ 21）：由于节点 2 和节点 3 并没有作为键存在于 D 中，因此将节点 2、节点 3 作为键，将这两个节点所对应连线 1 → 2、1 → 3 作为值，即（2，1 → 2）、（3，1 → 3）存入 D；

步骤 4（行 5 ～ 8、17 ～ 21）：移动到下一节点 3，探索它的邻居节点 4 和节点 5，并将（4，1 → 3 → 4）和（5，1 → 3 → 5）存入 D；

步骤 5（行 5 ～ 16）：移动到下一节点 2，探索它在当前深度的邻居节点，即节点 4。由于节点 4 已经是 D 中的键，需要比较当前路径 1 → 2 → 4 的权重（0.7）和 D 中现存从 1 到 4 的路径（即 1 → 3 → 4）的权重（0.6）。由于 D 中键 4 所对应的路径权重低于当前路径权重，因此键 4 所对应的值被当前路径替换；

步骤 n：依次迭代执行上述过程。

输出（行 22）：输出 D 中最大权重路径，即权重为 1.1 的路径 1 → 3 → 5 → 6。

6.3.3　主路径选择

主路径选择就是从所给领域的每个子领域中选取代表路径。之前研究主要选取遍历权重较大的路径作为输出结果，但这种方法无法从每个子领域中筛选具有代表性的主路径。对此，我们提出一种基于聚类的筛选方法，它包括 3 个步骤：①将候选路径的文本信息向量化；②利用聚类算法将候选路径划分到不同子领域中；③通过设置规则从每个子领域的候选路径中选取一条或多条路径作为该子领域的主路径。注意，上述筛选方法只是一个基本流程，在具体实现中，需要根据实际情况选择合适的技术和规则。另外，一些聚类算法，如 K-means、高斯混合模型等，使用随机初始化机制，导致每次运行结果都存在差异。因此，我们建议在实现语义主路径时，使用更加健壮的聚类算法，如密度峰值聚类（density peak clustering）[270]。该算法假设每个聚簇中心都被密度更低的邻居节点包围，同时每个聚簇中心与更高密度节点之间存在较长距离，因此可以通过计算每个节点的密度及它与更高密度节点的距离，来识别正确的聚簇数量及每个聚簇的中心节点。

6.4　实证分析

在实证分析阶段，我们选取电动汽车锂离子电池领域的专利引文网络，对语义主路径分析方法的效果进行评估。

6.4.1　数据准备

该数据集的数据来源德温特创新索引数据库（Derwent Innovation Index database），在用 Zhang 等 [271] 所提检索式得到初步专利数据后，经领域专家筛选并使用前向引用和后向引用扩充，我们得到本次实验的基础数据；之后我们聚焦于电动汽车锂离子电池技术生命周期的早期研发阶段，只留下 2010 年 3 月之前的专利数据 [272]，因为该时期企业全力研发以期早人一步探索出引领市场的主导技术方案 [273]；这批数据进一步以德温特专利家族为单位进行合并，以消除内容相近但在不同国家专利局授权专利给引文网络完整性带来的不利影响 [252，259]。最终所产生的专利数据集中包含专利家族 13 401 个，专利公开时间为 1973 年 6 月—2010 年 3 月。

按照惯例，我们使用德温特入藏号作为专利家族的唯一标识，每个专利家族中第一个公开专利（即基本专利）的摘要字段，被作为这个专利家族的文本信息。与 Hummon 等（1989）[148] 和 Xu 等（2020）[247] 的做法类似，我们选取引文网络中的最大弱连通子图作为语义主路径分析的目标网络，该网络共有 3603 个专利家族，包括 1248 个源点、1085 个中间节点和 1270 个终点。不难发现，其中源点和终点比重极大，其根源在于使用了一阶前向引用和一阶后向引用的数据集扩展策略。图 6-6 显示了专利家族数量随公开年份的分布情况，从中可以看到，电动汽车锂离子电池专利最早出现于 1975 年，在 1990 年以后进入快速发展时期。这与 Yong 等 [272] 的观察相一致，即 1990 年以后，政府颁布了一系列法案以减少二氧化碳排放并激励大力发展电动汽车和混合动力汽车。

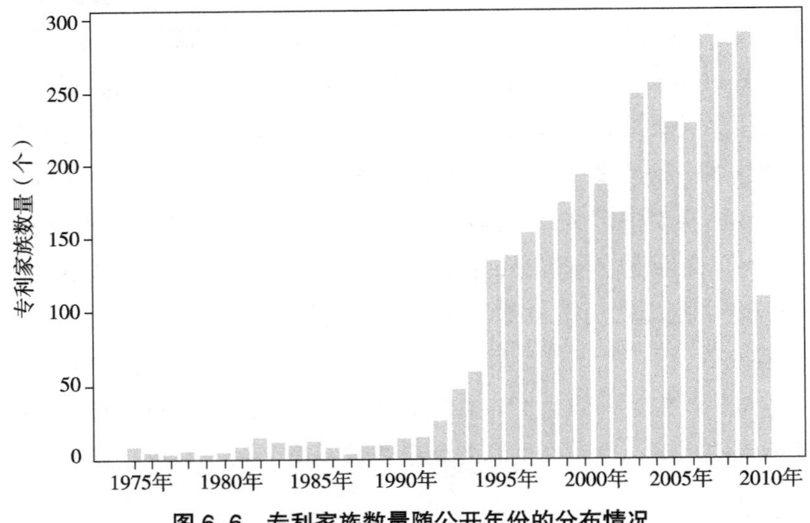

图 6–6 专利家族数量随公开年份的分布情况

6.4.2 方法选型和超参数调整

在本实验中，路径权重上选取 Batagelj 推荐的 SPC 指标；经统计发现该网络规模中等，因此我们选用全局搜索策略生成候选路径，具体算法采用空间复杂度更低的 DP-BFS 算法；主路径选择中，我们选用健壮性较好的密度峰值聚类算法。为改善主题一致性，我们利用复合权重生成候选路径。通过运行 DP-BFS 算法，可以从引文网络中得到 1248 条候选路径，每条候选路径有 3 种路径权重，即遍历权重、语义权重和复合权重，之后利用式（6–5）将复合权重规范化。这里我们仍然遵从传统主路径分析法的假设，即路径遍历权重反映了该路径在引文网络中所承载的知识流量。为使语义主路径分析方法识别反映出不同子领域知识流动的主干道，它所抽取的主路径的遍历权重应该尽量接近传统主路径的遍历权重。

这为超参数 β 的选择提供了启发策略，即选取所产生语义主路径在遍历权重上尽可能接近传统主路径，但在语义权重上又能拉开足够差距的 β。为选取合适的 β，我们按照 0.01 步长将 $[0, 1]$ 划分为 100 等份，进而取得在不同数值下所产生的候选路径在遍历权重、语义权重和复合权重上的变化情况（图 6–7）。

①在图 6–7a 中可以看到，无论 β 如何变化，候选路径的最大遍历权重保持不变。这意味着具有最大遍历权重的路径也几乎保持不变。之所以说“几乎”，是因为具有最大遍历权重的路径数量可能会发生变化，这一点可以从图 6–11 中看出；与此同时，候选路径的最大语义权重虽然在绝大多数 β 下也保持稳定，但它有 5 个临界点，在这些临界点上最大语义权重会发生突变；

②在图 6–7b 中可以看到，随着 β 的增加，候选路径遍历权重的平均值逐渐降低，而

语义权重的平均值逐渐提升。但是当 $\beta \geqslant 0.2$ 时，这两条变化曲线逐渐趋于平稳；

③在图 6–7c 中可以看到，随着 β 的增加，候选路径复合权重的最大值和平均值变化趋势并非单调。具体来说，当 $\beta<0.34$ 时，复合权重最大值始终为 1；随后随着 β 的增加，复合权重最大值逐步降低，直至当 $\beta=0.44$ 时，降到最低点 0.983，之后逐步回升到 1。而复合权重平均值自 $\beta=0$ 时开始逐步增加到 $\beta=0.04$ 时的峰值 0.067，随后逐步降低，直到当 $\beta=1$ 时，降低到最低点 0.021。

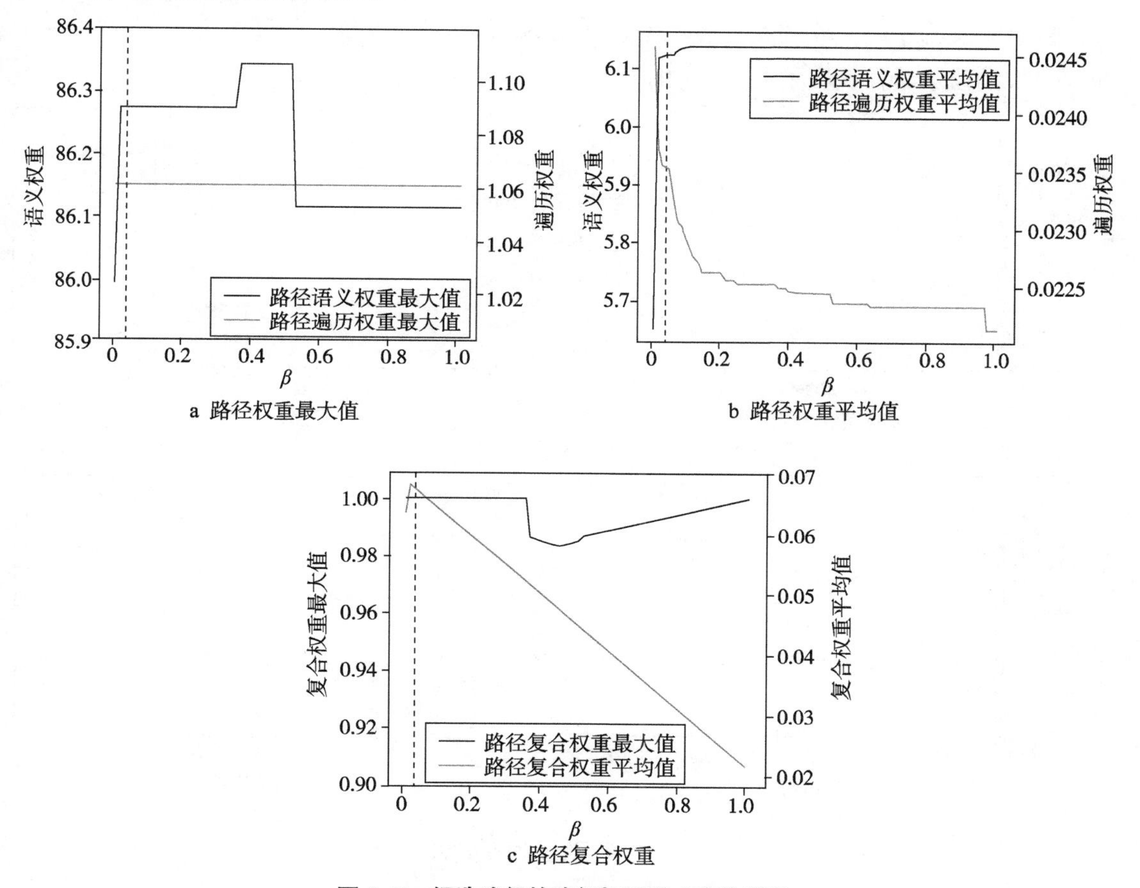

图 6–7　候选路径的路径权重随 β 变化情况

通过对比，我们选取 3 个 β 的数值，即 0、0.05、1，进行进一步分析。之所以选择它们，是因为 $\beta=0$ 或 1 时，语义主路径分析方法处于只考虑遍历权重或语义权重的极端状态，尤其当 $\beta=0$ 时，语义主路径分析方法回归成传统的主路径分析法；$\beta=0.05$ 即图 6–7 中的虚垂线，在该位置时大多数曲线处于一个相对稳定的状态，且符合前述选择 β 的启发策略，即其所产生语义主路径在遍历权重上尽可能接近传统主路径，但在语义权重上又能拉开足够差距。为获得更多有关候选路径的信息，我们将 $\beta \in \{0,\ 0.05,\ 1\}$ 时所产生候选路径的统计信息在图 6–8 中展示出来。从中可以看到，候选路径在语义权重、遍历权重、复合权重及路径长度上的数量分布呈现类似模式，即幂律分布；也就是说，绝大多数候选路径的权重较低、节点数量稀少，仅有若干候选路径在路径权重和节点数量上比较突出。以 β=0.05 为例，候选路径的语义权重分布在 0.2 和 86.3 之间，但只有 10 条路径的语义权重高于 60，而语义权重低于 10 的路径数量占据总数的 84%（图 6–8a）。对于图 6–8b 所展示的遍历权重来说，不仅数值范围远小于语义权重，而且在路径数量分布上更加偏态，共有 9 条路径的遍历权重高于 0.6，而 1184 条路径的遍历权重在 0.1 以下，占据总路径数量的 94.9%。类似情况也出现在图 6–8c 中。对于路径长度来说，只有 19 条路径的长度大于 11，包括长度为 15 和 14 的路径各 3 条、长度为 13 的路径 5 条、长度为 12 的路径 8 条，而 88.4% 的候选路径长度不大于 6（图 6–8d）。

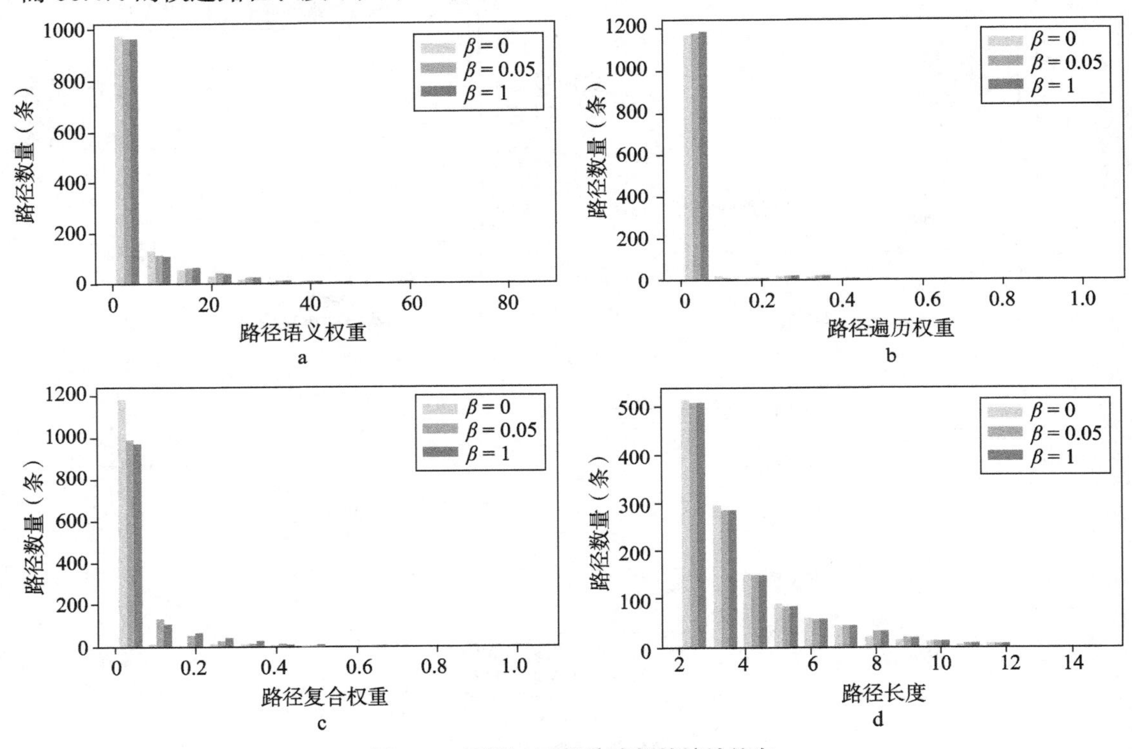

图 6–8　不同 β 下候选路径的统计信息

6.4.3　主路径选择

根据本数据集的特点和下游任务的需求，我们展示了 6.3.3 中主路径选择方法的一种实现方式，即首先将引文网络中的所有专利文本用 LSI 模型向量化，将位于同一候选路径的文本向量按照对应位置累加起来并加以规范化，以表示该路径；之后利用密度峰值聚类算法，将候选路径聚类到不同子领域；由于密度峰值聚类这种基于密度的聚类算法可以自动寻找正确的聚簇数量并输出每个聚簇的中心节点[274]，为确保取不同数值时聚类结果的可比性，我们通过试错法确定了 $\beta\in\{0，0.05，1\}$ 时密度阈值和高密度节点的距离阈值，它们分别是 32/0.38、35.55/0.3 和 35.5/0.46。

直观来说，位于每个聚簇中心的路径（图 6–9，彩插见书末）似乎可以作为每个聚簇的主路径。然而通过观察这些路径的相关属性（表 6–1），我们发现这些路径的遍历权重偏低，不宜作为主路径，而之所以会这样，是因为候选路径的遍历权重分布极为偏态，低遍历权重路径占比偏高，因此这些路径有更大的机会处于聚簇中心。为解决这一问题，我们重点考察了不同遍历权重区间的候选路径分布情况（图 6–10，彩插见书末），其中位于不同遍历权重区间的路径用不同颜色形状的标记表示出来。从该图可以看到，高遍历权重的路径集中于某一特定子领域，而且这种现象显然与 β 的取值无关。这也解释了为什么之前研究无法用传统多主路径方法获取各个子领域的主路径。

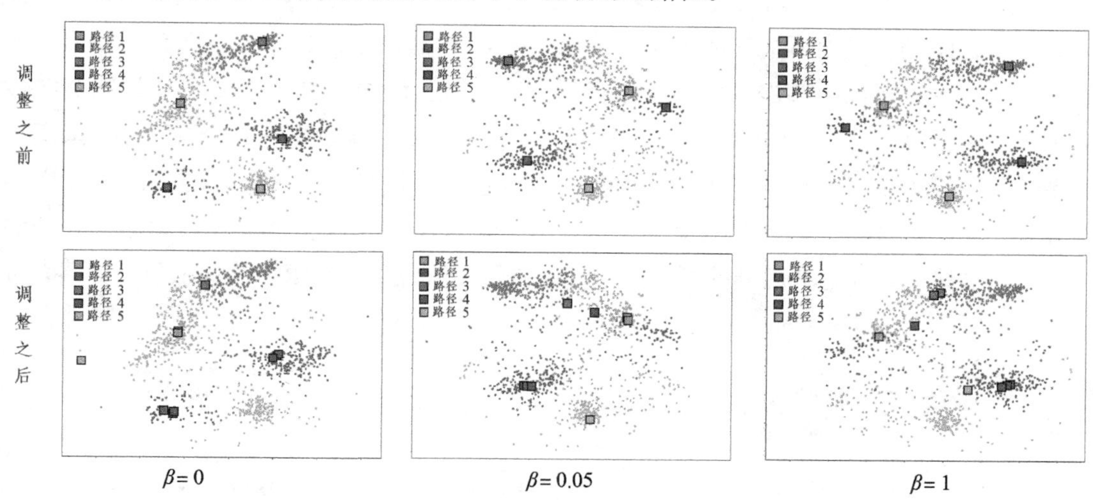

图 6–9 候选路径在语义空间的分布情况

表 6–1 语义主路径分析方法所产生多主路径的详细信息

β	相关属性		路径 1	路径 2	路径 3	路径 4	路径 5
0	旧主路径选择规则	遍历权重	0.95	0.03	1.07×10^{-4}	1.28×10^{-3}	1.48×10^{-3}
		路径长度	21	8	4	5	8
	新主路径选择规则	遍历权重	1.06	0.37	4.76×10^{-3}	1.85×10^{-3}	4.17×10^{-3}
		路径长度	15	13	9	6	3
0.05	旧主路径选择规则	遍历权重	0.85	0.34	1.07×10^{-4}	0.02	2.85×10^{-4}
		路径长度	13	13	4	6	5
	新主路径选择规则	遍历权重	1.06	0.34	7.82×10^{-3}	0.24	2.87×10^{-3}
		路径长度	15	13	11	9	7
1	旧主路径选择规则	遍历权重	1.78×10^{-5}	4.33×10^{-3}	1.07×10^{-4}	0.02	2.85×10^{-4}
		路径长度	2	6	4	6	5
	新主路径选择规则	遍历权重	1.06	0.34	4.76×10^{-3}	0.24	0.07
		路径长度	15	13	9	9	11

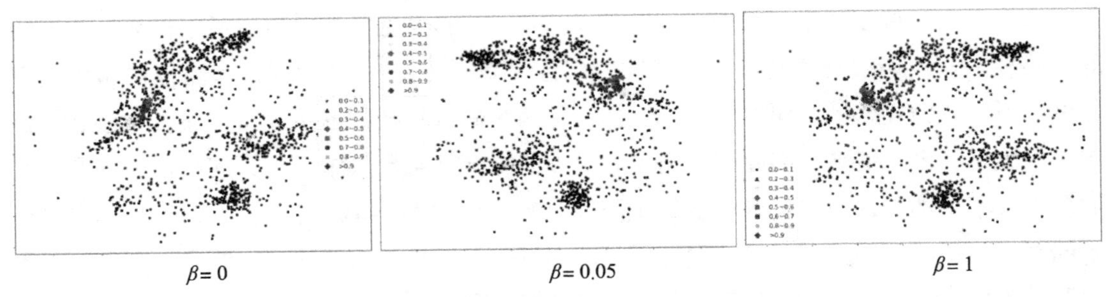

图 6–10　不同遍历权重区间的候选路径分布情况

因此，我们调整了主路径选择规则，新规则将每个聚簇中遍历权重最高的路径作为这个聚簇的主路径，进而形成新的主路径结果（图 6–9）。由于候选路径中存在路径遍历权重相等的现象，所以一些聚簇中的主路径会多于一条。例如，在 β=0.05 时，路径 2 实际上包含了 3 条遍历权重相同的主路径。从表 6–1 可以看到，新规则下各个主路径的遍历权重得到了全面的提升，而绝大多数主路径的长度也有所增长。$\beta \in \{0，0.05，1\}$ 时所产生的各条主路径的详情如图 6–11（彩插见书末）所示，对于一个聚簇中包含多条主路径的情况，将这些主路径合并起来即可。关于各条主路径所包含专利家族的详细信息，读者可以访问 https：//awesome-patent-mining.github.io/sMPA-paper/。

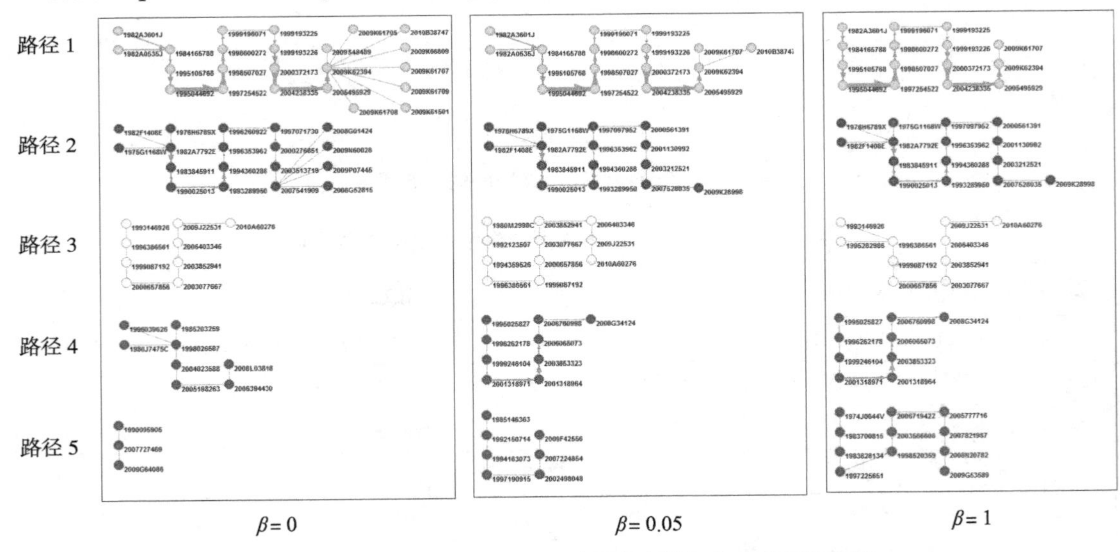

图 6–11　$\beta \in \{0，0.05，1\}$ 时所产生的各条主路径的详情

从图 6–11 中，我们不难发现下述现象。

①随着 β 增加，主路径上分支数目逐渐减少。这种分支实际上由多条具有相同遍历权重的主路径合并产生。由于具有相同遍历权重的引文连线并不鲜见，所以当复合权重中遍历权重的比重较大甚至只考虑遍历权重时，会产生较多具有相同遍历权重的候选路径；然而，随着 β 的增加，语义权重在复合权重中的比重越来越高，由于路径搜索中优化目标的变化，候选路径中具有相同遍历权重的概率大大降低，并由此导致主路径分支数目的减少。

②遍历权重越高的路径对 β 越不敏感。拿遍历权重排名前 2 的路径，即路径 1 和路径 2 来说，在 3 种 β 的数值下它们的路径结构基本上保持稳定，尤其对于路径 1 来说，只是路径分支逐渐减少而主干保持不变。事实上，$\beta=0$ 时，路径 1 正是传统主路径分析法的输出结果；换句话说，语义主路径分析方法始终能识别出传统主路径分析法中的主路径结果（至少是其主干），这种情况也适应于路径 3。相反，遍历权重越低的主路径，越会随 β 发生变化。例如，路径 4 在 β 由 0 变为 0.05 时结构发生了显著变化，尽管当 β 由 0.05 变为 1 时这种变化没再发生；而路径 5 的变化则更为彻底，对于每个 β 它的形状各不相同。

③随着 β 的增加，每个子领域中主路径的长度也展现出逐步增加的趋势。当 $\beta=0$ 时，甚至出现长度为 3 的主路径；但当 β 增加到 0.05 和 1 时，最短主路径的长度分别增加到 7 和 9。这意味着 β 和主路径长度正相关。注意，在本章中路径长度并非路径中所包含的全部节点数量，而是除去分支后的节点数量。

6.4.4 讨论

为获取关于语义主路径在主题一致性上的更多洞见，我们进一步从宏观和微观层面对实验结果进行分析。在宏观层面上，专利家族文本内容的向量表示在利用多维尺度法（multi-dimensional scaling，MDS）[275] 降维后投射到二维平面；随后，图 6–11 中的主路径在图 6–12a 至图 6–12c（彩插见书末）中被标记出来。不难看出，在 β 较小的时候，主路径倾向于在不同子领域之间跨越，尤其是当 $\beta=0$ 时的路径 2、路径 4 和路径 5；但是随着 β 的增加，主路径倾向于集中在单一子领域，这意味着主路径上的主题一致性得到了改善。同时，相比传统多主路径方法，选取遍历权重排名前 10 的候选路径构成多主路径，我们的主路径覆盖了目标领域的主要子领域（图 6–12d）。值得注意的是，在路径 1 上有一个离群点，其专利家族入藏号为 1995044692，从其所在位置上看，该专利家族并没有讨论路径 1 的主题。但是一旦将该离群点及其相关引文连线从引文网络中移除并重新运行多主路径方法，就会发现路径 1 的遍历权重会从 1.06 降低到 0.438，尽管这条路径仍然是全部候选路径中的最大遍历权重路径。显然，这意味着我们的主路径分析结论不易受到离群点的影响。

为进一步深入微观层面以增进对语义主路径分析方法的理解，我们将 β 固定为 0.05，在该设置下所产生的主路径主题解读如表 6–2 所示。通过调研关于电动汽车的背景知识，Jape 等 [276] 构建了电动汽车结构（图 6–13），我们的语义主路径分析方法成功识别了大多数关于电池的汽车组件，如路径 1 和路径 2 所识别的电池控制器、路径 3 和路径 4 所识别的电池设计技术、路径 5 所识别的电机控制器。更进一步，由于每条主路径主题之间的区别较大，所以用户可以使用语义主路径分析方法观察针对同一组件的不同研究方向。例如，尽管路径 1 和路径 2 都在讨论电池控制器，但路径 1 讨论的是电池温度控制技术，而路径 2 讨论的是电池充放电时电流的控制技术和剩余电量的测度技术。

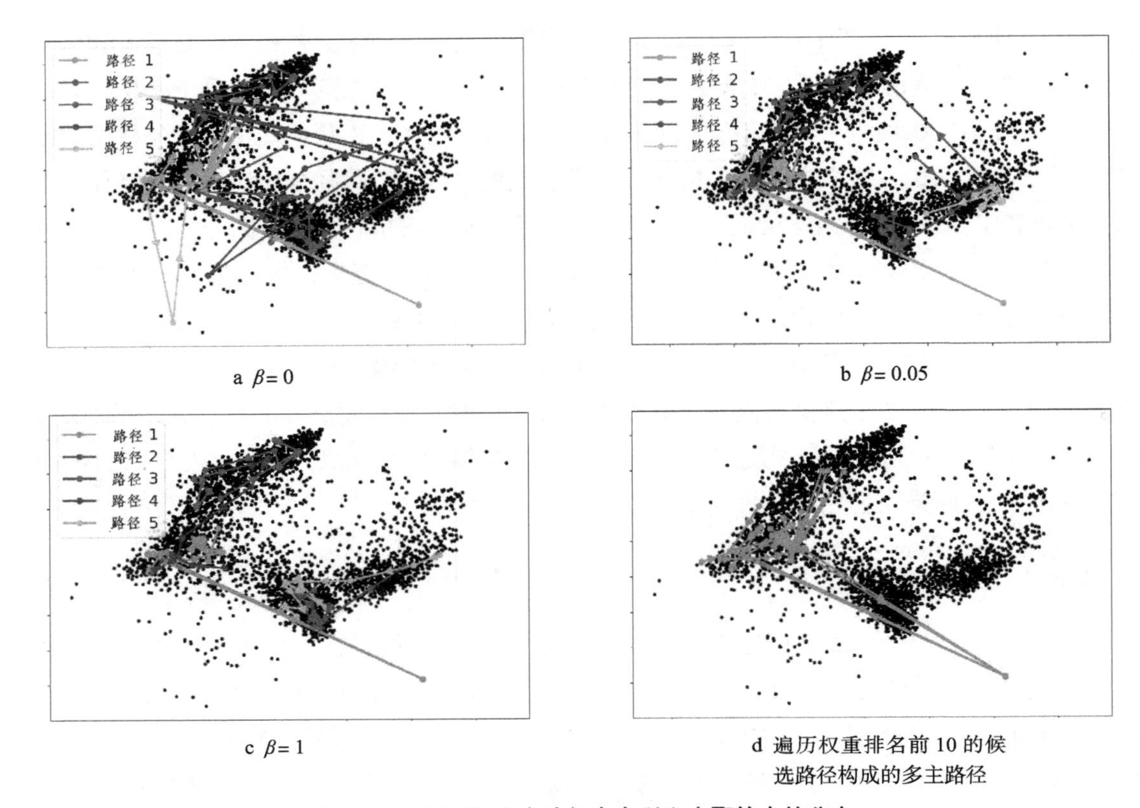

a $\beta=0$　　b $\beta=0.05$　　c $\beta=1$　　d 遍历权重排名前 10 的候选路径构成的多主路径

图 6-12　不同语义主路径在专利文本聚簇中的分布

表 6-2　不同子领域的主路径主题解读

路径编号	路径内容描述
1	电池冷却和结构设计技术
2	充放电时电池状态控制技术
3	电子电气设备中的二次电池技术
4	锂二次电池和电池包结构设计技术
5	电动汽车的电动机控制技术

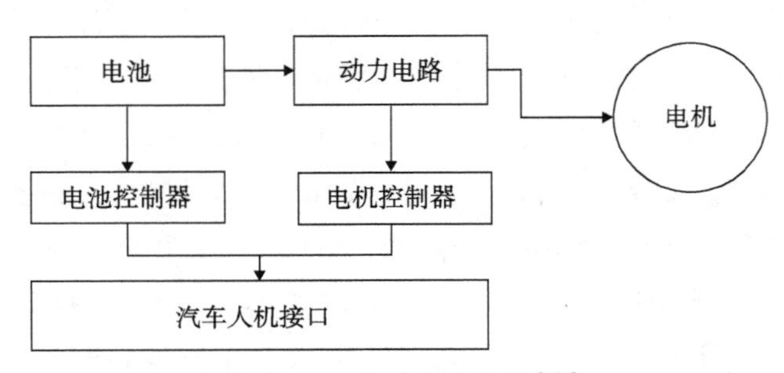

图 6-13　电动汽车结构 [251]

根据文献调研得知[277-278]，这些路径反映了电池管理系统（battery management system，BMS）中两个关键技术（即温度控制技术和充放电控制技术）的发展轨迹。与此同时，虽然路径 5 的遍历权重最小，但这并不意味着电机控制技术不重要，而是相比锂离子电池，这部分内容相对独立。另一个路径遍历权重较小的是路径 3，但是自 2010 年之后，二次电池技术已经取得了长足的发展[271]。这意味着语义主路径分析方法具有一定的技术预测能力。至于路径 4 所反映的电池组，则是电动汽车中最昂贵的部件[278]，该部件吸引了大批研发力量对其结构进行优化以实现低成本的热管理功能[279-281]。

随着 β 的增加，不仅主路径的主题一致性得到了改善，而且类似位于聚类图中偏离聚簇中心的位置，或者路径长度较短、遍历权重较低的候选路径被选为主路径的机会也大大降低。具体来说，当 β=0.05 时，路径 2 的语义权重远高于 β=0 时的对应值，在解读完这两条路径上的专利内容后，我们发现前者大部分专利讨论的是充放电过程中的电池状态控制技术，而后者虽然在路径前半段与前者相同，但自节点 1996260922 以后就发生了主题切换，开始讨论电池控制系统中的数据传输和存储。路径 3 的情况和路径 2 类似，但是它们之间的语义权重差异较小。值得注意的是，路径 4 在 β=0 时和 β=0.05/1 时完全不同，前者涉及永磁型旋转电机技术，而后者则是锂二次电池技术和电池组结构设计技术。从遍历权重角度来看，前者为 1.85×10^{-3}，远小于后者的 0.24，这表明锂二次电池技术和电池组结构设计技术是一条更为重要的技术发展脉络，应该被选为主路径。在 β=0 时，路径 5 既偏离聚簇中心，路径长度又短，并不适合作为主路径。但随着 β 的增加，该路径在路径长度和偏离程度方面有所改善，它的主题也从 β=0 时的电池安装结构设计变为 β=0.05 时的电机控制，并最终变为 β=1 时的电池控制系统。很明显，后两种 β 取值下的路径长度为 7 和 11，更适合作为主路径，但 β=1 时路径 5 已经处于所在聚簇的边缘位置，相比之下应该优选 β=0.05 时的对应路径。

我们再讨论一下语义主路径分析方法所抽取的主路径在未来技术发展中的影响力。受 Leydesdorff 等[249]和 Von Wartburg 等[282]的启发，我们统计了所有候选路径在未来的前向引用情况，并基于候选路径的节点平均前向引用次数对候选路径进行了排序，排名靠前的候选路径由于更容易获得未来专利的引用，显然具有更高影响力。为此，我们将实验数据扩展到 2022 年 2 月 6 日，并计算这 5 条主路径在结果中的排序（表 6–3）。从中可以看到，除路径 4 以外，其他 4 条主路径在节点平均前向引用次数排名上均位于前 20%。换句话说，就是这些主路径在 12 年后仍然具有相当的影响力，而这些主路径上的专利平均能够获得比其他候选路径上的专利更多的引用度。另外值得注意的是，使用节点平均前向引用次数所得到的主路径先后顺序，与根据遍历权重所得到的主路径先后顺序并不一致，在根据节点平均前向引用次数所得到的主路径先后顺序中，路径 2 超过路径 1 成为影响力最大的主路径，而路径 5 的排名上升到第四。这表明在后来 12 年内，更多的研发活动被投入充放电控制、二次电池和电机控制技术领域。

表 6-3 以路径节点平均前向引用次数测度语义主路径的影响力

指标	路径 1	路径 2	路径 3	路径 4	路径 5
节点平均前向引用次数（次）	57.5	71.4	39.1	24.8	28.9
排序	34	21	114	333	241
百分比（%）	2.7	1.7	9.2	26.7	19.4

6.5 本章小结

在本章中，我们将文本挖掘技术与专利引文网络分析相结合，提出一个全新的语义主路径分析方法框架。相比之前依赖引文网络结构属性抽取知识演化脉络的主路径分析法，新框架将语义信息引入主路径的搜索过程，因而具有捕捉细粒度知识演化过程的能力；此外，我们还通过文本聚类从候选路径中选择多条主路径，从而帮助用户观察不同子领域知识的各自演化过程及其相互作用，因而为政府管理者的科技发展政策规划和战略方向判断、高校院所科研人员的科技创新机会发现和研究计划制订、企业研发人员的技术路线选择和未来态势研判提供了全新视角。

当然该项研究还有诸多待解决的问题，在实证分析中路径 3 和路径 4 的主题太过接近，两者均以二次电池（secondary battery technology）作为自己的技术主题。在图 6-9（第 2 行、第 2 列）的对应子图上，能够发现这两条路径对应节点的距离过近，而它们均远离各自聚簇中心，因此在能否代表各自聚簇技术发展脉络上存疑。此外，基于连线遍历权重所得到的高权重路径，可能是引文路径上节点数量较多导致的累加效应产生的，未必能够反映出这条路径的重要性；反过来说，一些极具发展潜力的新技术可能因为起步时间较短、包含文献较少被赋予较小权重，因而如何在保持路径权重指标能够准确衡量主路径重要性的同时，还能够将新兴技术主题路径的发展潜力考虑进来，也是值得深入研究的重要方向。

第 7 章

对比文件查找：知识产权领域的智慧法律实践

专利文件是进行专利无效宣告和专利侵权诉讼的重要证据来源，长期以来查找可作为诉讼证据的对比文件是一门手艺，不仅需要操作人员具有必要的领域基础知识，是一名“领域技术人员”，而且需要长期的专利检索技能训练和业务实践。即便如此，对比文件的查找依然成本高、效率低，而相关知识产权服务更是在时间和收费上代价不菲，小微企业难以承担。如何利用人工智能技术大幅降低知识产权服务门槛、普惠大众，不仅意义深远，在智慧法律研究快速发展的今天，其可行性也日渐突出。在本章中，我们以专利无效宣告中的对比文件查找环节为例，开始知识产权领域的智慧法律探索。

7.1 引言

随着科技创新对国民经济的推动作用不断加强，世界各国对知识产权的重视程度与日俱增，其直接结果就是促成了专利申请量的较大增长。以中国为例，自 1985 年 4 月 1 日《中华人民共和国专利法》实施以来，专利申请量逐年递增，2021 年我国发明专利申请量高达 158.6 万件 [283]。相比之下，目前专利审查工作仍然以“检索系统 + 人工判读”为主，不仅成本高、效率低、主观性强，而且极易漏审和错误授权，为专利持有人带来严重风险。如何提升专利审查的质量和效率，成为知识产权机构和从业者面临的重要问题。

对比文件查找是影响专利审查质量和效率的关键环节，不仅如此，在专利申请公开或授权后，对比文件查找同样能够用于发现潜在的专利侵权或无效。所谓对比文件，即用来判断目标专利是否具备新颖性、创造性等的相关文件 [200]。按照文件类型区分，对比文件包括专利文件和非专利文件；按照检索报告中对比文件与权利要求的关系区分，对比文件共有 6 类（表 7–1）[200]。

表 7–1　对比文件类型

类型	定义
X	单独影响权利要求的新颖性或创造性的文件
Y	与检索报告中其他 Y 类文件组合后影响权利要求的创造性的文件
A	背景技术文件，即反映权利要求的部分技术特征或者有关的现有技术的文件
R	任何单位或个人在申请日向专利局提交的、属于同样的发明创造的专利或专利申请文件

续表

类型	定义
P	中间文件，其公开日在申请的申请日与所要求的优先权日之间的文件，或者会导致需要核实该申请优先权的文件
E	单独影响权利要求新颖性的抵触申请文件

从海量文献中高效、准确的检索出目标专利的对比文件，尤其是 X、Y 类对比文件，是件极具挑战的事情，也是检验专利审查员和相关从业者能力水平的重要标准。其难点不仅在于专利本身集技术、法律和经济属性于一体，更在于专利文本撰写通常会将文字技巧做到极致，有时甚至对部分发明内容以隐含的方式加以公开，从而使目标专利和对比文件之间的表象关系和真实关系之间存在较大出入。

为进一步梳理清楚在机器学习视角下对比文件查找中所面临的问题，我们随机从中国国家知识产权局专利复审委员会的专利无效判决书中抽取 60 份，包含 60 件目标专利和 299 件对比文件，并设计了一个探索性实验（图 7–1），其中排序模型使用此类任务的惯用算法 GBDT（Gradient Boosting Decision Tree），错误分析如表 7–2 所示。

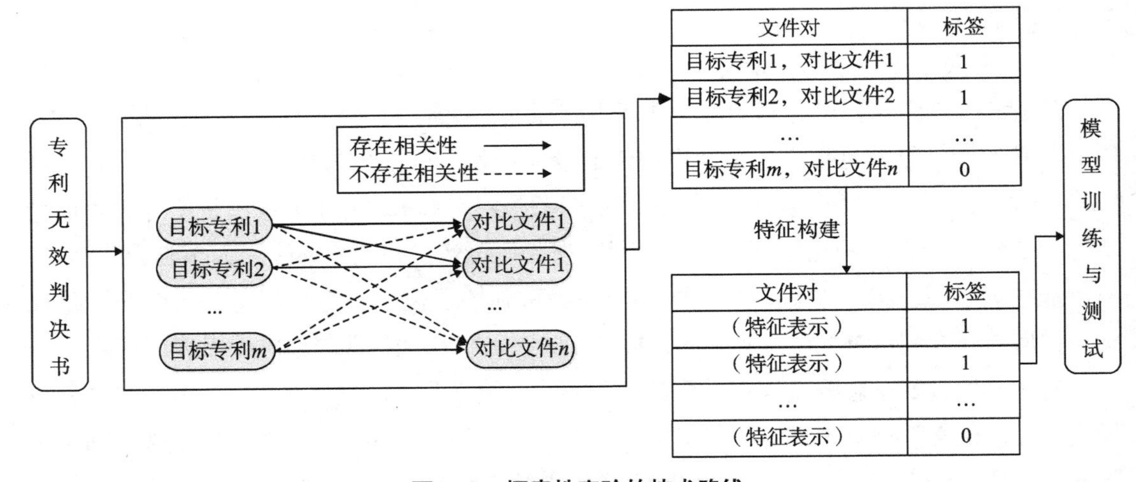

图 7–1 探索性实验的技术路线

表 7–2 对比文件查找错误分析

错误类型	错误原因	举例说明
假阳性错误	目标专利和对比文件之间存在较多专业词汇共现，但在构件组成和结构上不存在对应关系	目标专利授权公告号：CN1062064C，对比文件授权公告号：TWM304025U。目标专利和对比文件之间存在较多的共现专业词汇，如“传热”“散热”“槽”“热效率”“装配”等，但从发明客体的组成和结构角度考虑，并不存在目标专利和对比文件之间各部件的公开对等关系
	对比文件的最早公开日晚于目标专利的申请日（有优先权的以优先权日为准），不构成现有技术	目标专利授权公告号：CN1129333C，对比文件授权公告号：CN101228712B。对比文件的申请公开日为 2008 年 7 月 23 日，而目标专利的申请日为 2001 年 6 月 29 日，对比文件不构成目标专利的现有技术

续表

错误类型	错误原因	举例说明
假阴性错误	文本相似度低但在某技术点上存在关联	专利无效判决书号：wx34312，目标专利授权公告号：CN104551392B，对比文件授权公告号：CN202571574U。目标专利为激光切割机气压调节自动报警装置，对比文件为一种消声器焊接保护气体压力检测报警装置，这两种技术的差别用说明书文本相似度度量的话，数值为 0.096，但由于目标专利中的调节阀与对比文件中的调压阀作用相同，所以两者具有关联
	在关联技术点描述上大量使用模糊用词	专利无效判决书号：wx12901，目标专利授权公告号：CN1062064C，对比文件授权公告号：CN2205500Y。 对比文件公开了一种防风节能炉具，该炉具包括防风炉膛 16，该防风炉膛包括外壳 1（相当于目标专利中的筒 2）、衬环 2（相当于目标专利中的隔热套 4）、垫片 11（相当于目标专利中的隔热片 7）、中心圈 8（相当于目标专利中的水盘 10）、位于炉盘 9（即目标专利中的燃烧器 12）和中心圈 8 之间的环形通道 15（相当于目标专利中的环形通道 27）
	目标专利和对比文件语种不一致	专利无效判决书号：wx28976，目标专利授权公告号：CN101789323B，对比文件授权公告号：US6011227A。目标专利为中文，对比文件为英文，两者对比存在语言差异，即便使用无效宣告请求人提供的对比文件英译中翻译件，两者仍然存在大量对等词。例如，对比文件公开了一种按钮开关，并具体公开了以下技术特征：所述按钮开关包括键帽 1、支撑板 20、固定件 40（相当于目标专利权利要求 1 中的中板）、活动框架 60、移动臂 80 和开关衬底 90。其中，活动框架 60 和移动臂 80 形成一个可旋转的受电弓或 x 形的组合体（相当于目标专利权利要求 1 中的剪刀脚），开关衬底 90 包括基板 95（相当于目标专利权利要求 1 中的基板）和膜片 92，其上是圆顶状的橡胶弹簧 93

在表 7–2 所列举出的 5 种错误原因中，除第 2 种以外其他原因归根到底是目标专利和对比文件之间存在大量用词不同但指向相同的词汇或词组，如假阴性错误第二种原因中的示例“外壳 1（相当于目标专利中的筒 2）”、“衬环 2（相当于目标专利中的隔热套 4）”。我们将这种现象称为模糊用语，它与之前提到的同义词、近义词、对等词、上下位概念替换等存在明显区别，具体体现在模糊用语与上下文紧密相关，不存在固定词汇（词组）搭配。仍然使用上述例子加以说明，目标专利中的“外壳”和对比文件中的“筒”均是非常通用的词汇，这两者之间的指向一致性一旦离开目标专利和对比文件的语境就会荡然无存，这和与语境无关的同义词、近义词、上下位概念替换现象完全不同，后者的用词相对有限，诸如自行车和单车、读写磁盘和硬盘驱动器、汽车和交通工具，可以以词表、知识库和本体构建等方式加以收集后通过字符串匹配方式缓解其在对比文件查找中的影响，而前者则需要结合领域知识乃至世界通识才能判断两者是否指向相同对象，进而判断目标专利和对比文件是否相关（图 7–2）。

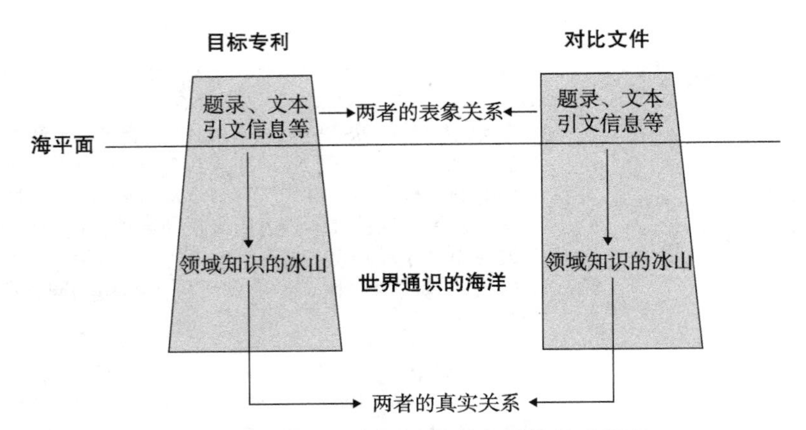

图 7–2 目标专利和对比文件之间的关系说明

专利文本中为什么会出现模糊用语现象？本质上讲专利是拿技术公开换取制度保护的一种社会机制，但专利申请者本身有维护技术秘密、避免发明创新被竞争对手发现、仿效甚至改良的本能，为平衡这一矛盾，专利撰写中会使用大量的文字技巧。而这种做法也在国家知识产权管理部门有条件的允许范围之内，以我国为例，在《专利审查指南（2010）》第二部分第二章的 2.2.7 中明确规定"对于自然科学名词，国家有规定的，应当采用统一的术语，国家没有规定的，可以采用所属技术领域约定俗成的术语，也可以采用鲜为人知或者最新出现的科技术语，或者直接使用外来语（中文音译或意译词），但是其含义对所属技术领域的技术人员来说必须是清楚的，不会造成理解错误；必要时可以采用自定义词，在这种情况下，应当给出明确的定义或者说明"，换句话说，就是在确保领域技术人员正确理解的情况下，专利撰写在术语使用上具有一定的灵活性。

有效识别跨篇章模糊用语的对应关系是解决对比文件查找问题的根本手段，但这是一项长期、系统的研究工作，需要结合专利自身信息、领域知识和世界通识才能取得一定效果。除此以外，还可以深挖专利题录字段和引文信息在对比文件查找上的潜力，这也构成了本章的主要内容——采用两种方式来发掘题录字段和引文信息的潜力：其一是采用元路径（meta-path）将不同题录字段串联起来形成新字段扩充索引文件；其二是基于题录字段构建出专利关联网络，进而使用图神经网络捕捉各个专利在该关联网络中的结构特征和专利本身的内容特征，并内化到图嵌入向量中作为新字段扩充检索文件，以提升对比文件的检索效果。

本章的其余部分安排如下：7.2 节对基础数据情况进行简要介绍，7.3 节使用了一种包含检索召回和精准排序的两阶段检索框架作为本章的专利检索框架，该框架的优点是在集成计算量较大的检索时也能够平衡系统运行过程中效率和正确性，7.4 节在介绍元路径和图嵌入的基础上，进一步阐明如何将其应用于专利文件以扩充索引字段来提升对比文件的查找效果，7.5 节我们在中国专利无效宣告诉讼数据集上展开实证分析，7.6 节中对全章内容进行梳理和总结。

7.2　基础数据介绍

本章的原始数据是从国家知识产权局专利复审委员会收集的中国无效宣告专利请求 5340 份，时间范围为 1989—2018 年。请求人向专利复审委员会提出无效请求的专利被称为目标专利，目标专利是公开授权专利。无效请求人向国家知识产权局专利复审委员会提出无效宣告申请时，应当提交无效宣告请求书和证据文件，证据文件通常被称为对比文件。当专利复审委员会收到无效宣告请求后，会针对无效宣告请求的范围、理由和对比文件进行审查并最终做出审查决定，审查决定有 3 种类型，包括宣告专利权全部无效、宣告专利权部分无效和维持专利权有效。专利复审委员会审查结束后会形成无效宣告审查决定书，其内容包含案由、合议组的决定和决定的理由，也会对请求人提交的附件、无效理由及审理过程进行详细记录。为表述清晰，我们提供一份无效宣告专利审查决定书样例（图 7–3）。

针对本发明专利权（下称本专利），陆文华（下称请求人）于 2008 年 12 月 19 日向国家知识产权局专利复审委员会提出无效宣告请求，同时提交了以下附件：

附件 1：授权公告号为 CN2589789Y 的实用新型专利说明书复印件，共 4 页，其授权公告日为 2003 年 12 月 3 日（下称对比文件 1）；

附件 2：授权公告号为 CN2462196Y 的实用新型专利说明书复印件，共 4 页，其授权公告日为 2001 年 11 月 28 日；

请求人提出的无效理由如下：权利要求 1–4 相对于对比文件 1 和 2 的结合不具备创造性，不符合专利法第 22 条第 3 款的规定，具体无效理由为：权利要求 1 与对比文件 1 的区别在于“在密封座 5 和芯管 1 之间至少形成一个由密封座 5 的内表面、芯管 1 的外表面以及环形外凸台 8、环形内凸台 9 的侧面形成的密封腔，在所述的密封腔中安装有端面密封件 6，所述密封腔的空间大小基本不变”，根据说明书的记载，该区别特征在于形成端面密封，而本专利中端面密封的含义很广，在本专利说明书第 3 页倒数第 3 行中提到“在现有的旋转补偿器中增加端面密封件是本发明的关键所在，但凡通过增加端面密封件的方法解决补偿器泄漏的均被认为涵盖在本发明中”，对比文件 2 也是在已有端面密封装置 9、10、17 的基础上增加端面密封装置 12–14，解决了旋转补偿器的端面泄漏问题，因而对比文件 2 已经给出了技术启示，因此权利要求 1 相对于对比文件 1 和 2 的结合不具备创造性；权利要求 2、4 的附加技术特征都被对比文件 1 公开了，权利要求 3 的附加技术特征对本领域技术人员而言是显而易见的，是所属技术领域内的公知常识，因此从属权利要求 2–4 也不具备创造性。

图 7–3　无效宣告专利审查决定书样例（部分）

5340 件无效宣告请求中包含目标专利 4262 件，其中 787 件专利被多次提出无效宣告请求。经过专利复审委员会审理后判定失效专利 2482 件、有效专利 1780 件，对比文件的类型较多，其中专利占绝大多数，其他文件还包括论文、报告、产品说明书等。我们将规范化程度较低、易获取性较弱的其他类型对比文件排除后，留下专利类型对比文件 13 407 件，而相应的目标专利数量减少至 3115 件，最终专利无效宣告数据集的数据结构如图 7–4 所示。

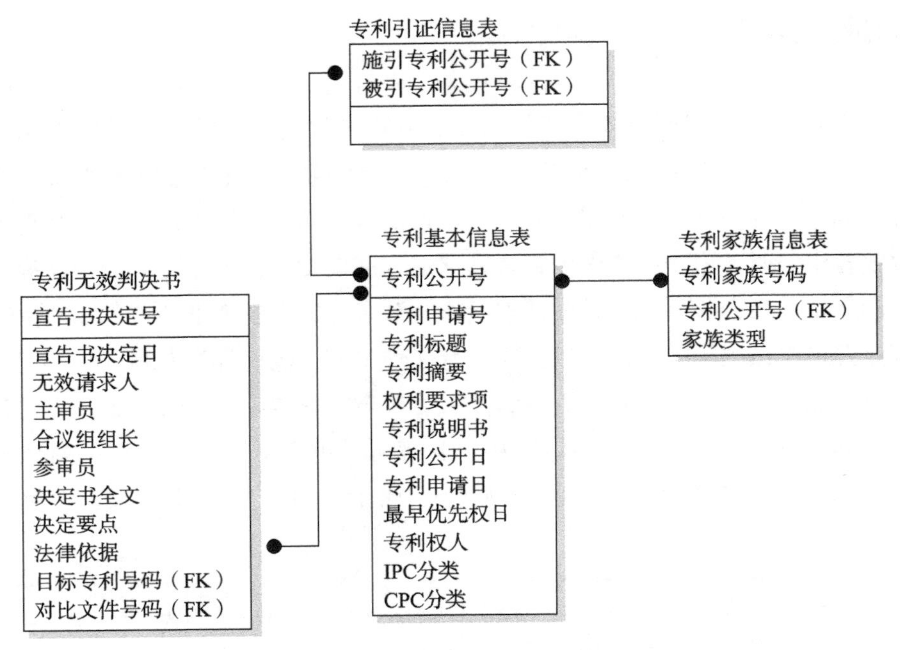

图 7–4 专利无效宣告数据集的数据结构

7.3 两阶段专利检索框架

我们使用的算法构架包括检索召回和精准排序两个阶段，检索召回阶段负责从候选集中快速召回候选文件、缩小问题规模，此阶段注重召回算法的效率和召回率；精准排序阶段对召回数据重排序，采用学习排序（learning to rank）寻找排序最优解。对比文件查件总体框架如图 7–5 所示。

（1）检索召回阶段

为从大规模专利数据集中快速将对比文件压缩到一个较小的范围，我们选用企业级搜索引擎 Elasticsearch 存储专利数据、并利用 DSL（Domain Specific Language ）查询语句完成对比文件的初步筛选。筛选之前，需要首先对对比文件查找的业务规则进行梳理并转化为查询语句。

对比文件查找是为目标专利的新颖性和创造性判断提供判断依据，根据《专利法》第 22 条 2 款规定，新颖性指该发明或者实用新型不属于现有技术；也没有任何单位或者个人就同样的发明或者实用新型在申请日以前向国务院专利行政部门提出过申请，并记载在申请日以后公布的专利申请文件或者公告的专利文件中。结合专利审查指南等权威材料加以解读，影响新颖性的对比文件主要有 4 种类型（表 7–3）；而判断发明有无创造性，应当以《专利法》第 22 条第 3 款为基准，即与现有技术相比，该发明具有突出的实质性特点和显著进步，所谓现有技术，是指专利申请日前在国内外为公众所知的技术。

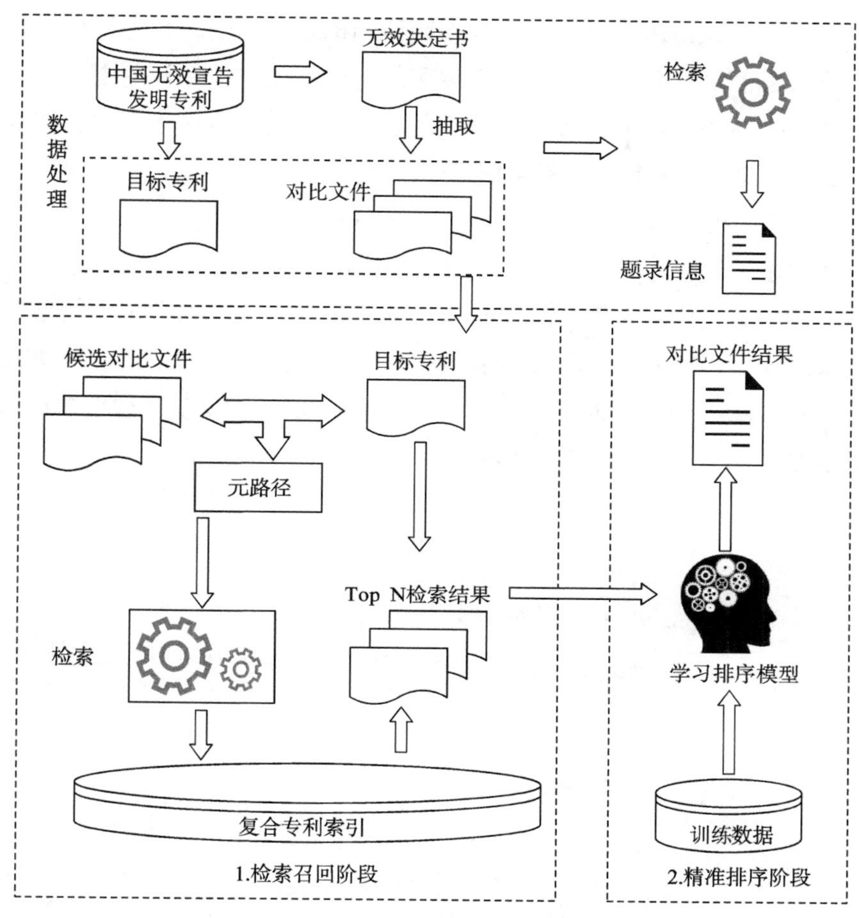

图 7–5　对比文件查找总体框架

表 7–3　影响专利新颖性的对比文件类型

类型名称	详情
技术文献	在目标专利申请日（有优先权的，指优先权日）以前，已经在国内外公开出版、发表的技术文献
在先专利	在目标专利申请日（有优先权的，指优先权日）以前，已经被国内外知识产权管理机构公布的专利申请文件或者公告的专利文件
抵触申请	由任何单位或者个人就与目标专利同样的发明或者实用新型，在目标专利申请日以前向国家知识产权局提出并且在该申请日以后（含申请日）公布的专利申请文件或者公告的专利文件
泄密技术	负有保密义务的人违反规定、协议或者默契泄露秘密，导致技术内容公开，使公众能够得知的技术

经上述分析可知，对比文件查找的业务逻辑对文件时间信息如专利文件的申请日、技术文件的公开日期极为敏感，不符合时间要求的文件会在对比文件筛选中被直接拿掉，但由于这方面的业务逻辑非常明确，因此可以很容易转化为查询语句；与此同时，

与专利保护强调的地域范围不同，对专利新颖性和创造性判断时所考量的现有技术泛指全世界公开发表的相关文献，无论这些文献所限定的知识产权保护范围与目标专利的保护范围是否重叠。因此，在将对比文件查找的业务逻辑转化查询语句时，我们会综合考虑专利中的题录信息、文本信息和引文信息外，尤其是题录中的专利时间信息，但对题录中的地域信息不予考虑。

（2）精准排序阶段

精准排序阶段通过学习排序（learning to rank）对检索召回阶段召回的结果进行重排序，以提升检索效果。这里我们首先简单介绍一下学习排序，它是机器学习方法在信息检索上的推广，一般基于有监督学习策略进行模型训练，具体训练流程包括数据标注、特征抽取和模型学习 3 个环节，如图 7–6 所示，其中：

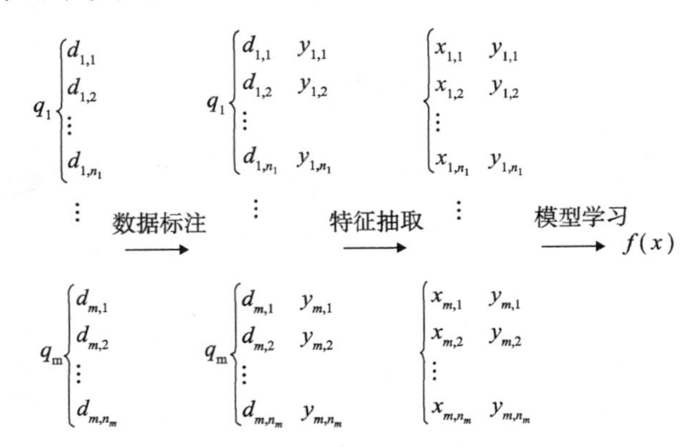

图 7–6 学习排序模型的训练过程

①数据标注就是对每个检索请求，将相应的文档排序结果标注出来作为金标准，当前主要有人工数据标注和通过用户点击信息批量获取两种标注方式，前者将所有检索请求和索引文档两两配对，进而人工对该配对做出相关性判断，后者是网页搜索引擎的惯常操作，其将用户对检索结果的点击数据作为检索请求与索引文档之间相关性的间接反映，进而低成本的获取大批量标注数据；

②特征构建，排序模型的输入特征基于检索请求和索引文档产生，这些特征或者是测度检索请求与索引文档之间相关性的特征，如 BM25、共词数量，或者是反映检索文档自身重要性的特征，如 PageRank、用户点击量；

③模型学习，在将这些特征和标签信息输入并训练后，学习系统构会建出一个排序模型，进而具有对于新检索请求的排序预测能力。

按照学习排序的思路不同，学习排序模型可分为 3 个层级，即点级别（point-wise）、对级别（pair-wise）和列级别（list-wise），当然也有不属于这 3 个层级的其他模型，如请求依赖排序（query dependency）或多内嵌排序（multiple nested ranking），这里不再赘述。点级别模型只考虑检索请求与索引文档是否相关，而不考虑各个索引文档在检索结果中的前后顺序，从而将学习排序转化成典型的分类或回归问题；对级别（pair-wise）模型在点级别模型基础上将检索结果的排序信息有限度地纳入考量范围，即对于检索请求 q_i 来说，如果索引文档 $d_{i,j}$ 在检索结果金标准中的排序 $y_{i,j}$ 比 $d_{i,k}$ 的排序 $y_{i,k}$ 要高，那么 $d_{i,j}$ 对应特征 $x_{i,j}$ 在优先级上就应该较 $d_{i,k}$ 对应特征 $x_{i,k}$ 更高一些，即当 $y_{i,j} > y_{i,k}$ 时，$x_{i,j} > x_{i,k}$ 成立，从而将学习排序转化成一种新形式的分类问题；列级别模型将检索结果的排序信息彻底纳入考量范围，它不再将检索请求 q_i 下的不同索引文档之间两两配对后作为独立样本，而是将（$x_{i,1}$，$y_{i,1}$），…，（x_{i,n_i}，y_{i,n_i}）作为单一样本输入模型，从而避免在前者预测结果中可能出现的排序冲突问题，即 $d_{i,j}$ 排序高于 $d_{i,k}$，$d_{i,k}$，排序高于 $d_{i,x}$，但 $d_{i,j}$ 排序低于 $d_{i,x}$。

回到对比文件查找上来，由于这里要解决的问题是判别目标专利和对比文件是否相关，至于对比文件在检索结果中的先后顺序则并不重要，因此我们选择点级别学习排序，从而将精准排序转化成机器学习中的分类问题。考虑到探索性实验应该选择常规、可靠、解释性较强的模型，这里我们选择了 GBDT 作为学习排序模型。特征抽取是本章的主要研究内容，除了常规的文本相似度特征和技术分类号相似度特征外，我们引入了两类新的特征，即元路径特征和图嵌入特征，并在后续小节中进行详细叙述。

（3）评价指标：Recall@*K*

查找对比文件是一项面向召回的任务，无论检索召回阶段还是精准排序阶段，均重点关注检索结果排名前 k 的记录中对比文件的数量，因此我们采用 Top-*K* 召回率，即 Recall@*K* 作为评价指标，具体指标为式（7–1），其中分母指数据集中目标专利对应的真实对比文件数量，分子指的是经过排序后，Top-*K* 记录中命中的对比文件数量。

$$\text{Recall@}K=\frac{\text{Top-K 中命中的对比文件数量}}{\text{真实对比文件数量}}。\tag{7–1}$$

7.4 基于图结构的特征抽取

7.4.1 基于元路径的特征抽取

回到对比文件难以被检索到的根源，即专利撰写中各种文字技巧如同义词、近义词、概念替换、模糊用语等的极致使用，虽然利用智能算法来识别这些文字技巧仍然是一个开放问题，目前尚不成熟；但是，目标专利和对比文件、普通文件之间存在复杂的相互关联，如共词、共被引、共技术分类号、耦合关系等，如果利用这些关系将目标专利、对比文件和普通文件连成网络，进而将每个文件的自身信息及其在网络中与其他文件的相互关系内化到一个向量中，那么我们能否获得超越字符串表达的、更接近语义层面的文件关联信息，进而来提升对比文件的查找效果？

2010 年前后，Sun 等意识到数据库表中不同字段集成后的重要价值[138]，他们通过元路径（meta-path）将这些字段串联起来作为特征用于数据挖掘和机器学习。所谓元路径，即通过在网络模式（network schema）上随机游走将两个对象串联起来所形成的一条路径，以专利信息网络模式（图 7–7a）为例，通过从专利到专利的游走可以得到元路径示例 1 和元路径示例 2（图 7–7b 和图 7–7c）所示，这些元路径从不同角度反映出两个对象之间的相互关系，极大补充了索引文件的内容。举例来说，在搜索与一个知名学者最相似的其他学者时，通常利用学者所发表的学术成果或者学者之间的论文合著关系进行检索，但这种检索方式所得到的通常是该知名学者的学生或其他存在明显学术地位差距的人（Sun et al.，2011）[284]。实际上，当查找与一个学者的最相似的其他学者时，往往暗含着查找同时在研究领域和学术地位上最相似的学者，但显然学术地位无法用学术成果的匹配程度或者学者之间的合著关系表达；相反，当将学者合著关系替换为“作者→论文→发表载体←论文←作者”时，发现搜索效果在满足最相似学者的暗含要求上有较大提升。

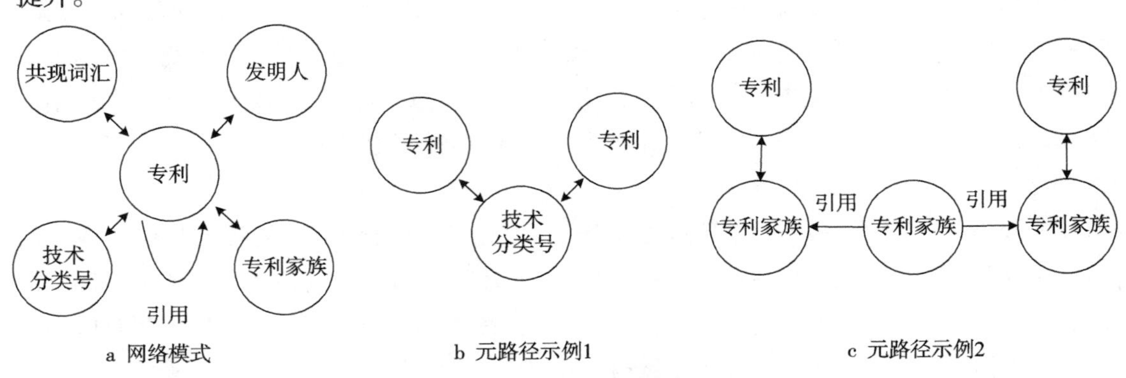

图 7–7 专利元路径示意

基于同样道理，我们在专利数据上设计出一系列元路径，以提升对比文件的检索效果。由于历史或者其他原因，某些元路径在专利数据上的分布非常稀疏。比如，CPC 分类号正式公开和启用的时间较晚（分别为 2012 年和 2013 年[285]），而在美国专利商标局和欧洲专利局率先启用 CPC 以后，中国国家知识产权局（简称“国知局”）在与欧洲专利局签署的加强两局在专利分类领域合作的谅解备忘录中表示，争取从 2016 年 1 月开始，对所有技术领域的新发明专利进行 CPC 分类，外加很难对该时间点之前的申请专利进行 CPC 分类号码回溯，从而使元路径“专利→ CPC 号码 ← 专利”在召回阶段返回结果中的分布极为稀疏；再比如，国知局近些年向公众公开的专利数据才包含引文信息，从而造成与引文相关的元路径分布稀疏。但从宏观视角来看，这些元路径在国知局专利数据上的稠密度会随时间发展逐渐提升，而国外机构如美国专利商标局、欧洲专利局由于数据完整度较高，此类问题并不凸显。因此有必要将稠密元路径和稀疏元路径共同纳入研究范围，基于后者的研究结论可以揭示对比文件查找任务在未来国知局数据上的效果提升程度，以及它在美国专利商标局、欧洲专利局所提供更为完备的专利数据上可能取得的效果。为清楚起见，我们在表 7–5 最右列显示了不同元路径特征在检索召回数据上的缺失率。

7.4.2　基于图嵌入的特征抽取

基于元路径的特征抽取方法在信息检索中存在特征缺失率过高的问题，其原因在于在任意目标专利和待检文件之间，存在元路径关联的目标专利和待检文件只占极少部分。一种有效降低特征缺失率的方法就是使用图神经网络或者其他方法（如矩阵分解、随机游走）将关联网络中的节点转化为低维稠密向量，即图嵌入，从而使同在一个关联网络中的两个节点无论是否存在元路径连通，均可进行相互比较。本章将聚焦基于图神经网络的图嵌入生成方法，其中图神经网络是深度神经网络从欧氏数据（如图像、文本、视频）向图数据（如社交网络、作者合著网络、论文引文网络）的推广。早在 1997 年时，Sperduti 等 [286] 就将神经网络用于有向无环图，从而揭开了图神经网络研究的序幕；之后在 Gori 等 [287]、Scarselli 等 [288] 和 Gallicchio 等 [289] 等一大批学者的推动下，图神经网络的概念逐步清晰并随着其本身强大的信息捕捉能力以及图数据在现实世界中的广泛存在，成为学术界和工业界的研究和应用热点。

当前图神经网络主要分为 4 种类型，即循环图神经网络、卷积图神经网络、图自动编码器和时空图神经网络（spatial-temporal graph neural networks）。其中循环图神经网络是图神经网络方法家族的先驱，它假设图数据中的节点不断和周围的邻居节点交换信息，直至整体达到稳定的平衡状态，因此可以利用循环神经网络来生成节点的图嵌入表示；卷积图神经网络的基本思想是将某节点自身特征和周围邻居节点的特征累积起来，以生成该节点的向量表示，在具体实现上，该类模型通过将多个图卷积层叠加起来使其具备足够的概括能力，来生成高层次的节点表示；图自动编码器是一种无监督学习框架，其基本思路是在潜在向量空间中对图或节点进行编码，进而利用这些编码信息重建图数据；时空图神经网络是近年来快速发展的一种新型图神经网络，其旨在从时空图数据中学习潜在模式，进而用于交通速度预测、司机操作干预、人类行为识别等应用场景，其核心在于将空间依赖和时间依赖纳入模型考量范围。

在本章中，我们利用一种卷积图神经网络—— GraphSage[290] 来生成图嵌入，相比其他模型，GraphSage 将采样方式从全图采样优化到以节点为中心的邻居抽样，这不仅使得大规模图数据的分布式训练成为可能，并且可以对训练过程中看不到的节点直接计算图嵌入而不需要重新对整个图进行学习，换句话说，即 GraphSage 具备归纳学习能力。在 GraphSage 的模型训练上，我们仍然沿用前述元路径所生成的若干网络，但考虑到部分网络包含的有效信息较少，我们通过试错法将标题共词网络移除，并将摘要共词网络的共现词频阈值设置为 7，通过简化网络使其保留更多有利于对比文件查找的连线，具体网络详情如表 7–5 所示。

7.5　实证分析

7.5.1　检索召回阶段

本章实验如图 7–5 所示，在检索召回阶段，我们使用 Elasticsearch 7.8.0 存储 13 407

件对比文件作为待检专利，同时混杂其他专利数据以拟合真实检索场景，通过 DSL 查询语句为 3115 件目标专利批量构建检索式，以实现对对比文件的检索召回。在构建检索式时，首先对时间条件进行限定，令检索专利的最晚申请时间不晚于目标专利的申请时间（目标专利存在优先权的以优先权日为准）；之后用不同方式对标题、摘要、IPC 分类号、CPC 分类号等检索字段进行组合，其检索效果如表 7–4 所示。我们最终在限定时间条件的前提下，联合其他 8 个检索字段，即标题、摘要、IPC 小组、IPC 大组、IPC 小类、CPC 小组、CPC 大组、CPC 小类作为检索式，得到 3115 件目标专利上对比文件的平均 Recall@200 为 73.6%，并以此为基础进行精准排序。

值得注意的是，在配置脚本以将待检专利导入 Elasticsearch 7.8.0 中建立索引时，我们将技术分类号字段（包括 IPC 小组、IPC 大组、IPC 小类、CPC 小组、CPC 大组、CPC 小类）设置为“text”类型、将相应分析器设置为“standard”，如此一来将以空间向量模型和 TF-IDF 权重来计算目标专利和待检文件之间的技术分类号匹配得分，实践证明该方式较关键词匹配会取得一定的检索效果提升。

表 7–4 不同检索策略下的召回率

检索策略	Recall@50（%）	Recall@100(%)	Recall@200（%）
① 标题 + 摘要	54.2	61.6	68.1
② ①+IPC 小组	56.3	64.0	70.3
③ ②+IPC 大组 +IPC 小类	57.8	65.5	71.7
④ ③+CPC 小组 +CPC 大组 +CPC 小类	60.0	67.6	73.6

7.5.2 精准排序阶段

该阶段的学习排序任务共使用了 3 类特征，包括 8 种常规特征、11 种元路径特征和 10 种图嵌入特征，如表 7–5 所示，这里缺失率反映了检索召回结果范围内各个特征的缺失情况。需要说明的是，生成各种网络所使用的专利数据集中除了 3115 件目标专利和 13 407 件待检专利外，还混杂了少许噪声数据，目的在于提升学习排序算法的健壮性和增强生成网络的连通性；在生成专利引文相关网络时，为进一步提升专利引文网络的连通性，我们在复杂专利家族层面上对前述专利集合进行一阶的前向引用和后向引用扩展；直接由专利数据集所生成的网络通常并不是一张连通网络，而是包含诸多孤立点和网络碎片，我们选取其中的最大连通子网进行元路径特征提取和图嵌入生成，各个最大连通子网的相关信息如表 7–6 所示。

（1）数据准备和模型设置

我们按照 7：1.5：1.5 的比例随机分配训练集、验证集和测试集，具体来说就是首先将目标专利随机划分 3 份，分别包含目标专利 2081 件、467 件和 467 件，之后利用这些目标专利在检索召回结果中提取相关记录，训练集需要对相关记录进行乱序处理，验证集和测试集可以直接使用。

本实验选用 XGBoost1.5.2[291] 作为 GBDT 的算法实现，经过多次模型训练和验证分析，我们将 GBDT 的最大深度（max_depth）设置为 3、学习率设置为 0.1、估计器数量（n_estimators）设置为 100。

表 7–5　精准排序中的各个特征汇总

特征类型	特征序号	特征名称	缺失率(%)
常规特征	1	标题文本相似度（LSI）	0.0
	2	摘要文本相似度（LSI）	0.0
	3	IPC 小类相似度（TF-IDF）	76.9
	4	IPC 大组相似度（TF-IDF）	85.0
	5	IPC 小组相似度（TF-IDF）	94.2
	6	CPC 小类相似度（TF-IDF）	90.3
	7	CPC 大组相似度（TF-IDF）	93.7
	8	CPC 小组相似度（TF-IDF）	97.9
元路径特征	9	目标专利→ IPC 小类共现数量←待检文件	76.9
	10	目标专利→ IPC 大组共现数量←待检文件	85.0
	11	目标专利→ IPC 小组共现数量←待检文件	94.2
	12	目标专利→标题共现词汇数量←待检文件	75.2
	13	目标专利→摘要共现词汇数量←待检文件	3.3
	14	目标专利→ CPC 小类共现数量←待检文件	90.3
	15	目标专利→ CPC 小组共现数量←待检文件	93.7
	16	目标专利→ CPC 大组共现数量←待检文件	97.9
	17	目标专利→专利家族→被引专利家族←专利家族←待检文件	99.8
	18	目标专利→专利家族→施引专利家族←专利家族←待检文件	99.7
	19	目标专利→专利家族→直接引用→专利家族←待检文件	99.9
图嵌入特征	20	目标专利→ IPC 小类共现数量←待检文件	3.1
	21	目标专利→ IPC 大组共现数量←待检文件	3.6
	22	目标专利→ IPC 小组共现数量←待检文件	7.6
	23	目标专利→摘要共现词汇数量←待检文件（阈值为 7）	5.3
	24	目标专利→ CPC 小类共现数量←待检文件	71.4
	25	目标专利→ CPC 小组共现数量←待检文件	71.6
	26	目标专利→ CPC 大组共现数量←待检文件	73.7
	27	目标专利→专利家族→被引专利家族←专利家族←待检文件	95.9
	28	目标专利→专利家族→施引专利家族←专利家族←待检文件	92.1
	29	目标专利→专利家族→直接引用→专利家族←待检文件	96.6

表 7–6　基于元路径的专利网络概况

网络来源	节点数量（个）	连线数量（条）
目标专利→ IPC 小类共现数量←待检文件	20 385	3 679 081
目标专利→ IPC 大组共现数量←待检文件	20 235	1 258 337
目标专利→ IPC 小组共现数量←待检文件	19 381	312 555
目标专利→标题共现词汇数量←待检文件	20 258	55 171 340
目标专利→摘要共现词汇数量←待检文件	20 203	116 156 519
目标专利→摘要共现词汇数量←待检文件（阈值为 7）	18 566	495 348
目标专利→ CPC 小类共现数量←待检文件	9947	1 668 819
目标专利→ CPC 大组共现数量←待检文件	9843	426 014
目标专利→ CPC 小组共现数量←待检文件	9035	77 457
目标专利→专利家族→被引专利家族←专利家族←待检文件	4581	7823
目标专利→专利家族→施引专利家族←专利家族←待检文件	2354	3872
目标专利→专利家族→直接引用→专利家族←待检文件	2654	1856

（2）实验结果总体分析

除了表 7–5 中划分的 3 种特征类型外，我们还将全部特征联合起来，共形成四套数据对 GBDT 进行模型训练和测试，之后以第一阶段检索召回结果作为基线，将这 4 套数据的测试结果展示在图 7–8 中。注意这里计算 Recall@K 时以检索召回结果中包含的对比文件数量作为真实的对比文件数量，所以当 K=200 时，Recall@K = 1。从图 7–8a 中可以看到，当选取全部特征进行精准排序时，Recall@K 相比检索召回排序会有一定提升，在 $K \in \{1, \ldots, 50\}$ 时 Recall@K 的平均提升程度为 4.44%，相比之下仅使用常规特征进行精准排序的平均提升程度为 2.45%，当将常规特征与元路径特征叠加时，平均提升程度达到 3.12%；而图 7–8b 则表明，当单独使用元路径特征或图嵌入特征时，精准排序效果则会低于检索召回排序，前者在 $K \in \{1, \ldots, 50\}$ 时 Recall@K 的平均值下降 13.9%、后者下降 22.9%。

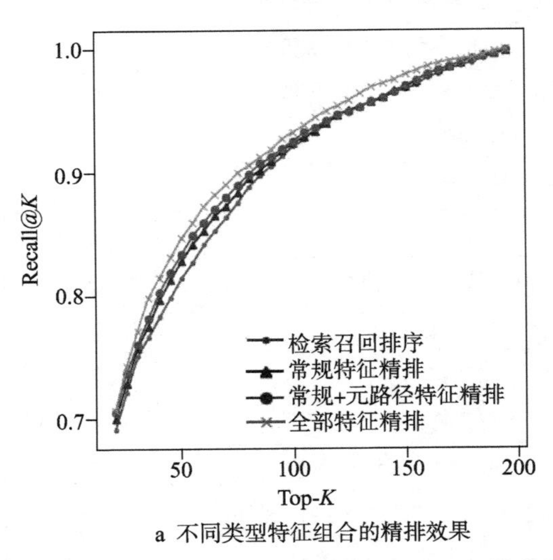

a 不同类型特征组合的精排效果

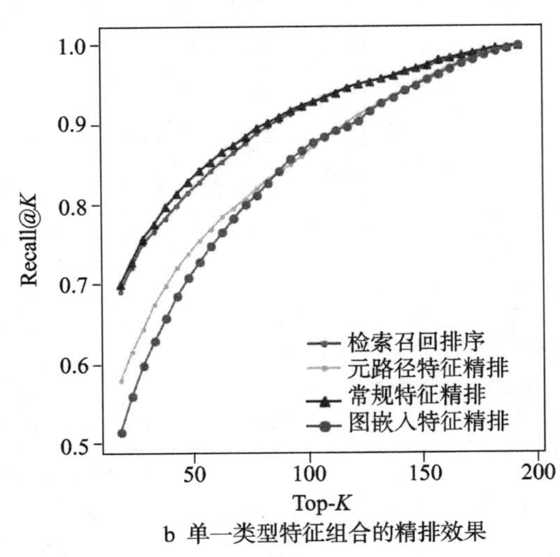

b 单一类型特征组合的精排效果

图 7–8　精准排序中的特征效力分析

从上述观察中不难看出，就单类型的特征来说，常规特征依然是对比文件查找中最重要的特征类型，这些特征也是检索召回阶段所使用的特征，但 Elasticsearch 默认各个特征权重相等，当使用 GBDT 对特征权重优化后，其精准排序的效果会取得了一些提升；其次是元路径特征，虽然其查找效力相比常规特征降幅极大，但该类型特征即便缺失率居高不下，其查找效力仍然优于图嵌入特征；图嵌入特征的查找效力最低。但换个角度来看，当将图嵌入特征叠加到常规特征和元路径特征之上时，它仍然能够有效提升精准排序效果，同样情况也发生在当将元路径特征叠加到常规特征之上时，这说明无论图嵌入特征还是元路径特征，它们都存在自身独特的、无法被其他特征所替代或包含的检索效力，从而使得当将这些特征和其他特征相融合时，均对精准排序的整体效果产生提升作用。

（3）实验结果详细分析

我们进而对精准排序中各个特征的效力进行分析，具体来说，就是在利用全部特征对 GBDT 进行训练，以获取各个特征的权重得分如（图 7–9，彩插见书末）。从中可以看到常规特征的平均权重最高，之后依次为元路径特征和图嵌入特征，这与总体分析的结论一致。常规特征中权重前三的特征分别为 IPC 大组相似度（TF-IDF）、IPC 小类相似度（TF-IDF）和 IPC 小组相似度（TF-IDF），之后依次是 CPC 小组相似度（TF-IDF）、标题文本相似度（LSI）、CPC 大组相似度（TF-IDF）、CPC 小类相似度（TF-IDF）和摘要文本相似度（LSI）。这说明在使用相似度进行对比文件查找时，技术分类号起着远比专利文本字段更为重要的作用，而在技术分类号中，由于 IPC 的 3 个层级分类号在特征缺失率上均优于 CPC，因而表现出更加良好的效力。

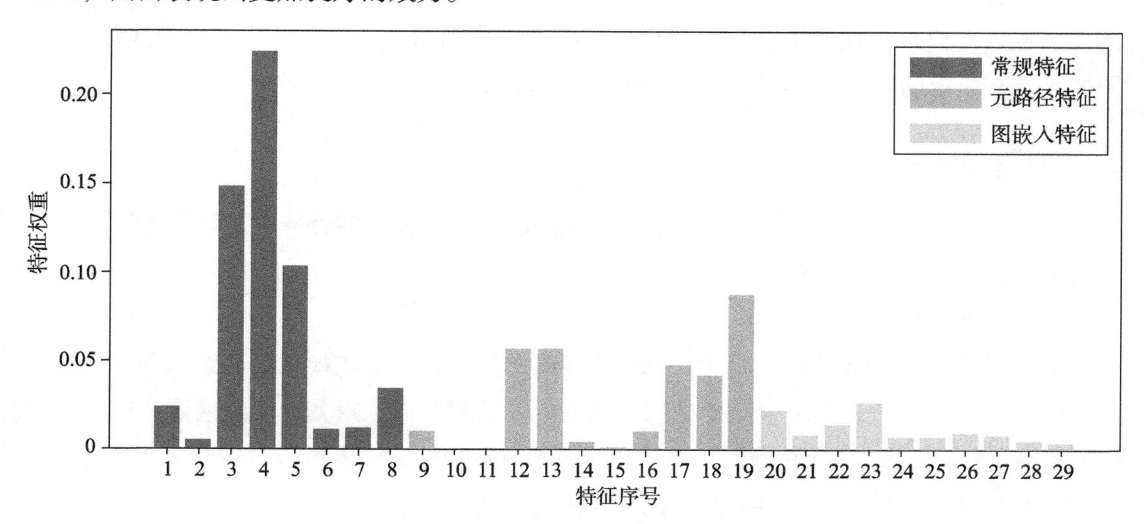

图 7–9　GBDT 中各个特征的权重得分

在元路径特征中，效力最高的特征为“目标专利→专利家族→直接引用→专利家族←待检文件”，即专利家族级别的直接引用关系，虽然其特征缺失率高达 99.9%，这反衬出该特征在对比文件查找中的极端重要性，相比之下，“目标专利→专利家族→被引专利家族←专利家族←待检文件”和“目标专利→专利家族→施引专利家族←专利家族←待检文件”，即专利家族级别耦合关系和共被引关系的检索效力虽然会出现一定程度下降，但也位于全部特征权重排名的第5、第6位；同时，元路径“目标专利→标题共现词汇数量←待检文件”的重要性远超标题文本相似度（LSI），虽然这两类特征出自同一专利题录字段，“目标专利→标题共现词汇数量←待检文件”和摘要文本相似度（LSI）也存在同样情况，这反映出在不同使用方式下，同一字段表现出的效力天差地别，而标题和摘要的共词数量特征显然更加适合专利对比文件查找任务，但技术分类号则恰恰相反，元路径“目标专利→IPC小类共现数量←待检文件”“目标专利→IPC大组共现数量←待检文件”“目标专利→IPC小组共现数量←待检文件”的特征得分极低，后两者甚至为零，而元路径“目标专利→CPC小类共现数量←待检文件”“目标专利→CPC大组共现数量←待检文件”“目标专利→CPC小组共现数量←待检文件”也反映出类似情况，这与常规特征中技术分类号相关特征的表现形成了鲜明对比。

在图嵌入特征中，效力最高的图嵌入来自“目标专利→摘要共现词汇数量←待检文件（阈值为7）”网络，这再次印证了摘要的共词数量特征更加适合专利对比文件查找任务的论断；但效力紧随其后的两类图嵌入则来自“目标专利→IPC小类共现数量←待检文件”网络和“目标专利→IPC小组共现数量←待检文件”网络，这与相应元路径的畸低权重形成鲜明对比；CPC相关图嵌入相比相应元路径在总体特征权重上存在一定提升；与引文相关的图嵌入较相关元路径在特征权重上出现了大幅下滑。综合来看，不难发现图嵌入特征在对比文件查找上的效力普遍有限，但对于特征权重弱而缺失率较低的元路径所形成的网络，图嵌入可以从中抽取出查找效力更优的特征。换句话说，即在对比文件查找任务上，图嵌入具有一定的以低缺失率换取高特征权重的功效。

7.5.3 错误分析

我们对本次实验结果展开错误分析。由于两阶段检索模型的特殊性，我们将这两个阶段的错误分析分别独立展开。

（1）检索召回阶段

该阶段共计1561件目标专利的3414件对比文件未被囊括在检索召回结果前200位的清单之内。我们以检索到和未检索到的对比文件作为对照组，对其特征均值展开比对分析（图7-10，彩插见书末），其中同一类型特征中颜色较浅的方柱表示检索到对比文件的特征均值，颜色较深方柱表示未检索到对比文件的特征均值。不难看出，未检索到对比文件的各项特征均值明显低于检索到对比文件的数值，换句话说，未检索到的对比文件无论在文本、技术分类号、引文等常规特征还是在衍生的元路径特征、图嵌入特征上，均与目标专利关联稀疏。

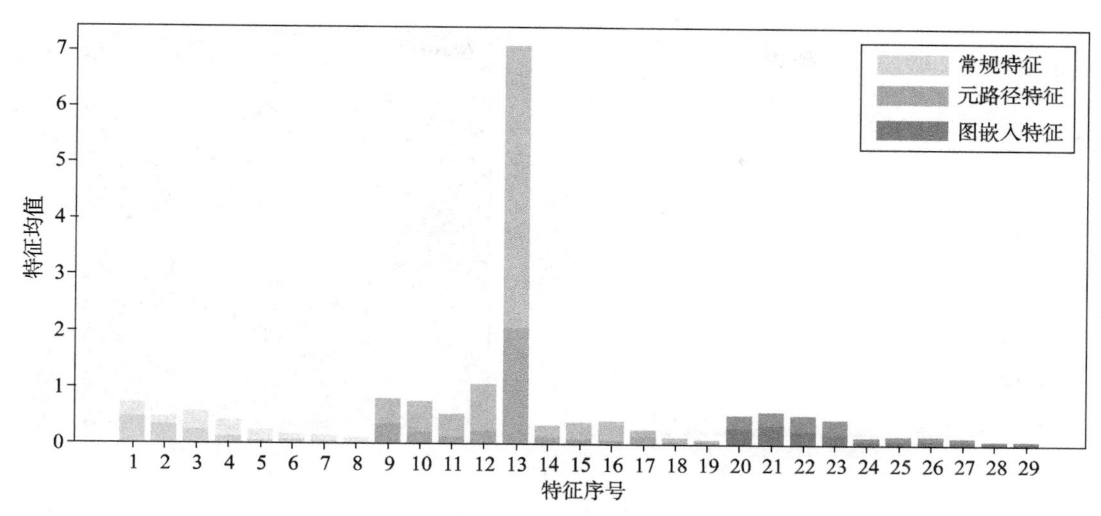

图 7–10 检索召回中的全部特征均值

这种关联稀疏可以归结到 3 个方面：首先，来自不同技术领域的目标专利和对比文件明显增多，这从 IPC、CPC 共现数量的骤降尤其在小类级别上的骤降能够明显看出。其次，来自不同授权国别的目标专利和对比文件明显增多，在总共 13 407 件对比文件中，国外授权专利的占比是 30.7%，然而在未检索到的对比文件中，国外授权专利的占比急剧上升到 47.2%，不同授权国别专利带来的直观影响就是语种差异，而旨在消除该差异的机器翻译技术在领域专业内容翻译上能力不足，使跨语种对比文件检索的表现不尽如人意，不同授权国别专利的间接影响则体现在专利数据标准规范的差异和专利加工整合、传递交换中出现的数据缺失等。例如，在本实验中无法检索到的国外授权专利中，有 31.8% 的专利摘要字段为空。最后，本实验的基础数据来自是中国专利无效判决书，其全部目标专利和大多数专利类型的对比文件均在中国申请，而当前我国专利在 CPC 标注和引文信息上的不足又进一步弱化了目标专利和对比文件之间的关联。

（2）精准排序阶段

在该阶段错误分析之前，我们首先观察一下检索召回结果中对比文件的位置分布情况如图 7–11a 所示，从中可见对比文件的出现频次随检索结果的位置序号呈幂律分布，检索结果前 50 位中出现的对比文件频次占据对比文件出现总频次的 80.9%，当采用精准排序优化后，该比例提升至 85.3%。我们再用热力图对比精准排序前后对比文件的位置变化情况（图 7–11b，彩插见书末），其中横轴为在基于全部特征的精准排序结果中对比文件的位置序号，纵轴为检索召回结果中对比文件的位置序号，网格画布的每个位置都具有一个数值，代表在测试集所包含的 467 次检索中该位置上对比文件的位置变化累计次数，我们用不同颜色代表数值的大小。举例来说，坐标（3，2）的对应数值为 14，这表示在 467 次检索中，共计有 14 次对比文件从检索召回结果的第 3 位置跳转到精准排序的第 2 位置。

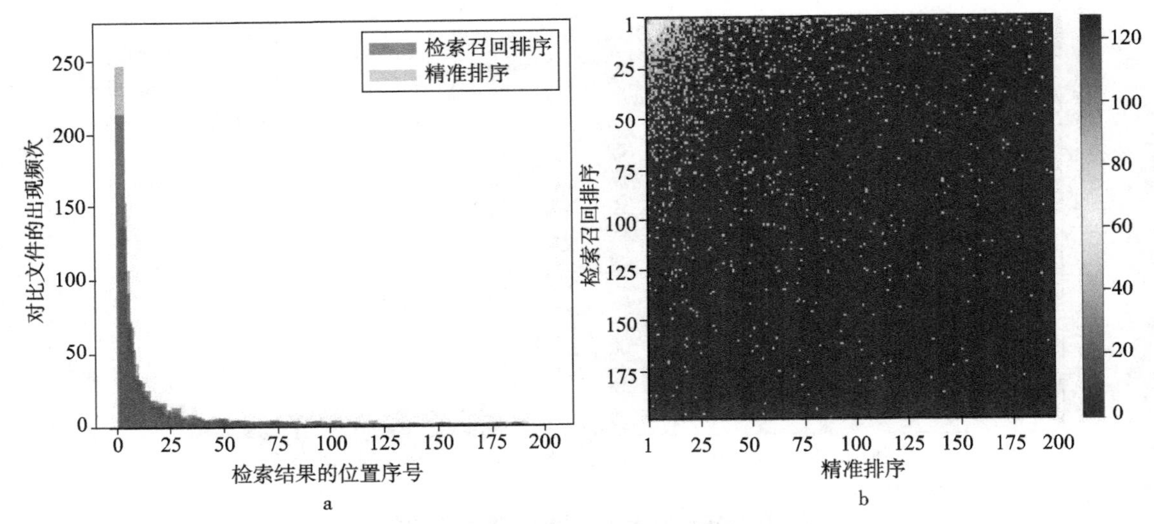

图 7–11　精准排序前后对比文件的位置分布

从图 7–11b 不难看出两点，首先，精准排序所引起的对比文件位置变化主要发生在处于前 25 位的高排名区域，且是检索召回排序前 25 位和精准排序前 25 位之间的相互位置变化，而发生在高排名区域与低排名区域之间以及低排名区域内部的相互位置变化较为稀疏；其次，该散点图的分布偏向主对角线下方，这说明在精准排序算法的作用下，对比文件总体呈现排名提升的趋势。为进一步揭示阻碍对比文件查找效果提升的原因，我们重点关注 3 类数据：类型一是精准排序前后始终排名靠后的对比文件集合，类型二是在精准排序作用下排名不升反降的对比文件集合，类型三是在精准排序作用下排名大幅提升的对比文件集合。

在数据选择上，我们以在检索召回排序和精准排序中均处于后 50 位的对比文件作为数据类型一，共计 6 件；以检索召回排序中位于前 25 位但在精准排序中处于后 25 位的对比文件作为数据类型二，共计 7 件；以检索召回排序中位于后 25 位但在精准排序中处于前 25 位的对比文件作为数据类型三，共计 21 件，这 3 类数据在精准排序中的特征均值如图 7–12（彩插见书末）所示。

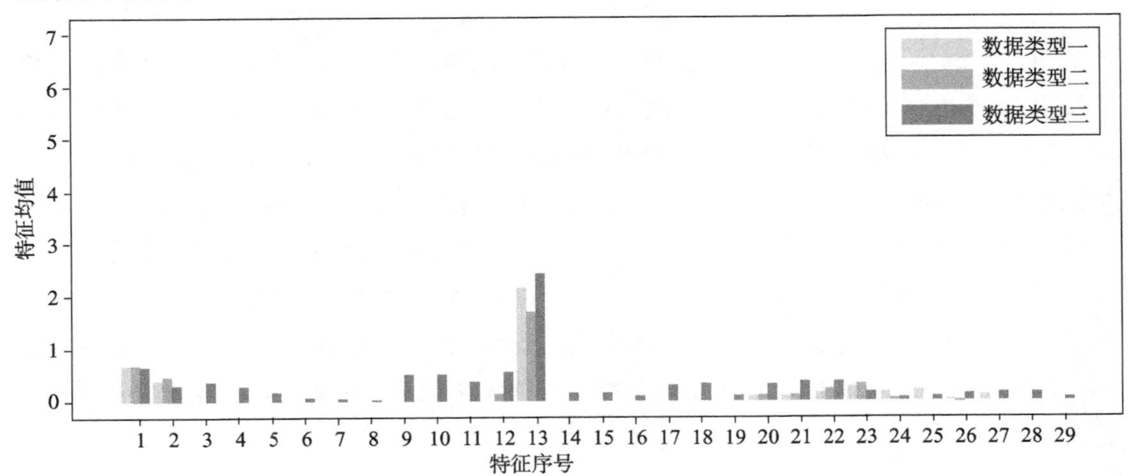

图 7–12　3 类数据的特征均值统计

从上图中我们可以很容易看出各类数据的产生原因：在检索召回阶段所使用的常规特征中，数据类型一和数据类型二只具有标题文本相似度和摘要文本相似度，而数据类型二这两项的取值较高，考虑到检索召回阶段标题、摘要字段的重要性，这使得数据类型二在检索召回结果中的排序较高而数据类型一的排序较低；在精准排序算法下，这两类数据内目标专利和对比文件之间极为稀疏的关联关系外加标题文本相似度和摘要文本相似度特征权重的下调，使得它们的排名处于精准排序的低位。数据类型三中标题文本相似度和摘要文本相似度数值的进一步下降使得其在检索召回结果中的排序更低，然而它在其他特征的丰富程度上远优于前两类数据，尤其是高权重的 IPC 相似度特征和引文特征，这使得该数据类型的排名大幅上升。

7.6　本章小结

在本章中，我们将机器学习方法应用于专利无效宣告中的对比文件查找，为知识产权领域的智慧法律研究做一些先期探索工作。为保持对比文件查找中准确度和效率之间的平衡，我们将整个查找过程划分为检索召回和精准排序两个阶段，前者负责从海量待检文件中快速将可能的对比文件压缩在一个较小范围之内，后者利用计算资源消耗较大的机器学习算法对检索召回结果进行重新排序，以获得更加准确的结果。

在精准排序阶段的特征选取上，除了文本、技术分类号等常规特征外，我们还创建了两类衍生特征，即元路径特征和图嵌入特征。实验结果证明，即便衍生特征中不乏图神经网络这样的前沿机器学习技术支持，对比文件查找中最为倚仗的特征依然是常规特征；而衍生特征则起到了重要的补充作用，尤其是元路径特征中的专利家族直接引用特征，其重要程度甚至仅次于 IPC 小类、大组、小组 3 种相似度特征，在全部特征重要性上排名第 4；反过来看，虽然图嵌入特征可以有效弥补元路径特征的缺失率过高问题，但在对比文件查找上的效用却最弱，对比第 3 章图神经网络能够有效提升专利语义关系分类的效果，不难看出我们在对对比文件查找任务的理解上依然不够深入，并没有针对对比文件查找任务的痛点准确定义出对应的机器学习问题，从而使机器学习技术尤其是前沿技术未能在特定的专利挖掘任务发挥出应有作用。

另外，本研究虽然在对比文件之外也将其他专利数据灌入 Elasticsearch，以贴合真实的应用场景，然而和专利条数数以千万计的真实数据库相比依然差异巨大，如何将本方法工程化并为外界提供相应的智慧法律服务，进而获取来自用户的反馈意见和行为数据来迭代升级服务，也是我们推进的重要方向之一。

第 8 章 前瞻：大语言模型时代的专利挖掘研究

2022 年底，以 ChatGPT 为代表的大语言模型开始崛起，凭借着在通用智能上的优异表现，它不仅给全社会带来了极大冲击，也使专利挖掘发展面临着全新的思考。大语言模型不仅意味着数智时代 人工智能技术应用的重大突破，也意味着一种全新的智能算法开发和应用模式，该模式下不再针对单一任务设计算法，而是在超大规模参数的模型底座下，将各类算法任务通过精心设计的文字模板转化为不同形式的问句（prompt）交给大语言模型统一解决。虽然大语言模型以其知识储备能力、语义理解能力和文字生成能力昭示着通用人工智能已经出现在地平线上，但使其在专利挖掘垂直领域落地依然困难重重。本章着重探讨大语言模型下如何开展专利挖掘研究，以推动专利信息服务能力进步并形成新的业务增长点。

8.1 金融大模型竞赛的启发

尽管大语言模型的诸多特点已经广为人知，但一旦面临垂直领域的应用研究和落地实践，情况就会变得愈发复杂，比如调用大语言模型 API 会引起敏感信息泄露，本地私有化部署需要考量大语言模型性能、规模与硬件规格适配，当不得不使用较小规模的大语言模型时，如何从软件设计层面弥补大语言模型性能不足等。虽然专利挖掘领域目前尚未出现与大语言模型相关的突出研究成果或典型示范应用，但学习大语言模型在其他垂直领域的应用实践，依然能使我们在专利挖掘任务上大受裨益。在此，我们选择 2023 年中文信息学会的“SMP 2023 ChatGLM 金融大模型挑战赛”[292]，通过剖析优胜方案的解题思路，引出大语言模型下发展专利挖掘亟待解决的关键问题和重要研究方向。

在“SMP 2023 ChatGLM 金融大模型挑战赛”中，赛事方要求参赛选手以清华大学的开源大语言模型 ChatGLM2-6b 为中心制作问答系统，基于 11 588 篇企业金融年报回答与金融相关的事实查询、统计分析和开放性问题共 5000 道。自开赛之日起，该比赛吸引了国内外 2294 支参赛队伍，最终冠军团队在复赛中取得了 88.61 的优异成绩（大致相当于正确率 88%），表现令人侧目。但 ChatGLM2-6b 由于自身规模所限，它的语义理解能力和逻辑推理能力并不尽如人意，例如它意识不到赛题中“研发人员”和“技术人员”、“博士以上人数”和“博士及以上人数”含义相同，而数学计算能力则更为糟糕。如果直接采用大语言模型加本地知识库的常规方案[293]来应对比赛，ChatGLM2-6b 只能在自由度更大的开放性问题上靠“发挥”拿一些分数，但一旦涉及事实查询和统计分析问题，则几乎无法给出任何正确回答。

可以看到，大语言模型并不是万能的，在某些场合它可以发挥出无可替代的作用，但在另一些场合则需要使用其他方法、策略为大语言模型的缺陷不足补位，并最终集成为一套高度智能化的问答系统。在这场比赛中，最重要的事情是熟悉 ChatGLM2-6b 的能力特点，以便针对各类金融赛题设计出相应的技术方案。我们将 ChatGLM2-6b 的能力特点及选手们的应对方案汇总如表 8–1 所示，在此基础上形成的优胜方案核心内容如图 8–1 所示。

表 8–1　ChatGLM2–6b 的能力特点及选手应对方案

序号	模型能力特点	选手应对方案
1	数学计算能力偏弱，无法胜任统计分析功能	汇总赛题中的常见统计量，将其事先算好并存储于关系型数据库
2	不具备金融知识，无法计算财务常见指标	汇总财务常见指标，将其事先算好并存储于关系型数据库
3	语义理解能力不足，往往错误领会问题意图	借助模型微调、文档树、正则表达式等方法实现问题的自动分类、关键词抽取、问题要素识别等，从而理解问题意图
4	不具备对表格内容的理解能力，但赛事方提供的金融年报中篇均表格超过 100 个，且金融年报关键信息均以表格形式呈现	利用文件解析工具和表格识别技术，从金融年报中抽取表格，并设计关系型数据库的数据表结构，将这些表格信息有组织的存储起来
5	模型输入长度受限（最多 8192 个词元），且输入内容越长干扰项就越多，模型正确理解就越困难，生成答案的耗时也会急剧增加	大语言模型不承担从金融年报中搜索和生成答案的任务，而是在问题意图识别、NL2SQL、RE2SQL 等的基础上，将问句转化为 SQL 语句，并从关系型数据库中查找答案，从而极大降低了模型输入长度
6	幻觉现象较为严重	优化问答系统以减少或消除大语言模型处理长文本和自主生成文本的机会，使其作用集中在将问句转化为 SQL 语句，以及当从数据库中获取答案关键信息后，将其组织成简洁、流畅、与问题相呼应的回答

不难看出，优胜方案中金融年报数据的预处理、计算、存储、查询是核心，而大语言模型更多起到黏合剂的作用，通过实现一系列辅助功能如问题要素识别、问题分类、问题向 SQL 语句的转化以及答案润色等，支持问答系统正常运行。显然，只有对金融年报数据、赛题整体情况和大语言模型（确切来说是 ChatGLM2-6b）能力边界的准确把握，才能做出这样的合理设计。

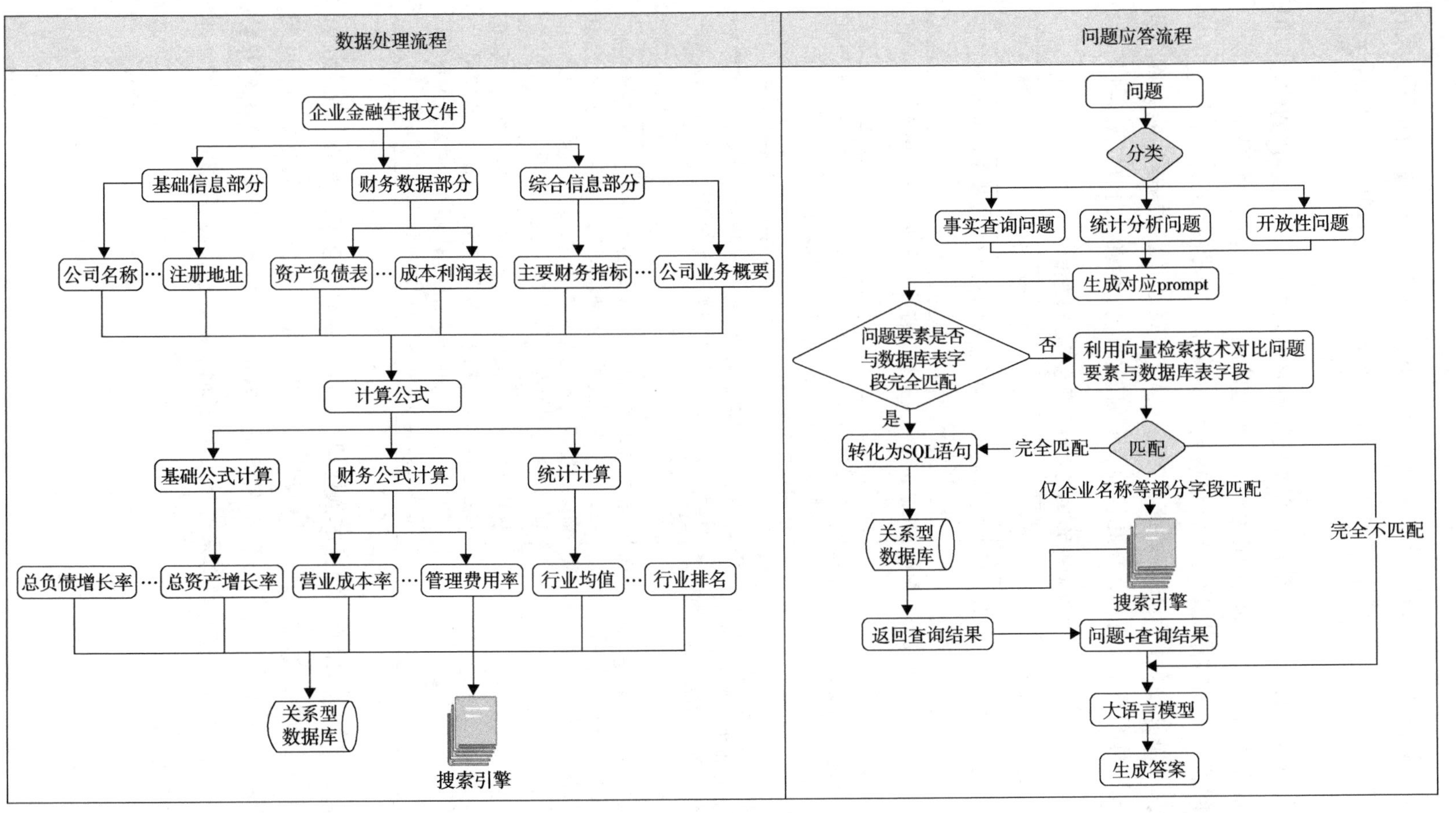

图 8-1 优胜方案的核心内容

8.2　大语言模型应用面临的问题

面向专利挖掘的大语言模型应用研究也需要熟知专利挖掘研究现状和大语言模型的能力特点，但又不止这些，大语言模型自身的能力拓展和专利垂直领域的大语言模型研究也是专利挖掘中极为重要的研究方向，但目前这些研究还面临着两个重要问题。

（1）缺乏对大语言模型能力边界的认识

与上述竞赛中只能使用 ChatGLM2-6b 的命题作文不同，专利挖掘研究面向的是整个大语言模型研究社区，可以使用的大语言模型范围要宽广得多，从模型规模上说，有数十亿参数的 ChatGLM2-6b、Llamma2-7b，也有超过 1000 亿参数的 ChatGLM2-130b、GPT-4；从调用方式上说，有 API 接口远程调用，也有本地私有化部署调用；从训练语料上说，有基于网页、百科语料训练而成的通用模型，也有使用专利语料训练出来的垂直领域模型。不同类型的模型之间差别极大，比如 ChatGLM2-6b 不具备表格内容识别能力，即便微调后该能力仍然难以提升，同时将文本转化为 SQL、JSON 时也时有语法错误出现，但对于参数量超过 1000 亿以上大语言模型，无论 ChatGLM2-130b、星火大模型还是百度文心一言，在这两方面均展现出强大的能力；另外，使用领域数据优化过的大语言模型，无论是使用金融语料和通用语料混合训练的 BloombergGPT，还是使用医学指令集微调出来的 Med-PaLM2，均在领域专业能力上得到了较大提升。

然而，迄今为止我们对这些大语言模型在专利挖掘上的性能表现以及彼此差异还知之甚少，遑论使用优化技术提升模型的能力上限。但这些探索性问题没有答案，专利垂直领域的大语言模型发展方向就不清晰，新时代的专利挖掘该如何布局、如何发展就缺乏坚实的基础，这是当前亟须解决的第一类问题。

（2）现有成果与大语言模型的结合范式并不清晰

纵观表 8–1，相当一部分专利挖掘任务并不适合直接使用大语言模型，拿数据处理和规范化及专利基础服务支撑来说，这类任务对计算资源成本控制和算法效率有较高要求，而大语言模型的计算设备规格要求高、计算结果输出效率低，且在部分任务，如命名实体识别、同义词匹配上，其表现还和当前主流方法存在较大差距，并不适合直接作为替代技术。当然，主流方法也有其自身缺陷，所以另一个重要问题是重新审视、梳理和再定义各类专利挖掘任务，并合理安排大语言模型在其中的角色。

我们以命名实体识别任务为例对上面论述详加说明，当技术领域跨度较大时，不同领域专利的命名实体类型区别明显，比如计算机硬件领域主要命名实体类型是零部件、原材料、结构、位置、测度方式、测度数值等，而生物医学领域的命名实体类型则包括化合物、基因序列、蛋白质、疾病名称、药物等，巨大的差异导致当前命名实体识别的主流方法——有监督深度学习方法无法跨领域复用标注数据，当用户面临新的陌生领域时不得不重新定义实体类型并开展繁重的数据标注工作，而无监督命名实体识别方法性能较弱，短时间内还无法拿出有竞争力的表现。大语言模型的到来让我们看到以领域无差别的方式低成本实现命名实体识别的可能性，即利用无监督命名实体识别方法初步进行命名实体识别，并从识别结果中筛选出置信度较高的候选命名实体，将其作为 prompt 中的示例以批量生成指令，通过微调大语言模型达成精准识别命名实体的效果。

8.3 专利挖掘研究方向探讨

大语言模型可以广泛应用于多种专利挖掘任务，甚至有望助力专利实务核心难题取得突破，但现有专利挖掘成果同样在实践应用中不可或缺，那么如何在大语言模型时代开展专利挖掘研究？为回答这一问题，我们需要对当前专利挖掘领域的智能技术应用方式进行汇总，进而梳理出值得关注的重点研究方向。我们发现，当前主要有 3 种智能技术应用方式，即：①当智能技术能很好匹配专利挖掘任务时，直接套用即可，如多类别分类方法（multi-class classification）和多标签分类方法（multi-label classification）之于案源分配、人名消歧算法之于专利发明人名称消歧；②智能技术不能很好匹配专利挖掘任务，但后者至少落入前者要解决的问题大面之内，如信息抽取技术之于技术功效矩阵自动构建、推荐算法之于为专利撰写人和审查员推荐参考文献；③专利挖掘任务的技术需求在当前智能技术的边界之外，如专利新颖性、创造性及区别技术特征的判断和识别，专利无效和侵权案件的法条推荐、证据识别和智能判案。

从专利挖掘可持续发展角度来说，尤其当该领域还处于早期阶段，模式一更应该是优先发展方向，这样可以最大程度利用人工智能红利在专利领域快速产生引领和示范效果，进而推动产业升级并虹吸社会资本和优秀的复合型人才共同推动这一领域的发展，需要重点关注有两点：①标注数据资源建设，纵观智能技术发展历程，高质量标注数据集发挥了巨大的推动作用，比如 ImageNet 图片数据集将图像识别带入深度学习时代，在 SQuAD 问答数据集的引领下，机器阅读理解模型第一次超出人类水平。然而相比计算机领域长期发展所形成的丰富的标注资源和良好的开放共享风气，专利挖掘可公开获取的标注数据依然极度稀缺，严重制约了该领域的快速发展。②通用智能技术在专利数据上的领域适应性研究和任务适应性研究，专利数据具有鲜明的领域特点，可以从中提取特征以提升通用机器学习方法在专利挖掘任务上的性能表现，例如，本书第 3 章利用专利实体之间关联度高的特点提升了语义关系分类效果，第 5 章利用专利家族和 NBER 技术子类信息提升了专利发明人名称消歧效果，第 7 章利用元路径和图嵌入特征提升对比文件查找效果，这些方法均通过捕捉专利数据特点，形成了独具特色的专利挖掘技术。

在模式二中现有智能技术的简单套用已经很难取得较好效果，此时就需要研究者不仅熟知各类主要算法的适用范围、总体思路和实现过程，还需要对该专利挖掘任务的目标、当前方法的不足有着清晰的认识，进而提出思路、设计方法，从智能技术、专利数据以及其他相关资源中发掘潜力。一个值得关注的研究方向是利用专利数据字段丰富的特点，从其他字段中挖潜，以多元信息融合的方式开展专利挖掘。以本书第 4 章为例，在细分技术领域的专利语料库中进行主题抽取并不容易，常规主题模型（如 LDA）所抽主题不仅可解释性弱，不同主题之间的区分也不明显，但技术分类号字段是很好的辅助数据，将其和主题模型结合并形成 PC-LDA 模型后，所抽主题不仅在技术分类体系的纵向上具有显著的分层特点，且在同一层级的横向上具有明显的主题差异，这一特点甚至使其在无监督命名实体识别任务上具有一定效果。当然很少有提出一个方法就奏效的情况，更多时候是以失败告终，但这种失败可以帮助研究者极大深化对智能技术、专利数据和研究对象的认识，从而奠定新方法产生的基石。实际上，很多方法并非事先设计出来的，它们往往是良好的学术功底和逐步明朗的研究对象之间化学反应后的产物。

模式三触及专利实务的核心问题，包括消除专利的文字技巧，还原专利中的模糊用语和对等词，判断和测度专利的新颖性、创造性，识别专利的区别技术特征等。此时技术需求已经深入行业、超出智能技术的边界，解决方案的提出不仅仅需要技术的进步，更需要兼具世界通识和领域知识的海量知识库作为后台支撑。大语言模型的出现为这些问题的解决带来希望，其自身强大的知识存储能力、语义理解能力也许是解开这些难题的钥匙，但目前无论专利垂直领域的大语言模型研究还是面向这些问题的高质量标注数据仍然十分短缺。不过我们看到越来越多的国际团队积极投入相关研究和资源建设中来，并促成了 PatentMatch 和 PatentGPT-J-6b 的出现，为研究者在大语言模型视角下开展专利挖掘研究提供了重要支持。

除此以外，专利挖掘还面临着方法效果评价的问题。传统依赖专家智慧和人工判读的评价方法旨在给出定性结论，具有主观性强、效率低、难以移植、难以复现等缺点，而专利挖掘技术更多是智能技术在专利数据上的应用，需要以客观、量化和结果可重现的方式达成评价目标，在这方面：①虽然机器学习中可以通过将预测结果和金标准进行对比来完成对方法效果的评价，但由于部分机器学习方法，尤其是深度学习方法本身的随机性，导致即使对相同参数设置的模型进行两次训练，其预测结果也会存在一定差别，而如何通过合理的假设检验确保模型效果取得了真提升就显得至关重要，在本书第 3 章中我们引入双尾配对样本 t- 检验，验证了所提联合模型在效果上显著优于单一模型，从而使研究结论更加坚实可靠。②在更多情况下专利挖掘任务不存在金标准，在这种情况下如何设计评价方法，成为另一个重要研究方向，在本书第 6 章评价语义主路径的影响力时，并没有对应的金标准，我们通过扩充专利家族引文网络，获得各条语义主路径在未来 12 年内的单位节点平均被引次数，进而将它们与其他候选主路径对比，完成了对语义主路径的影响力评价。

8.4　本章小结

大语言模型展示了通用人工智能的可能性，但也显露出其自身的缺陷不足，如极其消耗算力但应答效率不高，数学能力无法信赖且存在虚假编造现象等。这些特点使得大语言模型虽然具备在广泛的专利挖掘任务上实现技术升级的潜力，但如何兑现这些潜力仍然需要持续深入的探索。外加人们对大语言模型在专利挖掘上的能力边界了解并不充分，现有专利挖掘方法与大语言模型如何实现优势互补的范式也不清晰，大语言模型时代如何开展专利挖掘仍然是一个亟待解决的问题。通过梳理，我们总结出本领域的 5 个重要研究方向，它们包括专利标注数据资源建设、通用智能技术在专利数据上的特色化研究、多元信息融合的专利挖掘方法、基于大语言模型的专利实务自动化处理方法，以及专利挖掘方法效果的定量评价方法研究。

附录一

各类任务上的专利数据集汇总

任务类型	数据集名称	数据来源	数据集内容	数据集规模及语种	专利所在时间	补充说明
通用数据	NBER dataset	美国专利商标局	专利题录；引文数据	约 300 万条专利题录信息和 1600 万条专利引文信息，英语	专利题录：1963—1999 专利引文：1975—1999	经更新该数据集时间范围已经扩展至 2013 年，说明文档见参考文献 [24]，下载地址见参考文献 [294]
专利检索	NTCIR-3	日本专利局	专利申请书全文（未经审查）；专利摘要	697 262 条专利全文，日文；3 407 493 条专利摘要，其中日文 1 706 154 条，英文 1 701 339 条	专利全文：1998—1999 专利摘要：1995—1999	说明文档和下载地址见参考文献 [44]
	NTCIR-4	日本专利局	专利申请书全文（未经审查）；专利摘要	1 700 000 条专利全文，日文；1 700 000 条专利摘要，英文	专利全文：1993—1997 专利摘要：1993—1997	
专利检索 / 技术分类	NTCIR-5	日本专利局	专利申请书全文（未经审查）；专利摘要	3 496 252 条专利全文，日文；3 496 252 条专利摘要，英文	专利全文：1993—2002 专利摘要：1993—2002	
	NTCIR-6	美国专利商标局；日本专利局	美国专利授权文件全文；日本专利申请书全文（未经审查）；日本专利摘要	1 315 470 条美国专利全文，英文；3 496 252 条日本专利全文，日文；3 496 252 条日本专利摘要，英文	专利全文：1993—2002 专利摘要：1993—2002	
专利挖掘	NTCIR-7 PATMN	美国专利商标局；日本专利局；科学引文索引	美国专利授权文件全文；日本专利申请书全文（未经审查）；日本专利摘要；SCI 论文的作者摘要（author abstract）和附加作者摘要（additional author abstract）、授权报告（grant report）	1 315 470 条美国专利全文，英文；3 496 252 条日本专利全文，日文；3 496 252 条日本专利摘要，英文；SCI 论文作者摘要包含 339 483 条日英对照摘要，332 918 条日文摘要，187 080 条英文摘要；SCI 论文附加作者摘要和授权报告包含 400 248 条日文记录和 134 978 条英文记录	专利全文：1993—2002 专利摘要：1993—2002 SCI 论文作者摘要：1988—1997 SCI 论文附加作者摘要和授权报告：1986—1999	其中专利挖掘共包括 4 个子任务，即：①使用日文专利数据对日文学术论文分类；②使用英文专利数据对英文学术论文分类；③使用日文专利数据对英文学术论文分类；④使用英文专利数据对日文学术论文分类；说明文档和下载方式同上

续表

任务类型	数据集名称	数据来源	数据集内容	数据集规模及语种	专利所在时间	补充说明
专利挖掘	NTCIR-8 PATMN	美国专利商标局；日本专利局；科学引文索引	美国专利授权文件全文；日本专利申请书全文（未经审查）；日本专利摘要；SCI论文的作者摘要（author abstract）和附加作者摘要（additional author abstract）、授权报告（grant report）	1 315 470条美国专利全文，英文；3 496 252条日本专利全文，日文；3 496 252条日本专利摘要，英文；SCI论文作者摘要包含339 483条日英对照摘要，332 918条日文摘要，187 080条英文摘要；SCI论文附加作者摘要和授权报告包含400 248条日文记录和134 978条英文记录	专利全文：1993—2002 专利摘要：1993—2002 SCI论文作者摘要：1988—1997 SCI论文附加作者摘要和授权报告：1986—1999	除了与NTCIR-7 PATMN相同的专利挖掘任务外，外加从日文和英文的专利、论文中提取基本技术（elemental technologies）及其效果；说明文档和下载方式同上
专利翻译	NTCIR-7 PATMT	美国专利商标局；日本专利局	美国专利授权文件全文；日本专利申请书全文（未经审查）	1 315 470条美国专利全文，英文；3 496 252条日本专利全文，日文	专利全文：1993—2002 专利摘要：1993—2002	说明文档和下载地址见参考文献 [29]
	NTCIR-8 PATMT	美国专利商标局；日本专利局	美国专利授权文件全文；日本专利申请书全文（未经审查）	2 124 370条美国专利全文，英文；5 253 613条日本专利全文，日文	专利全文：1993—2007 专利摘要：1993—2007	在NTCIR-7 PATMT任务基础上添加了一个评测子任务；说明文档和下载地址详见参考文献 [30]
专利检索	CLEF-IP-2009	欧洲专利局	专利内容包括题录、摘要、权利要求和说明书；以英语、德语、法语为主要语种的专利分别占比69%、23%和7%[6]	约160万条专利，包括目标数据集（target dataset，即索引专利数）1 022 388条专利和主题选择池（pool for topic selection，即作为检索条件的专利数）518 035条专利	目标数据集：1985—2000 主题选择池：2001—2006	检索任务类型为在先技术检索（prior art search），细分为单语种检索和跨语种检索两个子任务，数据下载地址见参考文献 [45]
专利检索/技术分类	CLEF-IP-2010	欧洲专利局	同CLEF-IP-2009	检索任务的专利约250万条，包括目标数据集190万条专利和主题选择池约60万条专利；分类任务专利为2000条	检索任务的目标数据集：1985—2002 主题选择池：2002—2009 分类任务数据集不详	检索任务不再赘述，分类任务面向IPC分类体系，精确到第三层，即小类级别，数据下载地址见参考文献 [46]

续表

任务类型	数据集名称	数据来源	数据集内容	数据集规模及语种	专利所在时间	补充说明
专利检索/技术分类/图片检索/图片分类	CLEF-IP-2011	欧洲专利局世界知识产权组织	在CLEF-IP-2010基础上，使用WIPO数据补全专利信息，同时补充图片	专利检索任务的专利约150万条；分类任务中细分类子任务的主题选择池为4934条[295]；图片检索任务的专利数量总体不详，目标数据集中包含图片291 566张，查询数据集中包含专利211条；图片分类训练集包含图片38 087张，测试集1000张[40]	图片检索中目标数据集的专利申请日在2002年之前；其他任务的专利时间可查看具体数据	分类任务分普通分类和细分类，前者精确到小类级别，即第三层，后者精确到小组级别，即第五层；图片检索任务的专利采自A43B、A61B、H01L3个IPC小类范围；分类任务中存在9种类别，包括摘要图、流程图、基因序列、符号、程序列表等；数据下载地址见参考文献[48]
专利段落检索/流程图识别/化学结构识别	CLEF-IP-2012	欧洲专利局世界知识产权组织	与CLEF-IP-2011类似，但将其中图片信息移除[296]； 流程图集合； 化学结构图集合	CLEF-IP-2012数据集包含150万条专利；专利段落检索任务中包含51个训练主题（18个德文、21个英文、12个法文）和105个测试主题（每个语种35个）；流程图识别任务中训练集包含50个流程图、测试集包含100个流程图；化学结构识别任务的化学结构数据从30个专利中抽取，测试集分为包含865个图片的自动测试集和95个图片的人工测试集	CLEF-IP-2012数据集：公开日期在2002年之前；各个任务的专利所在时间可查看具体数据	专利段落检索中主题指从专利申请中抽取的权利要求项集合；流程图识别的目标是将流程图中的信息抽取出来并以特定的结构返回；化学结构识别的目标是从图片中将化学结构识别出来并形成.csv文件；数据下载地址见参考文献[47]
专利段落检索/文本-图片互联/流程图识别	CLEF-IP-2013	欧洲专利局世界知识产权组织	与CLEF-IP-2012类似[10]； 流程图集合； 化学结构图集合	CLEF-IP-2013数据集包含150万条专利；专利段落检索任务中包含150个训练主题和149个测试主题（后来将其中两个错误主题移除），其中德文、英文、法文各占1/3；流程图识别中将2012年的训练集和测试集合并作为2013年的训练集，共150张图片，新测试集包含747张图片	CLEF-IP-2013数据集：公开日期在2002年之前；各个任务的专利所在时间可查看具体数据	文本-图片互联指在给定专利申请书全文的情况下，将该申请书中图片的实体和文本中的实体指称链接起来；流程图识别目标与2012年相同，但难度比后者有所提高，下载地址见参考文献[58]

续表

任务类型	数据集名称	数据来源	数据集内容	数据集规模及语种	专利所在时间	补充说明
技术调查搜索/现有技术搜索	TREC-CHEM-2009[49]	欧洲专利局美国专利商标局世界知识产权组织	包含权利要求、说明书、摘要的化学专利文件和科学文章	1 185 012 份包含权利要求、说明书、摘要的化学专利文件，约 59 000 篇科学文章。其中化学专利文件是 IPC 分类号下代码 C 和 A61K 领域下经过处理后的文件，科学文章来自英国皇家化学学会（RSC）出版的 31 种期刊	化学专利文件的时间节点为 2007 年之前	现有技术搜索任务由来自欧洲专利局和美国专利商标局全文专利文件组成的 1000 个主题形成，但来自美国专利商标局的专利数量要远大于欧洲专利局。技术调查搜索的挑战在于处理同义词和缩写等化学特定问题。数据集下载地址见参考文献 [297]
技术调查搜索/现有技术搜索	TREC-CHEM-2010[50]	欧洲专利局美国专利商标局世界知识产权组织	专利文件和科学文章	1 277 467 份专利文件和 176 528 篇科学文章。其中专利文件有 134 035 件来自欧洲专利局，907 170 件来自美国专利商标局，236 262 件来自世界知识产权组织	不详	TREC-CHEM-2010 集合包括 TREC-CHEM-2009 中的所有科学文章，但添加了这些文章中缺少的图像，以及来自不同出版商和 PubMed Central 的新文章，总共有 176 528 篇文章。相较于去年，现有技术搜索任务中的主题文件来源在 3 个专利局中的分布更加平均。数据集下载地址见参考文献 [298]
技术调查搜索/现有技术搜索/化学图像识别	TREC-CHEM-2011[51]	欧洲专利局美国专利商标局世界知识产权组织	专利文件和科学文章	与 TREC-CHEM-2010 数据集相同	不详	化学图像识别任务从 USPTO 文件集合中选择了两个集合，每个集合包含 1000 个图像和相应的 MOL 文件，作为训练集和评估集。化学图像识别的任务是在给定的化学文件中，提供所描绘的化合物的化学结构，该任务的主要目的包括评估化学图像识别领域的最新进展以及图像识别对信息检索目标的实用性
自动摘要	BigPatent	美国专利商标局	每条记录包括标题、发明人、摘要、权利要求和说明书字段	130 万条记录	1971 至今	以专利说明书作为自动摘要的输入，专利摘要作为自动摘要的金标准，下载地址见参考文献 [299]

续表

任务类型	数据集名称	数据来源	数据集内容	数据集规模及语种	专利所在时间	补充说明
技术分类	USPTO-5M	美国专利商标局	专利题录和专利全文	540 万条记录	1976—2016	下载地址见参考文献[300]
	USPTO-2M	美国专利商标局	专利题录和专利标题、摘要，无专利全文	200 万条记录	2006—2014	专利 IPC 精确到小类，下载地址见参考文献[301]
专利诉讼	Patent Match	详见具体数据	每条记录包括 3 个字段，即权利要求项，对比文件中的相关段落，权利要求项是否无效的标签	600 万条记录	详见具体数据	下载地址见参考文献[302]
	PTAB	美国专利商标局	专利诉讼卷宗	16.5 万条记录	不断更新中	卷宗尚未数字化，以原始图片和 pdf 形式存储，下载地址见参考文献[303]
信息抽取	TFH-2020	美国专利商标局	专利摘要以及标注的实体和语义关系标签	1010 条专利摘要	1976—2003	硬盘薄膜磁头领域的专利，相关文献为 Chen 等[105]，下载地址见参考文献[177]
	CHEM-DNER-patents	详见具体数据	专利摘要以及标注的实体标签	3 万条专利摘要	详见具体数据	医药化学领域的专利，相关文献见参考文献[102]，下载地址见参考文献[53]
	chemical patent corpus	美国专利商标局 世界知识产权组织 欧洲专利局	专利全文以及标注的实体和语义关系标签	200 条专利全文	详见具体数据	包含 121 件美国专利商标局专利，66 件世界知识产权局专利和 13 件欧专局专利，相关文献见参考文献[195]，下载地址见参考文献[304]

附录二

PC-LDA 推导过程

$$p(y, z, w|\alpha, \beta, \varphi, s)$$

$$=\int\int\prod_{d=1}^{D}\prod_{i=1}^{N_d}p(w_i^{(d)}|\phi_{z_i^{(d)}})p(z_i^{(d)}|\theta_{y_i^{(d)}})p(y_i^{(d)}|S_d)\prod_{s=1}^{S}p(\theta_s|\alpha)\prod_{t=1}^{T}p(\phi_t|\beta)\mathrm{d}\phi d\theta$$

$$=\int\int\prod_{s=1}^{S}\prod_{t=1}^{T}\theta_{st}^{n_{st}}\prod_{t=1}^{T}\prod_{w=1}^{W}\phi_{tw}^{n_{tw}}\prod_{d=1}^{D}\left(\frac{1}{S_d}\right)^{N_d}\prod_{s=1}^{S}\left[\frac{\Gamma(\sum_{t=1}^{T}\alpha_t)}{\prod_{t=1}^{T}\Gamma(\alpha_t)}\prod_{t=1}^{T}\theta_{st}^{\alpha_t-1}\right]\prod_{t=1}^{T}\left[\frac{\Gamma(\sum_{w=1}^{W}\beta_w)}{\prod_{w=1}^{W}\Gamma(\beta_w)}\prod_{w=1}^{W}\phi_{tw}^{\beta_w-1}\right]\mathrm{d}\phi\mathrm{d}\theta$$

$$=\int\prod_{d=1}^{D}\left(\frac{1}{S_d}\right)^{N_d}\prod_{s=1}^{S}\left[\frac{\Gamma(\sum_{t=1}^{T}\alpha_t)}{\prod_{t=1}^{T}\Gamma(\alpha_t)}\prod_{t=1}^{T}\theta_{st}^{n_{st}+\alpha_t-1}\right]\mathrm{d}\theta\int\prod_{t=1}^{T}\left[\frac{\Gamma(\sum_{w=1}^{W}\beta_w)}{\prod_{w=1}^{W}\Gamma(\beta_w)}\prod_{w=1}^{W}\phi_{tw}^{n_{tw}+\beta_w-1}\right]\mathrm{d}\phi$$

$$=\prod_{s=1}^{S}\frac{\Delta(\vec{\alpha}+\vec{n}_s)}{\Delta(\vec{\alpha})}\prod_{t=1}^{T}\frac{\Delta(\vec{\beta}+\vec{n}_t)}{\Delta(\vec{\beta})}\prod_{d=1}^{D}\left(\frac{1}{S_d}\right)^{N_d}。$$

由于$\Delta(\vec{\alpha})$、$\Delta(\vec{\beta})$和$\prod_{d=1}^{D}\left(\frac{1}{S_d}\right)^{N_d}$均为常量可以略去，因此：

$$p(y, z, w|\alpha, \beta, \varphi, s)\propto\prod_{s=1}^{S}\Delta(\vec{\alpha}+\vec{n}_s)\prod_{t=1}^{T}\Delta(\vec{\beta}+\vec{n}_t)$$

$$=\prod_{s=1}^{S}\frac{\prod_{t=1}^{T}\Gamma(\alpha_t+n_{st})}{\sum_{t=1}^{T}\Gamma(\alpha_t+n_{st})}\prod_{t=1}^{T}\frac{\prod_{w=1}^{W}\Gamma(\beta_w+n_{tw})}{\sum_{w=1}^{W}\Gamma(\beta_w+n_w)}。$$

而 Collapsed Gibbs 采样公式为：

$$p(y_i=s, z_i=t|w, z_{-i}, y_{-i}, \alpha, \beta, \varphi, s)$$

$$=\frac{p(y_i, z_i, w, z_{-i}, y_{-i}, \alpha, \beta, \varphi, s)}{p(w, z_{-i}, y_{-i}, \alpha, \beta, \varphi, s)}$$

$$=\frac{p(w, z, y, \alpha, \beta, \varphi, s)}{p(w_{-i}, w_i, z_{-i}, y_{-i}, \alpha, \beta, \varphi, s)}$$

$$=\frac{p(w, z, y, \alpha, \beta, \varphi, s)}{p(w, z_{-i}, y_{-i}, \alpha, \beta, \varphi, s)p(w_i|w_{-i}, z_{-i}, y_{-i}, \alpha, \beta, \varphi, s)}。$$

由于$p(w_i|w_{-i}, z_{-i}, y_{-i}, \alpha, \beta, \varphi, s)$相对于$p(y_i=k, z_i=j|w, z_{-i}, y_{-i}, \alpha, \beta, \varphi, s)$取值无关，可以约去，所以：

$$p(y_i=k, z_i=j|w, z_{-i}, y_{-i}, \alpha, \beta, \varphi, s)\propto\frac{p(w, z, y, \alpha, \beta, \varphi, s)}{p(w_{-i}, z_{-i}, y_{-i}, \alpha, \beta, \varphi, s)}$$

$$=\frac{\alpha_t+n_{st}-1}{\sum_{t=1}^{T}(\alpha_t+n_{st})-1}*\frac{\beta_w+n_{tw}-1}{\sum_{w=1}^{W}(\beta_w+n_{tw})-1}。$$

可以很容易估算出参数 θ 和 Φ：

$$\hat{\theta}_{st}=\frac{\alpha_t+n_{st}}{\sum_{t=1}^{T}(\alpha_t+n_{st})};$$

$$\hat{\Phi}_{tw}=\frac{\beta_w+n_{tw}}{\sum_{w=1}^{W}(\beta_w+n_{tw})}。$$

附录三

DP-BFS 算法的空间复杂度推导

在 DP-BFS 算法的运行过程中，其存储内容是从源点（即入度为零、出度大于零的节点）出发到其他任意节点的最大权重路径集合。为方便理解，我们以附图 3-1 中的引文网络为例加以说明，其中每条连线上的数值表示该连线权重，附表 3-1 显示需要存储路径的详细信息。由于存储路径均以源点为出发点、以中间节点（即入度和出度均大于零的节点）或终点（即入度大于零、出度为零的节点）为终止点，因此它们可以组装成附图 3-2 所示的树。

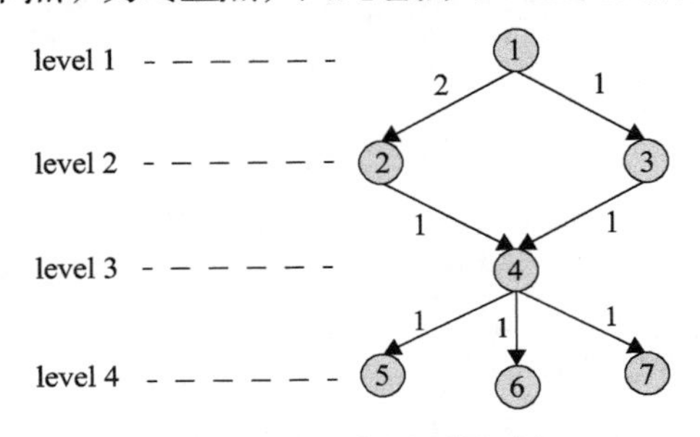

附图 3-1　引文网络示例

附表 3-1　DP-BFS 算法运行时的路径存储详情

出发点	终止点	连线序列	路径权重
1	1	1	0
1	2	1 → 2	2
1	3	1 → 3	1
1	4	1 → 2 → 4	3
1	5	1 → 2 → 4 → 5	4
1	6	1 → 2 → 4 → 6	4
1	7	1 → 2 → 4 → 7	4

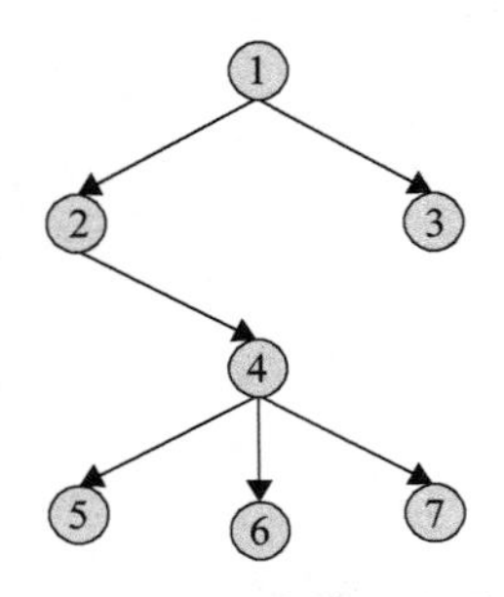

附图 3-2　由附表 3-1 中连线序列所拼装的树

由于引文网络属于有向无环图（Directed Acyclic Graph，DAG），因此可以从 DAG 的特例，即出度不大于 M 的树出发，推导出算法在一般 DAG 上的空间复杂度。显然，树上第二层的节点数量不超过 M，第三层不超过 M^2，其余层以此类推。由于 DAG 可以存储为一系列连线序列并在运行 DP-BFS 时被组装成树，因此可以通过推导树结构上 DP-BFS 的空间复杂度，将其扩展到一般 DAG 上。

设 h 为树的深度，n 为节点数量，可得

$$1+M+M^2+\cdots+M^{h-1}\geqslant n;$$

$$\frac{M^{h-1}-1}{M-1}\leqslant n;$$

$$h<\log_M(n*(M-1)+1)。$$

由于从源点到第 i 层的路径长度是 $i-1$，所以这些路径上的节点总数不大于（$i-1$）*（M^{i-1}）。进而可以推断在从源点到树上其他节点的路径集合上所包括的节点总数，即 DP-BFS 的空间复杂度不大于

$$1+1*M+2*M^2+\cdots+(h-1)*M^{(h-1)}$$
$$=1+M*(1+2*M+\cdots+(h-1)*M^{(h-2)})$$
$$=1+M*(M+M^2+\cdots+M^{(h-1)})'$$
$$=1+M*\left[\frac{M*(1-M^{h-1})}{1-M}\right]'$$
$$=1+\frac{M}{(1-M)^2}[1-h*M^{h-1}+(h-1)*M^h],$$

由于

$$h<\log_M(n*(M-1)+1),$$

因此，

$$1+\frac{M}{(1-M)^2}[1-h*M^{h-1}+(h-1)*M^h]<$$

$$1+\frac{M}{(1-M)^2}[1-\log_M(n*(M-1)+1)*\frac{n*(M-1)+1}{M}+(\log_M(n*(M-1)+1)-1)*(n*(M-1)+1)]。$$

由于 M、（$M-1$）均为恒量可以约去，因此可得 DP-BFS 的空间复杂度为 $O(n\log n)$。

参考文献

[1] PORTER A，SCOTT W C. 技术挖掘与专利分析 [M]. 北京：清华大学出版社，2012.

[2] MADANI F，WEBER C. The evolution of patent mining：applying bibliometrics analysis and keyword network analysis [J]. World patent information，2016，46：32–48.

[3] 胡正银，方曙 . 专利文本技术挖掘研究进展综述 [J]. 现代图书情报技术，2014，30（6）：62–70.

[4] 屈鹏，张均胜，曾文，等 . 国内外专利挖掘研究（2005—2014）综述 [J]. 图书情报工作，2014，58（20）：131–137.

[5] ZHANG L，LI L，LI T. Patent mining：a survey[J]. ACM sigkdd explorations newsletter，2015，16（2）：1–19.

[6] 马天旗，赵强，苏丹，等 . 专利挖掘 [M].2 版 . 北京：知识产权出版社，2020.

[7] LEVIN R C. A new look at the patent system [J]. The American economic review，1986，76（2）：199–202.

[8] FRUMKIN M. The origin of patents [J]. Journal of the patent office society，1945，27：143.

[9] Directory of Intellectual Property Offices [EB/OL].[2022–08–26] .https：//www.wipo.int/directory/en/urls.jsp#.

[10] ZHA X，CHEN M. Study on early warning of competitive technical intelligence based on the patent map[J]. Journal of computers，2010，5（2）：274–281.

[11] KELLY B，PAPANIKOLAOU D，SERU A，et al. Measuring technological innovation over the long run[J]. American economic review：insights，2021，3（3）：303–320.

[12] HUNT D，NGUYEN L，RODGERS M. Patent searching：tools & techniques [M]. New York：John Wiley & Sons，2012.

[13] POULIQUEN B. WIPO translate：patent neural machine translation publicly available in 10 languages[C]//Proceedings of the Seventh Workshop on Patent and Scientific Literature Translation Nagoya. 2017：5–8.

[14] CASOLA S，LAVELLI A. Summarization，simplification，and generation：the case of patents[J]. Expert systems with application，2022，205（10）：1–13.

[15] KIM H，JOUNG J，KIM K. Semi–automatic extraction of technological causality from patents[J]. Computers & industrial engineering，2018，115：532–542.

[16] HU J，LI S，YAO Y，et al. Patent keyword extraction algorithm based on distributed

representation for patent classification[J]. Entropy，2018，20（2）：104–122.

[17] FANTONI G，APREDA R，DELL'ORLETTA F，et al. Automatic extraction of function–behaviour–state information from patents[J]. Advanced engineering informatics，2013，27（3）：317–334.

[18] KANAZASHI T，YONEDO K. Tornado generation method and apparatus：US6082387[P]. 1998.

[19] GOMI A，NOMURA Y，IKUMA K. Light scanning apparatus and method to prevent damage to an oscillation mirror，reducing its amplitude，in an abnormal control condition via a detection signal outputted to a controller even though the source still emits light：US7557976[P]. 2007.

[20] Guidelines for examination [EB/OL].[2022–08–26] .https：//www.epo.org/law–practice/legal–texts/html/guidelines/e/f_iv_4_21.htm.

[21] BITLAW [EB/OL].[2023–08–28]. https：//www.bitlaw.com/source/mpep/2111_03.html.

[22] RISCH J，KRESTEL R.Domain–specific word embeddings for patent classification[J]. Data technologies and applications，2019，53（1）：108–122.

[23] ARINAS I. How vague can your patent be? vagueness strategies in US patents[J]. HERMes–journal of language and communication in business，2012，48：55–74.

[24] HALL B H，JAFFE A B，TRAJTENBERG M. The NBER patent citation data file：lessons，insights and methodological tools [EB/OL].[2023–08–28]. https：//www.nber.org/system/files/working_papers/w8498/w8498.pdf.

[25] RICHARD M. Technical documentation for the 2019 patent examination research dataset（patex）release [EB/OL].[2023–08–28]. https：//www.uspto.gov/sites/default/files/documents/PatEx–2019–Technical–Doc.pdf.

[26] TRAPPEY A J C，TRAPPEY C V，WU J L，et al. Intelligent compilation of patent summaries using machine learning and natural language processing techniques[J]. Advanced engineering informatics，2020，43：1027.

[27] USPTO. USPTO–2M [EB/OL].[2023–08–28]. https：//github.com/JasonHoou/USPTO–2M.

[28] 北京大学开放研究数据平台 . 发明专利数据 [EB/OL].[2023–08–28]. https：//opendata.pku.edu.cn/dataset.xhtml?persistentId=doi：10.18170/DVN/ASRTHL（Peking university open research data.

[29] NTCIR. NTCIR–7 PATMT（Patent Translation Test Collection）[EB/OL]. [2023–08–26] . http：//research.nii.ac.jp/ntcir/permission/ntcir–7/perm–en–PATMT.html.

[30] NTCIR. NTCIR–8 PATMT（Patent Translation）research purpose use of test collection[EB/OL]. [2023–08–26] . http：//research.nii.ac.jp/ntcir/permission/ntcir–8/perm–en–PATMT.html.

[31] SHARMA E，LI C，WANG L. Bigpatent：a large–scale dataset for abstractive and

coherent summarization[J]. arXiv preprint arXiv：1906.03741，2019.

[32] Vienna University of Technology. MAREC[EB/OL].[2023–08–26] .https：//www.ifs.tuwien.ac.at/imp/marec.shtml.

[33] USPTO. Patent Trial and Appeal Board（PTAB）API [EB/OL].[2023–08–26]. https：//uspto.data.commerce.gov/dataset/Patent–Trial–and–Appeal–Board–PTAB–API/nfzn–tgjt/data.

[34] ZHU J，KAPLAN R，JOHNSON J，et al. HiDDeN：hiding data with deep networks[J]. arXiv preprint arXiv：1807.09937，2018.

[35] 蔡莉，王淑婷，刘俊晖，等.数据标注研究综述 [J]. 软件学报，2020，31（2）：302–320.

[36] NTCIR. NTCIR（NII Testbeds and Community for Information access Research）project [EB/OL].[2023–08–26]. http：//research.nii.ac.jp/ntcir/index–en.html.

[37] CLEF–Initiative. The CLEF Initiative conference and labs of the evaluation forum [EB/OL].[2023–08–26]. http：//www.clef–initiative.eu/.

[38] CLEF-Initiative. CLEF-IP image tasks guidelines [EB/OL].[2023-08-26]. http：//www.ifs.tuwien.ac.at/~clef-ip/download/2011/docs/CLEF-IP2011-IMG_tasks_guidelines.pdf.

[39] ACM. SIGIR: special interest group on information retrieval[EB/OL].[2023-08-26].https://www.acm.org/special-interest-groups/sigs/sigir.

[40] CLEF-Initiative. CLEF-IP image tasks guidelines [EB/OL].[2023-08-26]. http://www.ifs.tuwien.ac.at/~clef-ip/download/2011/docs/CLEF-IP2011-IMG_tasks_guidelines.pdf.

[41] CLEF-Initiative.CLEF-IP 2013 download area [EB/OL].[2023-08-26] .http://www.ifs.tuwien.ac.at/~clef-ip/download/2013/index.shtml.

[42] ASLANYAN G，WETHERBEE I. Patents phrase to phrase semantic matching dataset[J]. arXiv preprint arXiv：2208.01171，2022.

[43] RISCH J，ALDER N，HEWEL C，et al. Patent match：a dataset for matching patent claims & prior art[J]. arXiv preprint arXiv：2012.13919，2020.

[44] NTCIR project test collections – data [EB/OL].[2022–08–26] .http：//research.nii.ac.jp/ntcir/permission/data–en.htm.

[45] CLEF–IP 2009 download area [EB/OL].[2022–08–26].http：//www.ifs.tuwien.ac.at/~clef–ip/download/2009/index.shtml#data.

[46] CLEF–IP 2010 download area [EB/OL].[2022–08–26].http：//www.ifs.tuwien.ac.at/~clef–ip/download/2010/index.shtml.

[47] CLEF–IP 2012 download area [EB/OL].[2022–08–26].http：//www.ifs.tuwien.ac.at/~clef–ip/download/2012/index.shtml.

[48] CLEF–IP 2011 download area [EB/OL].[2022–08–26] .http：//www.ifs.tuwien.ac.at/~clef–ip/download/2011/index.shtml.

[49] GOBEILL J，TEODORO D，PASCHE E，et al. Report on the TREC 2009 experiments：chemical IR track[R].TREC，2009.

[50] LUPU M，TAIT J，HUANG J，et al. TREC–chem 2010：notebook report[R]. TREC，2010.

[51] LUPU M，ZHAO J，HUANG J，et al. Overview of the TREC 2011 chemical IR track[C]//TREC. 2011.

[52] CHEN L，XU S，ZHU L，et al. A deep learning based method for extracting semantic information from patent documents[J]. Scientometrics，2020，125（1）：289–312.

[53] Track 2– CHEMDNER–patents [EB/OL].[2022–08–26] .https：//biocreative.bioinformatics.udel.edu/tasks/biocreative–v/track–2–chemdner/.

[54] AKHONDI S A，KLENNER A G，TYRCHAN C，et al. Annotated chemical patent corpus：a gold standard for text mining[J]. PloS one，2014，9（9）：107477.

[55] HE J，NGUYEN D Q，AKHONDI S A，et al. Overview of ChEMU 2020：named entity recognition and event extraction of chemical reactions from patents[C]// International Conference of the Cross–Language Evaluation Forum for European Languages.Cham：Springer，2020.

[56] LI Y，FANG B，HE J，et al. The ChEMU 2022 evaluation campaign：information extraltion in chemical patents [C]//Advances in Information Retrieval.2022.

[57] CLEF–IP 2013 download area [EB/OL].[2022–08–26]. http：//www.ifs.tuwien.ac.at/~clef–ip/download/2013/index.shtml.

[58] FRUMKIN J，MYERS A. Cancer moonshot patent data（August，2016）[EB/OL].[2023–08–26]. https：//bulkdata.uspto.gov/data/patent/cancer/moonshot/2016/cancer_patent_data_doc_v15. Docx.

[59] MIKOLOV T，SUTSKEVER I，CHEN K，et al. Distributed representations of words and phrases and their compositionality[EB/OL]. [2023–08–26]. https：//proceedings.neurips.cc/paper/2013/ file/ 9aa42b31882ec039965f3c4923ce901b–Paper.pdf.

[60] Google. BERT for patents [EB/OL].[2023–08–26].https：//github.com/google/patents–public–data/blob/master/models/BERT%20for%20Patents.md.

[61] 陈亮，张吉玉，刘一畅，等.[三等奖方案]小样本数据分类任务赛题[复兴15号]团队解题思路[EB/OL].[2023–08–26]. https：//mp.weixin.qq.com/s/dPWnm4OkxQLhAc–2uqSSUQ.

[62] LEE J S. Evaluating generative patent language models[J]. World patent information，2023，72：102173.

[63] 陈亮．基于关联规则改进的技术演化分析方法研究[D]. 北京：中国科学院大学，2013.

[64] VIVALDI J，CABRERA–DIEGO L A，SIERRA G，et al. Using wikipedia to validate

the terminology found in a corpus of basic textbooks[EB/OL]. [2023-08-26]. https：//citeseerx.ist.psu.edu/document?repid=rep1&type=pdf&doi=30b3efe82d97b6974c0a11d0750d994723826954.

[65] 张雪，孙宏宇，辛东兴，等．自动术语抽取研究综述 [J]. 软件学报，2020，31（7）：2062–2094.

[66] DEWULF S. Directed variation of properties for new or improved function product DNA，a base for connect and develop[J]. Procedia engineering，2011（9）：646–652.

[67] YOON J，KIM K. Trendperceptor：a property–function based technology intelligence system for identifying technology trends from patents[J].Expert system with application，2012，39（3）：2927–2938.

[68] YOON J，KO N，KIM J. A function–based knowledge base for technology intelligence[J]. Industrial engineering&management systems，2015，14（1）：73–87.

[69] EVANS D A，LEFFERTS R G. Clarit–trec experiments[J]. Information processing & management，1995，31（3）：385–395.

[70] FRANTZI K，ANANIADOU S，MIMA H. Automatic recognition of multi–word terms[J]. International journal of digital libraries，2000，3（2）：117–132.

[71] 陈亮，张志强．一种基于专利文本的技术系统构成识别方法 [J]. 图书情报工作，2014，58（10）：134–137，144.

[72] 陈亮，张静，杨冠灿，等．基于专利文本的闭频繁项集在技术演化分析中的应用 [J]. 图书情报工作，2016，60（6）：70–76.

[73] WU W，LIU T，HU H，et al. Extracting domain–relevant term using Wikipedia based on random walk model[C]//Proceeding of 2012 seventh China grid annual conference. Rosten：IEEE，2012：68–75.

[74] JUDEA A，SCHÜTZE H，BRÜGMANN S. Unsupervised training set generation for automatic acquisition of technical terminology in patents[C]//Proceedings of COLING 2014，the 25th international conference on computational linguistics. Stroudsburg：ACL，2014：290–300.

[75] BOLSHAKOVA E，LOUKACHEVITCH N，NOKEL M. Topic models can improve domain term extraction[C]//European conference on information retrieval. Heidelberg：Springer，2013：684–687.

[76] WANG R，LIU W，MCDONALD C. Featureless domain–specific term extraction with minimal labelled data[C]//Proceedings of the Australasian language technology association workshop 2016. Stroudsburg：ACL，2016：103–112.

[77] The Stanford Natural Language Processing Group. Stanford named entity recognizer（NER）

[EB/OL].[2023–08–18].http：//nlp.stanford.edu/software/CRF–NER.shtml.

[78] GRANT I，THOMAS M，ANDREW F，et al. Taming text：how to find，organize and manipulate it[M].Greenwich：Manning Publications，2015.

[79] YANG S Y，SOO V W. Extract conceptual graphs from plain texts in patent claims [J]. Engineering applications of artificial intelligence，2012，25（4）：874–887.

[80] CHOI S，KANG D，LIM J，et al. A fact–oriented ontological approach to SAO–based function modeling of patents for implementing function–based technology database[J]. Expert system with application，2012，39（10）：9129–9140.

[81] 薛驰，邱清盈，冯培恩，等 . 机械产品专利作用结构知识提取方法研究 [J]. 农业机械学报，2013，44（1）：222–229.

[82] 沈萌红 . 创新的方法 –TRIZ 理论概述 [M]. 北京：北京大学出版社，2011.

[83] BERGMANN I，BUTZKE D，WALTER L，et al. Evaluating the risk of patent infringement by means of semantic patent analysis：the case of DNA chips[J]. R&D management，2008，38（5）：550–562.

[84] LI J，SUN A，HAN J，et al. A survey on deep learning for named entity recognition [J]. IEEE transactions on knowledge and data engineering，2020，34（1）：1–20.

[85] PÉREZ–PÉREZ M，PÉREZ–RODRÍGUEZ G，VAZQUEZ M，et al. Evaluation of chemical and gene/protein entity recognition systems at BioCreative V.5：the CEMP and GPRO patents tracks [C]//Proceedings of The BioCreative V.5 Challenge Evaluation Workshop.2017：11–18.

[86] SAAD F. Named entity recognition for biomedical patent text using Bi–LSTM variants[C]// Proceedings of the 21st International Conference on Information Integration and Web–based Applications & Services. 2019：617–621.

[87] ZHAI Z，NGUYEN D Q，AKHONDI S A，et al. Improving chemical named entity recognition in patents with contextualized word embeddings[J]. CoRR，2019.

[88] LIU K. A survey on neural relation extraction[J]. Science China technological sciences，2020（63）：1971–1989.

[89] PARK H，YOON J，KIM K. Using function–based patent analysis to identify potential application areas of technology for technology transfer[J]. Expert systems with applications，2013，40（13）：5260–5265.

[90] CHOI S，KIM H，YOON J，et al. An SAO–based text–mining approach for technology roadmapping using patent information[J].R&D management，2013，43（1）：52–73.

[91] WANG X，QIU P，ZHU D，et al. Identification of technology development trends based on subject–action–object analysis：the case of dye–sensitized solar cells[J].Technological

forecasting and social change，2015（98）：24–46.

[92] YOON J，KIM K. An analysis of property：function based patent networks for strategic R&D planning in fast–moving industries：the case of silicon–based thin film solar cells[J]. Expert systems with applications，2012，39（9）：7709–7717.

[93] CHOI S，PARK H，KANG D，et al. An SAO–based text mining approach to building a technology tree for technology planning[J].Expert system with application，2012，39（13）：11443–11455.

[94]]KIM H B，HYEOK Y J，KIM K S. Semantic SAO network of patents for reusability of inventive knowledge[C]// IEEE International Conference on Management of Innovation and Technology. Rosten：IEEE，2012：510–515.

[95] WU H. Report of 2019 language & Intelligence technique evaluation[EB/OL].[2023–08–18]. http：//tcci.ccf.org.cn/summit/2019/dlinfo/1101–wh.pdf.

[96] CHEN L，XU S，ZHU L，et al. A deep learning based method benefiting from characteristics of patents for semantic relation classification[J].Journal of informetrics，2022，16（3）：101312.

[97] FANTONI G，APREDA R，DELL’ORLETTA F，et al. Automatic extraction of function–behaviour–state information from patents[J].Advanced engineering informatics，2013，27（3）：317–334.

[98] KANAZASHI T，YONEDO K. Tornado generation method and apparatus：US6082387[P]. 1998.

[99] GOMI A，NOMURA Y，IKUMA K. Light scanning apparatus and method to prevent damage to an oscillation mirror，reducing its amplitude，in an abnormal control condition via a detection signal outputted to a controller even though the source still emits light：US7557976[P]. 2007.

[100] BEHESHTI S M R，BENATALLAH B，VENUGOPAL S，et al. A systematic review and comparative analysis of cross–document coreference resolution methods and tools[J]. Computing，2017，99（4）：313–349.

[101] CATTAN A，EIREW A，STANOVSKY G，et al. Cross–document coreference resolution over predicted mentions[J]. arXiv preprint arXiv：2106.01210，2021.

[102] BARHOM S，SHWARTZ V，EIREW A，et al. Revisiting joint modeling of cross–document entity and event coreference resolution[J]. arXiv preprint arXiv：1906.01753，2019.

[103] SHEN W，WANG J，HAN J. Entity linking with a knowledge base：Issues，techniques，and solutions[J]. IEEE transactions on knowledge and data engineering，2014，27（2）：443–460.

[104] LEE H，RECASENS M，CHANG A，et al. Joint entity and event coreference resolution

across documents[C]//Proceedings of the 2012 Joint Conference on Empirical Methods in Natural Language Processing and Computational Natural Language Learning. Stroudsburg：ACL，2012：489–500.

[105] CACIULARU A，COHAN A，BELTAGY I，et al. Cross–document language modeling[J]. arXiv preprint arXiv：2101.00406，2021.

[106] IPC 2021.01 –Statistics[EB/OL].[2023–08–18]. https：//www.wipo.int/classifications/ipc/en/ITsupport/Version20210101/transformations/stats.html.

[107] LARKEY L. Some issues in the automatic classification of US patents[C]//Working Notes for The AAAI–98 Workshop on Learning for Text Categorization. 1998：87–90.

[108] FALL C J，TÖRCSVÁRI A，BENZINEB K，et al. Automated categorization in the international patent classification[C]//Acm Sigir Forum. New York：ACM，2003：10–25.

[109] KOSTER C H A，SEUTTER M，BENEY J. Multi–classification of patent applications with winnow[C]//International Andrei Ershov Memorial Conference on Perspectives of System Informatics. Berlin：Springer，2003：546–555.

[110] KIM J H，CHOI K S. Patent document categorization based on semantic structural information[J]. Information processing & management，2007，43（5）：1200–1215.

[111] CAI L，HOFMANN T. Hierarchical document categorization with support vector machines[C]//Proceedings of the thirteenth ACM International Conference on Information and Knowledge Management. 2004：78–87.

[112] TIKK D，BIRÓ G，TÖRCSVÁRI A. A hierarchical online classifier for patent categorization[M]//Emerging technologies of text mining：techniques and applications. Hershey，Pennsylvania：IGI Global，2008：244–267.

[113] 吕璐成，韩涛，周健，等 . 基于深度学习的中文专利自动分类方法研究 [J]. 图书情报工作，2020，64（10）：75–85.

[114] MIKOLOV T，CHEN K，CORRADO G，et al. Efficient estimation of word representations in vector space[J]. arXiv preprint arXiv：1301.3781，2013.

[115] DEVLIN J，CHANG M W，LEE K，et al. Bert：pre–training of deep bidirectional transformers for language understanding[J]. arXiv preprint arXiv：1810.04805，2018.

[116] PETERS M，NEUMANN M，IYYER M，et al. Deep contextualized word representations[J]. arXiv preprint arXiv：1802.05365，2018.

[117] RADFORD A，NARASIMHAN K，SALIMANS T，et al. Improving language understanding by generative pre–training[EB/OL].[2023–08–26]. https：//www.mikecaptain.com/resources/pdf/GPT–1.pdf.

[118] HEPBURN J. Universal language model fine–tuning for patent classification[C]//

Proceedings of the Australasian Language Technology Association Workshop 2018. Stroudsburg：ACL，2018：93–96.

[119] LEE J S，HSIANG J. Patent classification by fine–tuning BERT language model [J]. World patent information，2020，61：101965.

[120] BEKAMIRI H，HAIN D S，JUROWETZKI R. Patentsberta：a deep nlp based hybrid model for patent distance and classification using augmented sbert[J]. arXiv preprint arXiv：2103.11933，2021.

[121] 陈燕，黄迎燕，方建国 . 专利信息采集与分析 [M]. 北京：清华大学出版社，2006.

[122] SHALABY W，ZADROZNY W. Patent retrieval：a literature review [J]. Knowledge and information systems，2019，10：1–30.

[123] MAGDY W，LEVELING J，JONES G J F. Exploring structured documents and query formulation techniques for patent retrieval[C]//Workshop of the Cross–Language Evaluation Forum for European Languages. Berlin：Springer，2009：410–417.

[124] RODA G，TAIT J，PIROI F，et al. CLEF–IP 2009：retrieval experiments in the Intellectual Property domain[C]//Workshop of the Cross–Language Evaluation Forum for European Languages. Berlin：Springer，2009：385–409.

[125] BASHIR S，RAUBER A. Improving retrievability of patents with cluster–based pseudo–relevance feedback documents selection[C]//Proceedings of the 18th ACM Conference on Information and Knowledge Management. 2009：1863–1866.

[126] MAHDABI P，CRESTANI F. Learning–based pseudo–relevance feedback for patent retrieval[C]//Information Retrieval Facility Conference. Berlin：Springer，2012：1–11.

[127] FUJI A. Enhancing patent retrieval by citation analysis[C] // Proceedings of the 30th Annual International ACM SIGIR Conference on Research and Development in Information Retrieval. 2007：793–794.

[128] MAGDY W，JONES G J F. Applying the KISS principle for the CLEF–IP 2010 prior art candidate patent search task [C]//2010 Working Notes for CLEF Conference. Padua：CLEF，2010：1–7.

[129] KONISHI K. Query terms extraction from patent document for invalidity search[C]// NTCIR. 2005.

[130] KRISHNAN A，CARDENAS A F，SPRINGER D. Search for patents using treatment and causal relationships[C]//Proceedings of The 3rd International Workshop on Patent Information Retrieval. 2010：1–10.

[131] NGUYEN K L，MYAENG S H. Query enhancement for patent prior–art–search based on keyterm dependency relations and semantic tags[C]//Information Retrieval Facility

Conference. Berlin：Springer，2012：28–42.

[132] IncoPat [EB/OL].[2022–08–26] .https：//www.incopat.com/.

[133] MAHDABI P，CRESTANI F. The effect of citation analysis on query expansion for patent retrieval[J]. Information retrieval，2014，17（5–6）：412–429.

[134] MAHDABI P，CRESTANI F. Query–driven mining of citation networks for patent citation retrieval and recommendation[C]//Proceedings of The 23rd ACM International Conference on Conference on Information and Knowledge Management. 2014：1659–1668.

[135] LANDAUER T K，FOLTZ P W，LAHAM D.An introduction to latent semantic analysis[J].Discourse processes，1998，25（2–3）：259–284.

[136] ALGHAMDI R，ALFALQI K. A survey of topic modeling in text mining [J]. International journal of advanced computer science and applications，2015，6（1）：147–153.

[137] LIU T Y. Learning to rank for information retrieval [J]. Foundation and trends in information retrieval，2011，3（3）：225–331.

[138] SUN Y，HAN J. Mining heterogeneous information networks：principles and methodologies [J]. Synthesis lectures on data mining and knowledge discovery，2012，3（2）：1–159.

[139] FU T，LEI Z，LEE W C. Patent citation recommendation for examiners[C]//2015 IEEE International Conference on Data Mining. IEEE，2015：751–756.

[140] 苟妍 . 利用元路径提升的专利无效对比文件判断方法研究 [D]. 北京：中国科学技术信息研究所，2020.

[141] 师英昭 . 利用图嵌入特征强化的专利对比文件检索方法研究 [D]. 北京：中国科学技术信息研究所，2021.

[142] 黄鲁成，李欣，吴菲菲 . 技术未来分析理论方法与应用 [M]. 北京：科学出版社，2010.

[143] GALVIN R. Science roadmaps[J]. Science，1998，280（8）：803.

[144] Patent map（PM）[EB/OL].[2021–06–10]. http：//www.wipo.int/edocs/mdocs/sme/en/wipo_ip_bis_ge_03/wipo_ip_bis_ge_03_16–annex1.pdf.

[145] MOGEE M E，KOLAR R G. Patent co–citation analysis of Eli Lilly& Co. patents [J]. Expert opinion on therapeutic patents，1999，9（3）：291–305.

[146] CHENA S H，HUANG M H，CHENA D Z. Identifying and visualizing technology evolution：a case study of smart grid technology[J]. Technological forecasting and social change，2012，79（6）：1099–1110.

[147] GARFIELD E. Research fronts [J]. Current contents，1994，41（10）：3–7.

[148] HUMMON N P，DEREIAN P. Connectivity in a citation Network：the development of

DNA theory [J]. Social networks，1989，11（1）：39–63.

[149] Networks/pajek program for large network analysis [EB/OL].[2022–08–26] .http：//vlado.fmf.uni–lj.si/pub/networks/pajek/.

[150] LIU J S，LU Y Y L，LU W M，et al. Data envelopment analysis 1978—2010：a citation–based literature survey[J]. Omega，2013，41（1）：3–15.

[151] XIAO Y，LU L Y，LIU J S，et al. Knowledge diffusion path analysis of data quality literature：a main path analysis[J]. Journal of informetrics，2014，8（3）：594–605.

[152] 陈亮，杨冠灿，张静，等 . 面向技术演化分析的多主路径方法研究 [J]. 图书情报工作，2015（10）：115，124–130.

[153] 肖国华，郭捷婷 . 专利分析方法研究 [J]. 情报杂志，2008（1）：12–15.

[154] YOON B ，PARK Y. A text–mining–based patent network：analytical tool for high–technology trend [J]. The Journal of high technology management research，2004，15（1）：37–50.

[155] YOUNG G，JONG H，SANG C. Visualization of patent analysis for emerging technology[J]. Expert systems with applications，2008，34（3）：1804–1812.

[156] 方曙，胡正银，庞弘燊，等 . 基于专利文献的技术演化分析方法研究 [J]. 图书情报工作，2011，55（22）：42–46.

[157] CHEN L，XU S，ZHU L，et al. A semantic main path analysis method to identify multiple developmental trajectories[J].Journal of informetrics，2022，16（2）：101281.

[158] UCHIDA H，MANO A，YUKAWA T. Patent map generation using concept–based vector space model[C]//NTCIR. 2004.

[159] LEE S，YOON B，PARK Y. An approach to discovering new technology opportunities：keyword–based patent map approach [J]. Technovation，2009，29（6–7）：481–497.

[160] 王亮，张绍武，丁堃，等 . 基于 HDP 的汽车专利主题演化研究 [J]. 情报学报，2015，33（9）：944–951.

[161] REITZIG M. What determines patent value? insights from the semiconductor industry [J]. Research policy，2003，32（1）：13–26.

[162] ALLISON J R，LEMLEY M A，MOORE K A，et al. Valuable patents[J]. Georgetown law journal，2003，92：435–493.

[163] NORDHAUS W D. The optimal life of a patent [R]. New Haven：Cowles foundation for research in economics，Yale University，1967.

[164] KLEMPERER P. How broad should the scope of a patent be? [J]. The RAND journal of economics，1990，21（1）：113–130.

[165] GILBERT R，SHAPIRO C. Optimal patent length and breadth [J]. The RAND journal of

economics，1990，21（1）：106–112.

[166] GREENE J R，SCOTCHMER S. On the division of profit in sequential innovation [J]. The RAND journal of economics，1995，26(1)：20–33.

[167] GALLINI N T. Patent policy and costly imitation [J]. The RAND journal of economics，1992，23(1)：52–63.

[168] CHUNG P，SOHN S Y. Early detection of valuable patents using a deep learning model：case of semiconductor industry[J]. Technological forecasting and social change，2020，158：146.

[169] YANG G C，LI G，LI C Y，et al. Using the comprehensive patent citation network（CPC）to evaluate patent value[J]. Scientometrics，2015，105（3）：1319–1346.

[170] LIN H，WANG H，DU D，et al. Patent quality valuation with deep learning models[C]// International Conference on Database Systems for Advanced Applications. Cham：Springer，2018：474–490.

[171] SHAPARENKO B，CARUANA R，GEHRKE J，et al. Identifying temporal patterns and key players in document collections[C]//Proceedings of the IEEE ICDM Workshop on Temporal Data Mining：Algorithms，Theory and Applications(TDM–05). 2005：165–174.

[172] TRAJTENBERG M. A penny for your quotes：patent citations and the value of innovations[J]. The RAND journal of economics，1990，21（1）：172–187.

[173] NARIN F，NOMA E，PERRY R. Patents as indicators of corporate technological strength[J]. Research policy，1987，16（2–4）：143–155.

[174] PAGE L，BRIN S，MOTWANI R，et al. The PageRank citation ranking：bringing order to the web[R]. Stanford：Stanford InfoLab，1999.

[175] MARIANI M S，MEDO M，LAFOND F. Early identification of important patents：design and validation of citation network metrics[J]. Technological forecasting and social change，2019，146：644–654.

[176] TRAJTENBERG M，HENDERSON R，JAFFE A.University versus corporate patents：a window on the basicness of invention[J].Economic of innovation and new technology，1997，5（1）：19–50.

[177] LANJOUW J O，SCHANKERMAN M. Patent quality and research productivity：Measuring innovation with multiple indicators[J]. The economic journal，2004，114（495）：441–465.

[178] LANJOUW J O，SCHANKERMAN M. Characteristics of patent litigation：a window on competition[J]. The RAND journal of economics，2001，32（1）：129–151.

[179] 专利收费、集成电路布图设计收费标准 [EB/OL].[2022–08–26] .https：//www.cnipa.

gov.cn/module/download/down.jsp?i_ID=155983&colID=1518.

[180] PETRUZZI J D，MASON R M. Machine for drafting a patent application and process for doing same ：US6049811[P]. U.S. Patent and Trademark Office，1996.

[181] GLASGOW J. Automated system and method for patent drafting and technology assessment：US8041739B2[P]. U.S. Patent and Trademark Office，2001.

[182] KNIGHT K，SCHICK I C，PRIYADARSHI J. Machine learning model for computer-generated patent applications to provide support for individual claim features in a specification：US10713443B1[P].U.S. Patent and Trademark Office，2018.

[183] LEE J S，HSIANG J. Patent claim generation by fine-tuning OpenAI GPT-2[J]. World patent information，2020，62：983.

[184] LEE J S，HSIANG J. Patent transformer-2：controlling patent text generation by structural metadata[J]. arXiv preprint arXiv：2001.03708，2020.

[185] LEE J S. Measuring and controlling text generation by semantic search[C]//Companion Proceedings of the Web Conference 2020. 2020：269-273.

[186] 李金鹏，张闯，陈小军，等．自动文本摘要研究综述 [J]. 计算机研究与发展，2021，58（1）：1-21.

[187] MILLE S，WANNER L. Multilingual summarization in practice：the case of patent claims[C]//Proceedings of the 12th Annual conference of the European Association for Machine Translation. 2008：120-129.

[188] Derwent World Patents Index（DWPI）[EB/OL]. [2021-01-08] .https：//clarivate.com/products/derwent-world-patents-index.

[189] FERRARO G，SUOMINEN H，NUALART J. Segmentation of patent claims for improving their readability[C]//Proceedings of the 3rd Workshop on Predicting and Improving Text Readability for Target Reader Populations（PITR）. 2014：66-73.

[190] CUNNINGHAM D M H，BONTCHEVA K. Text processing with GATE（version 6）[M]. Sheffield：University of Sheffield，2011.

[191] WANNER L，BRÜGMANN S，DIALLO B，et al. PATExpert：semantic processing of patent documentation[C]//SAMT（Posters and Demos）. 2006.

[192] 费一楠，张钊．高级专利加工服务 PATExpert 简析 [J]. 中国发明与专利，2013（6）：54-57.

[193] OKAMOTO M，SHAN Z，ORIHARA R. Applying information extraction for patent structure analysis[C]//Proceedings of the 40th International ACM SIGIR Conference on Research and Development in Information Retrieval. 2017：989-992.

[194] ANDERSSON L，LUPU M，HANBURY A. Domain adaptation of general natural

language processing tools for a patent claim visualization system[C]//Information Retrieval Facility Conference.Berlin：Springer，2013：70–82.

[195] KANG J，SOUILI A，CAVALLUCCI D. Text simplification of patent documents[C]// International TRIZ Future Conference. Cham：Springer，2018：225–237.

[196] KRESTEL R，CHIKKAMATH R，HEWEL C，et al. A survey on deep learning for patent analysis[J]. World patent information，2021，65：35.

[197] RAGHUPATHI V，ZHOU Y，RAGHUPATHI W. Legal decision support：Exploring big data analytics approach to modeling pharma patent validity cases[J]. IEEE access，2018，6：18–28.

[198] JURANEK S，OTNEIM H. Using machine learning to predict patent lawsuits [EB/OL]. [2021–01–08].https：//hdl.handle.net/11250/2760583.

[199] CAMPBELL W，LI L，DAGLI C，et al. Predicting and analyzing factors in patent litigation[C]//NIPS 2016，ML and the Law Workshop. 2016.

[200] 国家知识产权局 . 专利审查指南 2010[M]. 北京：知识产权出版社，2009.

[201] LIU Q，WU H，YE Y，et al. Patent litigation prediction：a convolutional tensor factorization approach[C]//IJCAI. 2018：5052–5059.

[202] RAJSHEKHAR K，ZADROZNY W，GARAPATI S S. Analytics of patent case rulings：empirical evaluation of models for legal relevance[C]//Proceedings of the 16th International Conference on Artificial Intelligence and Law（ICAIL 2017），London，UK. 2017.

[203] RAJSHEKHAR K，SHALABY W，ZADROZNY W. Analytics in post–grant patent review：possibilities and challenges（preliminary report）[C]//Proceedings of the American Society for Engineering Management 2016 International Annual Conference. 2016.

[204] Dataset information [EB/OL].[2022–08–26]. https：//github.com/awesome–patent–mining/TFH_Annotated_Dataset.

[205] TSOURIKOV V，BATCHILO L，SOVPEL I. Document semantic analysis/selection with knowledge creativity capability utilizing subject–action–object（SAO）structures：US6167370[P].U.S. Patent and Trademark Office，2000.

[206] PARK H，YOON J，KIM K. Identifying patent infringement using SAO based semantic technological similarities[J]. Scientometrics，2012，90（2）：515–529.

[207] YANG C，ZHU D，WANG X，et al. Requirement–oriented core technological components' identification based on SAO analysis[J]. Scientometrics，2017，112（3）：1229–1248.

[208] MOEHRLE M G，WALTER L，GERITZ A，et al. Patent - based inventor profiles as a

basis for human resource decisions in research and development[J]. R&D management, 2005, 35 (5): 513–524.

[209] GUO J, WANG X, LI Q, et al. Subject–action–object–based morphology analysis for determining the direction of technological change[J]. Technological forecasting and social change, 2016, 105: 27–40.

[210] CHEN D. Neural reading comprehension and beyond[M]. Stanford: Stanford University, 2018.

[211] AN J, KIM K, MORTARA L, et al. Deriving technology intelligence from patents: preposition–based semantic analysis[J]. Journal of informetrics, 2018, 12 (1): 217–236.

[212] MILLER G A. Wordnet: a lexical database for English[J]. Communications of the ACM, 1995, 38 (11): 39–41.

[213] YANG C, HUANG C, SU J. An improved SAO network–based method for technology trend analysis: a case study of graphene[J]. Journal of informetrics, 2018, 12 (1): 271–286.

[214] HUANG Z, XU W, YU K. Bidirectional LSTM–CRF models for sequence tagging[J]. arXiv preprint arXiv: 1508.01991, 2015.

[215] PENNINGTON J, SOCHER R, MANNING C D. Glove: global vectors for word representation[C]//Proceedings of the 2014 Conference on Empirical Methods in Natural Language Processing (EMNLP). 2014: 1532–1543.

[216] GRAVES A, SCHMIDHUBER J. Framewise phoneme classification with bidirectional LSTM and other neural network architectures[J]. Neural networks, 2005, 18 (5–6): 602–610.

[217] LAFFERTY J, MCCALLUM A, PEREIRA F C N. Conditional random fields: probabilistic models for segmenting and labeling sequence data[C]//ICML. 2001.

[218] HAN X, GAO T, YAO Y, et al. OpenNRE: an open and extensible toolkit for neural relation extraction[J]. arXiv preprint arXiv: 1909.13078, 2019.

[219] ŘEHŮŘEK R, SOJKA P. Gensim: statistical semantics in python[J]. Retrieved from genism. org, 2011.

[220] ZENG D, LIU K, CHEN Y, et al. Distant supervision for relation extraction via piecewise convolutional neural networks[C]//Proceedings of the 2015 Conference on Empirical Methods in Natural Language Processing. 2015: 1753–1762.

[221] SANG E F, DE MEULDER F. Introduction to the CoNLL–2003 shared task: language–independent named entity recognition[J]. arXiv preprint cs/0306050, 2003.

[222] SANDHAUS E. The New York times annotated corpus (linguistic data consortium, philadelphia) [J]. Retrieved from, 2008.

[223] BALASURIYA D，RINGLAND N，NOTHMAN J，et al. Named entity recognition in wikipedia[C]//Proceedings of the 2009 Workshop on the People' s Web Meets NLP：Collaboratively Constructed Semantic Resources（People' s Web）. 2009：10–18.

[224] KIPF T N，WELLING M. Semi–supervised classification with graph convolutional networks[J]. arXiv preprint arXiv：1609.02907，2016.

[225] HOFMANN T. Unsupervised learning by probabilistic latent semantic analysis[J].Machine learning，2001，42（1–2）：177–196.

[226] BLEI D M，ANDREW N，JORDAN M I.Latent dirichlet allocation[J].Journal of machine learning research，2003（3）：993–1022.

[227] GRIFFITHS T，STEYVERS M.Finding scientific topics[J].Proceedings of the national academy of sciences，2004，101（1）：5228–5235.

[228] KRESTEL R，SMYTH P. Recommending patents based on latent topics[C]//Proceedings of the 7th ACM Conference on Recommender Systems. 2013：395–398.

[229] 范宇，符红光，文奕 . 基于 LDA 模型的专利信息聚类技术 [J]. 计算机应用，2013（S1）：87–89.

[230] KIM G J，PARK S S，JANG D S.Technology forecasting using topic–based patent analysis[J]. Journal of scientific and industrial research，2015，74（5）：265–270.

[231] 王博，刘盛博，丁堃，等 . 基于 LDA 主题模型的专利内容分析方法 [J]. 科研管理，2015，36（3）：111–117.

[232] TANG J，WANG B，YANG Y，et al.PatentMiner：topic–driven patent analysis and mining[C]//Proceedings of the Eighteenth ACM SIGKDD International Conference on Knowledge Discovery and Data Mining.2012.

[233] 陈亮，张静，张海超，等 . 层次主题模型在技术演化分析上的应用研究 [J]. 图书情报工作，2017，61（5）：103–108.

[234] PETINOT Y，MCKEOWN K，THADANI K.A hierarchical model of web summaries[C]//Proceedings of the 49th Annual Meeting of the Association for Computational Linguistics：Human Language Technologies.Stroudsburg：Association for Computational Linguistics，2011：670–675.

[235] MAO X L，MING Z Y，CHUA T S，et al.SSHLDA：a semi–supervised hierarchical topic model[C]//TSUJII J，HENDERSON J，PASCA M.2012 Joint Conference on Empirical Methods in Natural Language Processing and Computational Natural Language Learning.Stroudsburg：Association for Computational Linguistics，2012：800–809.

[236] RAMAGE D，HALL D，NALLAPATI R，et al.Labeled LDA：a supervised topic model for credit attribution in multi–labeled corpora[C]//Proceeding of the 2009 Conference

on Empirical Methods in Natural Language processing.Stroudsburg：Association for Computational Linguistics，2009：248–256.

[237] ROSEN–ZVI M，GRIFFITHS T，STEYVERS M，et al.The author–topic model for authors and documents[C]//Conference on Uncertainty in Artificial Intelligence.2004：487–494.

[238] 韩红旗 . 语义指纹著者姓名消歧理论及应用 [M]. 北京：科学技术文献出版社，2018.

[239] AKINSANMI E O，FUCHS E，REAGANS R E. Economic downturns，technology trajectories and the careers of scientists[C]. Atlanta：Georgia Institute of Technology，2011.

[240] AZOULAY P，MICHIGAN R，SAMPAT B N. The anatomy of medical school patenting[J]. New England journal of medicine，2007，357（20）：2049–2056.

[241] AZOULAY P，ZIVIN J S G，SAMPAT B N. The diffusion of scientific knowledge across time and space：evidence from professional transitions for the superstars of medicine[R]. Boston：National Bureau of Economic Research，2011.

[242] TRAJTENBERG M，SHIFF G. Identification and mobility of Israeli patenting inventors[M]. Pinhas Sapir Center for Development，2008.

[243] CHUNMIAN G，HUANG K W，PNG I P L. Engineer/scientist careers：patents，online profiles，and misclassification bias[J]. Strategic management journal，2016，37（1）：232–253.

[244] LISSONI F，MAURINO A，PEZZONI M，et al. Ape–Inv' s "Name Game" algorithm challenge：a guideline for benchmark data analysis & reporting [R]. Strasbourg：European Science Foundation，2010.

[245] WICK M，SINGH S，MCCALLUM A. A discriminative hierarchical model for fast coreference at large scale[C]//Proceedings of the 50th Annual Meeting of the Association for Computational Linguistics. 2012：379–388.

[246] MCCALLUM A，SCHULTZ K，SINGH S. Factorie：probabilistic programming via imperatively defined factor graphs[J]. Advances in neural information processing systems，2009，22：10.

[247] XU S，HAO L，AN X，et al. Review on emerging research topics with key–route main path analysis[J]. Scientometrics，2020，122（1）：607–624.

[248] KIM J，SHIN J. Mapping extended technological trajectories：integration of main path，derivative paths，and technology junctures[J]. Scientometrics，2018，116（3）：1439–1459.

[249] LEYDESDORFF L，BORNMANN L，MARX W，et al. Referenced publication years spectroscopy applied to iMetrics：scientometrics，journal of informetrics，and a relevant

subset of JASIST[J]. Journal of informetrics，2014，8（1）：162–174.
[250] BATAGELJ V，MRVAR A. Pajek：analysis and visualization of large networks[M]// JUNGER M，MUTZEL P .Graph drawing software. Berlin：Springer，2004.
[251] LIU J S，LU L Y Y. An integrated approach for main path analysis：development of the Hirsch index as an example[J]. Journal of the American society for information science and technology，2012，63（3）：528–542.
[252] HUANG Y，ZHU D，QIAN Y，et al. A hybrid method to trace technology evolution pathways：a case study of 3D printing[J]. Scientometrics，2017，111（1）：185–204.
[253] YU D，SHENG L. Knowledge diffusion paths of blockchain domain：the main path analysis[J]. Scientometrics，2020，125（1）：471–497.
[254] BATAGELJ V. Efficient algorithms for citation network analysis[J]. arXiv preprint cs/0309023，2003.
[255] TU Y N，HSU S L. Constructing conceptual trajectory maps to trace the development of research fields[J]. Journal of the association for information science and technology，2016，67（8）：2016–2031.
[256] YU D，PAN T. Tracing knowledge diffusion of TOPSIS：a historical perspective from citation network[J]. Expert systems with applications，2021，168：114238.
[257] LIU J S，LU L Y Y，HO M H C. A few notes on main path analysis[J]. Scientometrics，2019，119（1）：379–391.
[258] LIU J S，LU L Y Y，HO M H C. A note on choosing traversal counts in main path analysis[J]. Scientometrics，2020，124（1）：783–785.
[259] HUANG Y，ZHU F，PORTER A L，et al. Exploring technology evolution pathways to facilitate technology management：from a technology life cycle perspective[J]. IEEE transactions on engineering management，2020，68（5）：1347–1359.
[260] LAI K K，CHEN H C，CHANG Y H，et al. A structured MPA approach to explore technological core competence，knowledge flow，and technology development through social network patentometrics[J]. Journal of knowledge management，2020：402–432.
[261] MARTINELLI A. An emerging paradigm or just another trajectory? understanding the nature of technological changes using engineering heuristics in the telecommunications switching industry[J]. Research policy，2012，41（2）：414–429.
[262] LIU J S，KUAN C H. A new approach for main path analysis：decay in knowledge diffusion[J]. Journal of the association for information science and technology，2016，67（2）：465–476.
[263] KIM M，BAEK I，SONG M. Topic diffusion analysis of a weighted citation network in

biomedical literature[J]. Journal of the association for information science and technology，2018，69（2）：329–342.

[264] CHOI C，PARK Y. Monitoring the organic structure of technology based on the patent development paths[J]. Technological forecasting and social change，2009，76（6）：754–768.

[265] YEO W，KIM S，LEE J M，et al. Aggregative and stochastic model of main path identification：a case study on graphene[J]. Scientometrics，2014，98（1）：633–655.

[266] VERSPAGEN B. Mapping technological trajectories as patent citation networks：a study on the history of fuel cell research[J]. Advances in complex systems，2007，10（1）：93–115.

[267] DIETZ L，BICKEL S，SCHEFFER T. Unsupervised prediction of citation influences[C]// Proceedings of the 24th International Conference on Machine Learning. 2007：233–240.

[268] XU S，HAO L，AN X，et al. Emerging research topics detection with multiple machine learning models[J]. Journal of informetrics，2019，13（4）：100983.

[269] FONTANA R，NUVOLARI A，VERSPAGEN B. Mapping technological trajectories as patent citation networks：an application to data communication standards[J]. Economics of innovation and new technology，2009，18（4）：311–336.

[270] RODRIGUEZ A，LAIO A. Clustering by fast search and find of density peaks[J]. Science，2014，344（6191）：1492–1496.

[271] ZHANG Q，LI C，WU Y. Analysis of research and development trend of the battery technology in electric vehicle with the perspective of patent[J]. Energy procedia，2017，105：4274–4280.

[272] YONG J Y，RAMACHANDARAMURTHY V K，TAN K M，et al. A review on the state–of–the–art technologies of electric vehicle，its impacts and prospects[J]. Renewable and sustainable energy reviews，2015，49：365–385.

[273] SUAREZ F F，UTTERBACK J M. Dominant designs and the survival of firms[J]. Strategic management journal，1995，16（6）：415–430.

[274] XU S，QIAO X，ZHU L，et al. Reviews on determining the number of clusters[J]. Applied mathematics & information sciences，2016，10（4）：1493–1512.

[275] XU S，QIAO X，ZHU L，et al. Fast but not bad initial configuration for metric multidimensional scaling[J]. Journal of information & computational science，2012，9（2）：257–265.

[276] JAPE S R，THOSAR A. Comparison of electric motors for electric vehicle application[J]. International journal of research in engineering and technology，2017，6（9）：12–17.

[277] HANNAN M A，LIPU M S H，HUSSAIN A，et al. A review of lithium–ion battery state

of charge estimation and management system in electric vehicle applications: challenges and recommendations[J]. Renewable and sustainable energy reviews, 2017, 78: 834–854.

[278] SANGUESA J A, TORRES–SANZ V, GARRIDO P, et al. A review on electric vehicles: technologies and challenges[J]. Smart cities, 2021, 4 (1): 372–404.

[279] ARORA S, KAPOOR A, SHEN W. A novel thermal management system for improving discharge/charge performance of Li–ion battery packs under abuse[J]. Journal of power sources, 2018, 378: 759–775.

[280] WU W, WANG S, WU W, et al. A critical review of battery thermal performance and liquid based battery thermal management[J]. Energy conversion and management, 2019, 182: 262–281.

[281] ZHUANG W, LIU Z, SU H, et al. An intelligent thermal management system for optimized lithium–ion battery pack[J]. Applied thermal engineering, 2021, 189: 116767.

[282] VON WARTBURG I, TEICHERT T, ROST K. Inventive progress measured by multi–stage patent citation analysis[J]. Research policy, 2005, 34 (10): 1591–1607.

[283] 国家知识产权局2010年度报告[EB/OL].[2022–08–26] .https: //www.cnipa.gov.cn/module/download/down.jsp?i_ID=175845&colID=2925.

[284] SUN Y, HAN J, YAN X, et al. Pathsim: meta path–based top–k similarity search in heterogeneous information networks[J]. Proceedings of the VLDB endowment, 2011, 4 (11): 992–1003.

[285] GOODBODY J. Patent classification through the ages [EB/OL].[2022–08–26]. https: //www.uspto.gov/sites/default/files/documents/Timeline.pdf.

[286] SPERDUTI A, STARITA A. Supervised neural networks for the classification of structures[J]. IEEE transactions on neural networks, 1997, 8 (3): 714–735.

[287] GORI M, MONFARDINI G, SCARSELLI F. A new model for learning in graph domains[C]//Proceedings of 2005 International Joint Conference on Neural Networks. IEEE, 2005.

[288] SCARSELLI F, GORI M, TSOI A C, et al. The graph neural network model[J]. IEEE transactions on neural networks, 2008, 20 (1): 61–80.

[289] GALLICCHIO C, MICHELI A. Graph echo state networks[C]//Proceedings of 2010 International Joint Conference on Neural Networks . IEEE, 2010.

[290] HAMILTON W, YING Z, LESKOVEC J. Inductive representation learning on large graphs[J]. Advances in neural information processing systems, 2017.

[291] CHEN T, HE T, BENESTY M, et al. Xgboost: extreme gradient boosting[J]. R

package version 0.4–2，2015，1（4）：1–4.

[292] SMP 2023 ChatGLM 金融大模型挑战赛 [EB/OL]. [2023–10–13]. https：//tianchi.aliyun.com/competition/entrance/532126/introduction.

[293] Langchain–chatchat[EB/OL]. [2022–08–26] . https：//github.com/imClumsyPanda/langchain–ChatGLM.

[294] U.S. patents [EB/OL]. [2022–08–26] . https：//www.nber.org/research/data/us–patents.

[295] CLEF–IP 2011 track guidelines [EB/OL]. [2022–08–26] . http：//www.ifs.tuwien.ac.at/~clef–ip/download/2011/docs/CLEF–IP2011–PAC_CLS_guidelines.pdf.

[296] PIROI F，MIHAI L M，HANBURY A，et al.CLEF–IP 2012：retrieval experiments in the intellectual property domain [EB/OL].[2022–08–26] .http：//ceur–ws.org/Vol–1178/CLEF2012wn–CLEFIP–PiroiEt2012.pdf.

[297] TREC 2009 chemical IR track [EB/OL].[2022–08–26] .https：//trec.nist.gov/data/chemical09.html.

[298] 2010 chemical IR track [EB/OL].[2022–08–26] .https：//trec.nist.gov/data/chemical10.html.

[299] Big data summarization dataset [EB/OL].[2022–08–26] .https：//evasharma.github.io/bigpatent.

[300] Bulk data products [EB/OL].[2022–08–26] .http：//www.uspto.gov/learning%2Dand%2Dresources/electronic%2Dbulk%2Ddata%2Dproducts.

[301] Research，passion，and innovation [EB/OL].[2022–08–26]. http：//mleg.cse.sc.edu/DeepPatent/.

[302] PatentMatch：a dataset for matching patent claims & prior art [EB/OL].[2022–08–26] . https：//hpi.de/naumann/projects/web–science/paar–patent–analysis–and–retrieval/patentmatch.html.

[303] PTAB data tools and IT systems [EB/OL].[2022–08–26] .https：//www.uspto.gov/patents/ptab/ptab–it–systems.

[304] Patent_Corpus [EB/OL].[2022–08–25] .http：//biosemantics.erasmusmc.nl/PatentCorpus/Patent_Corpus.rar.

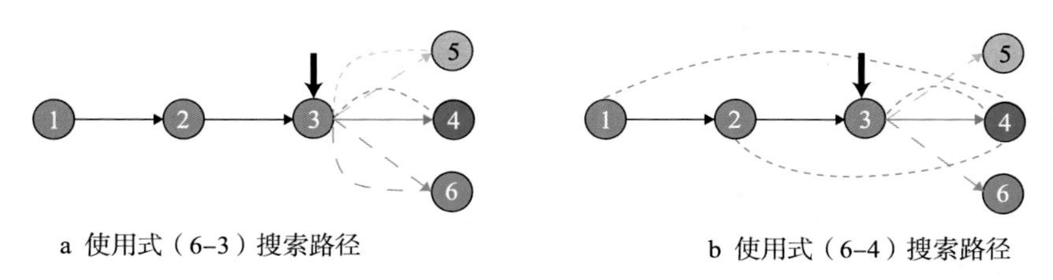

图 6-3　使用不同公式进行路径搜索

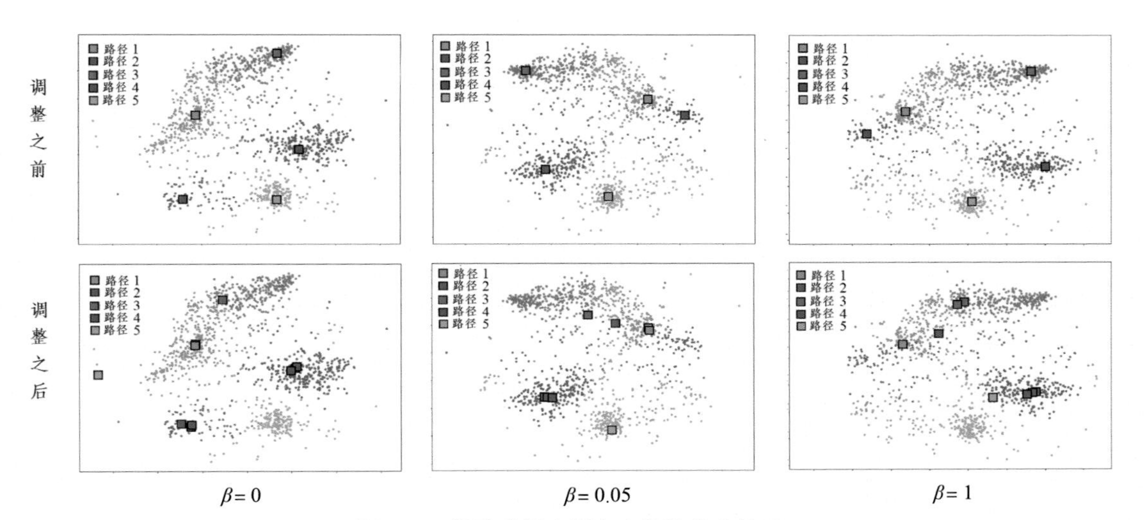

图 6-9　候选路径在语义空间的分布情况

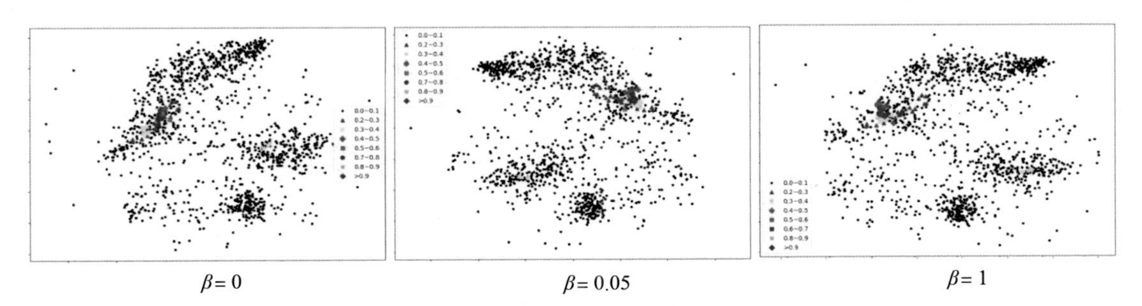

图 6-10　不同遍历权重区间的候选路径分布情况

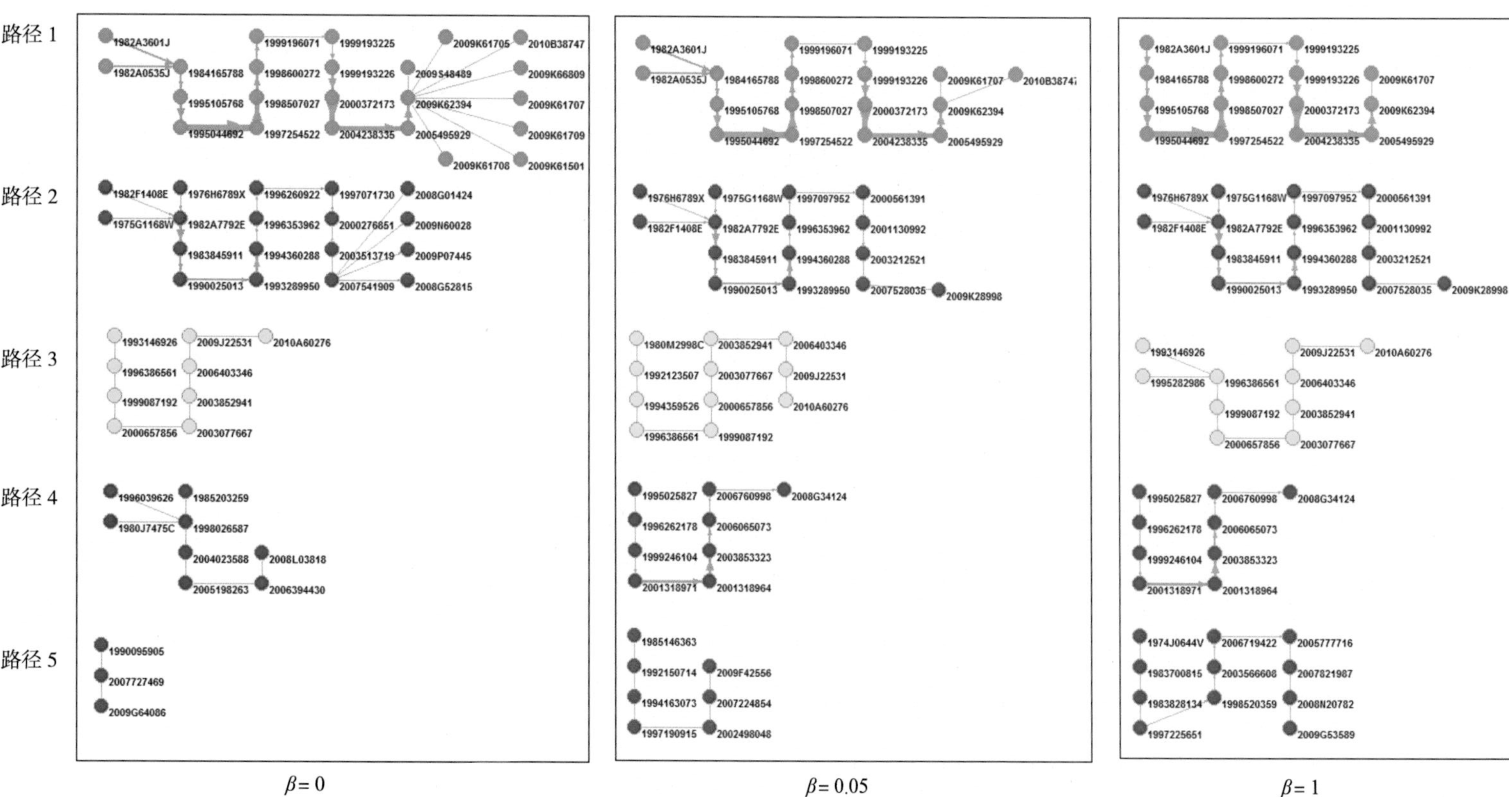

图 6-11　$\beta \in \{0, 0.05, 1\}$ 时所产生的各条主路径的详情

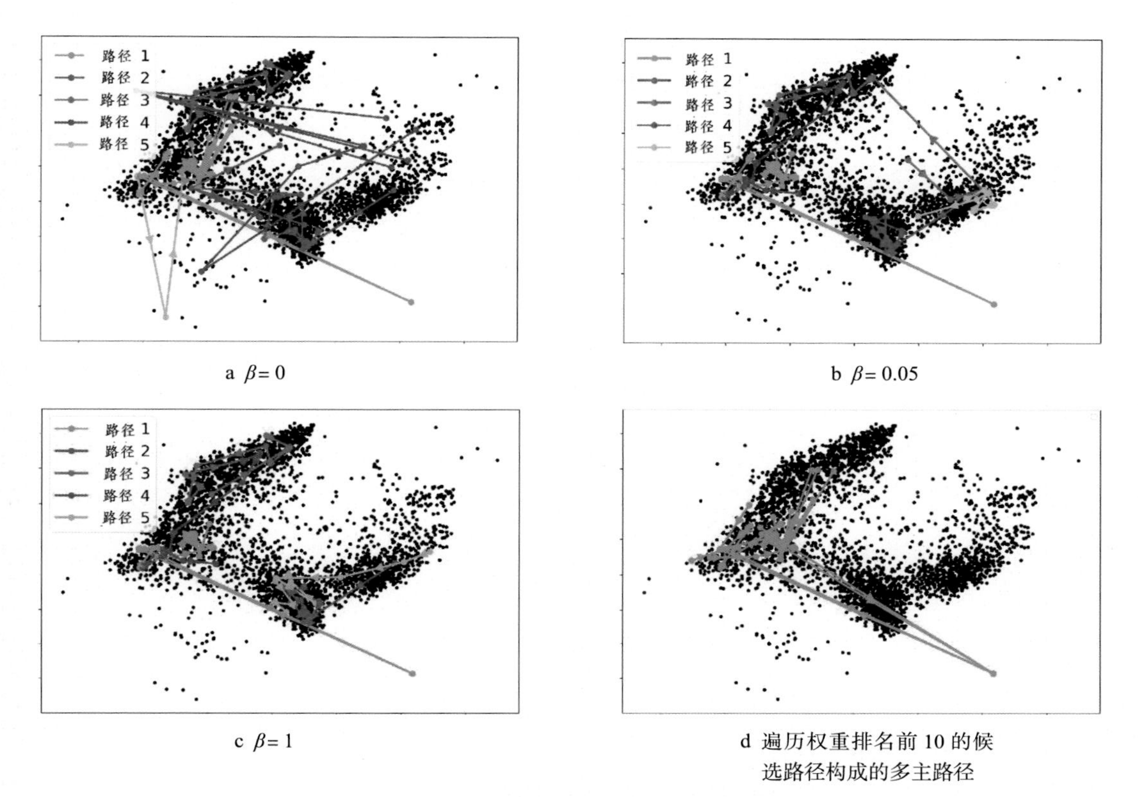

a $\beta=0$　　b $\beta=0.05$

c $\beta=1$　　d 遍历权重排名前 10 的候选路径构成的多主路径

图 6-12　不同语义主路径在专利文本聚簇中的分布

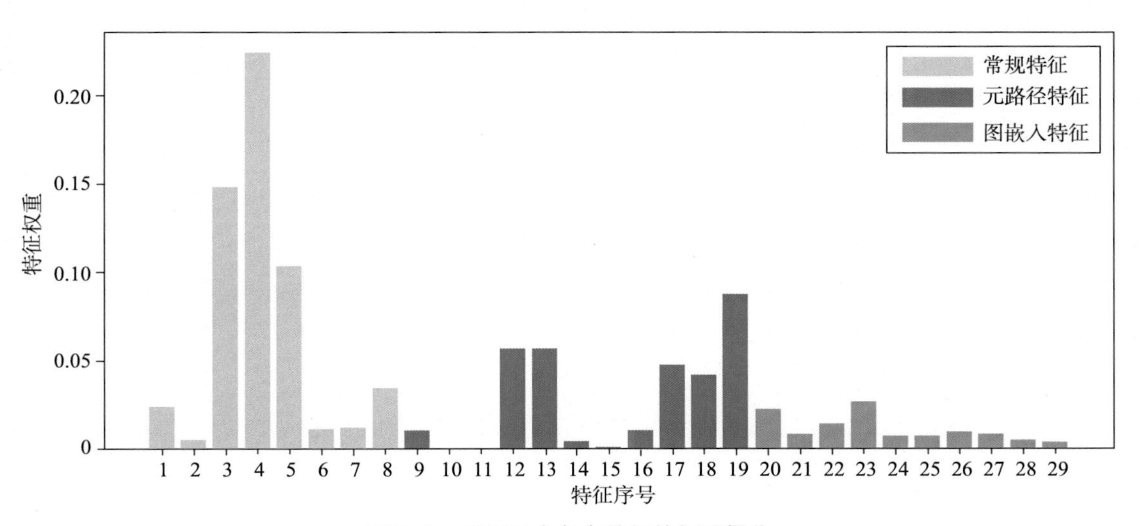

图 7-9　GBDT 中各个特征的权重得分

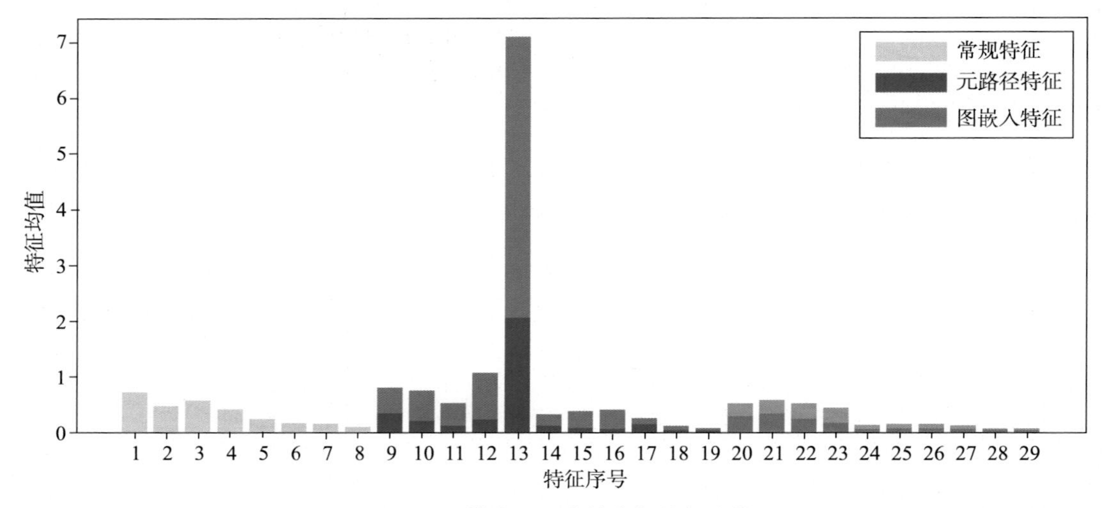

图 7-10　检索召回中的全部特征均值

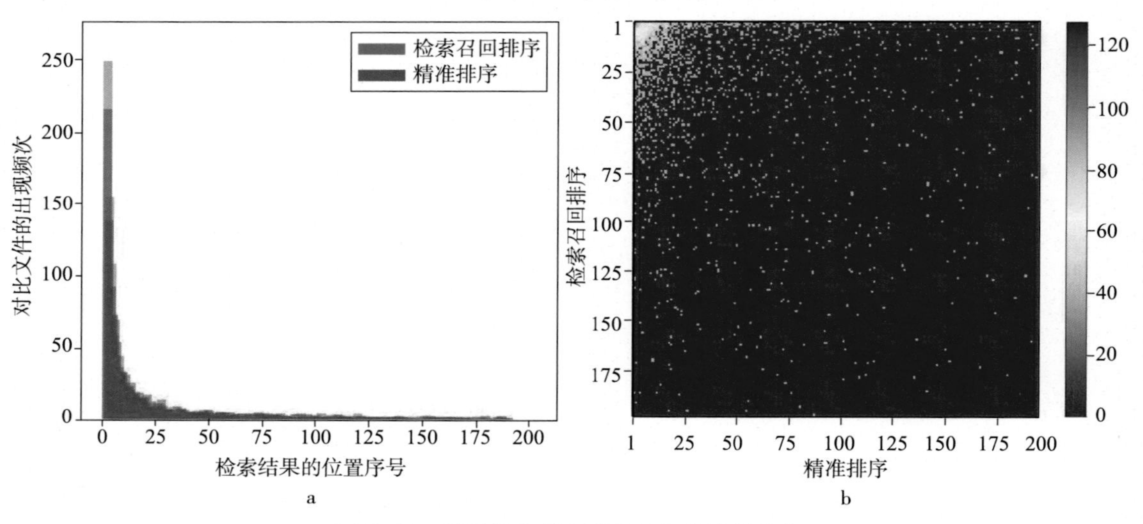

图 7-11　精准排序前后对比文件的位置分布

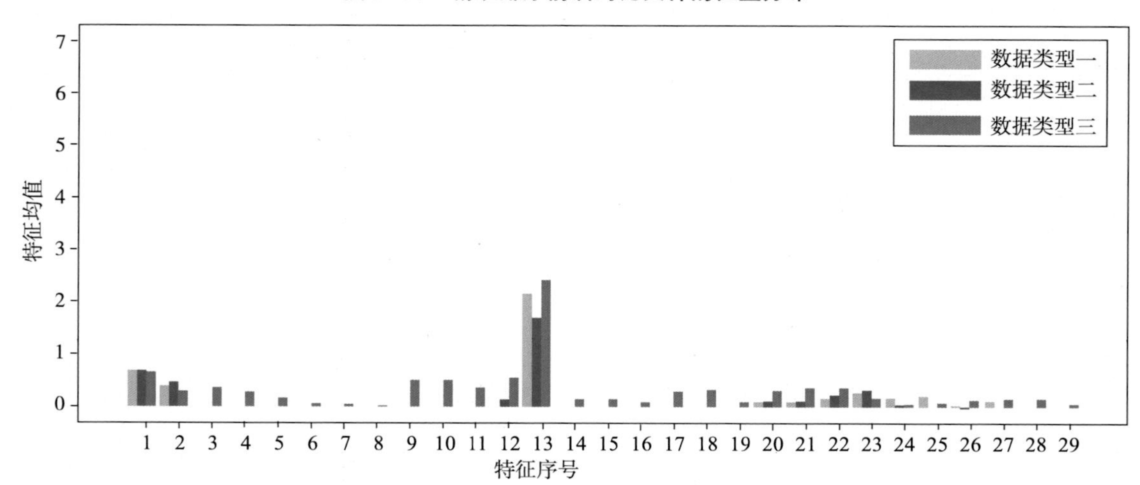

图 7-12　3 类数据的特征均值统计